U0185601

高等院校规划教材

智慧水利工程案例库
建设及教学实践

吴建华　赵喜萍　李爱云　周瑞红　成一雄　编著

黄河水利出版社

·郑州·

内 容 提 要

本书依据不同水利工程的特点,基于不同的案例在教学实践中而展开。全书共分九章:水库水情自动测报系统开发、土石坝渗流预警模型及预警系统开发、水库防洪优化调度系统开发、水库大坝安全监测系统开发、面向大水网复杂输水系统水力仿真及运行控制系统开发、供水系统流量平衡及运行分析、长距离输水工程重力流水锤阀防护的数值模拟、明渠非恒定流水力过渡过程数值模拟、供水系统计算机监控系统开发。

本书可供从事水利设计、工程施工、工程管理、水利信息化、有关水利工程计算机网络的管理人员,特别是防汛、抗旱、水文、水资源、水经济等有关的技术人员,以及有关院校的研究人员、博士生及硕士研究生阅读和参考。

图书在版编目(CIP)数据

智慧水利工程案例库建设及教学实践/吴建华等编著.—郑州:黄河水利出版社,2020.4
高等院校规划教材
ISBN 978 - 7 - 5509 - 2625 - 7

Ⅰ.①智… Ⅱ.①吴… Ⅲ.①智能技术 - 应用 - 水利工程 - 研究生 - 教材 Ⅳ.①TV - 39

中国版本图书馆 CIP 数据核字(2020)第 057290 号

出 版 社:黄河水利出版社　　　　　　　　　　　网址:www.yrcp.com
　　地址:河南省郑州市顺河路黄委会综合楼 14 层　　邮政编码:450003
发行单位:黄河水利出版社
　　发行部电话:0371 - 66026940、66020550、66028024、66022620(传真)
　　E-mail:hhslcbs@ 126. com
承印单位:河南承创印务有限公司
开本:787 mm × 1 092 mm　1/16
印张:17.75
字数:421 千字　　　　　　　　　　　　　　　印数:1—1 000
版次:2020 年 4 月第 1 版　　　　　　　　　　　印次:2020 年 4 月第 1 次印刷

定价:58.00 元

前　言

　　我国正处在从工程大国向工程强国迈进的关键时期，工程硕士研究生教育也正处在"服务需求、提高质量"的重要发展阶段。经过 20 年的发展，工程专业学位教育已成为我国高层次应用型工程人才培养的主渠道，为中国工程强国的建设做出了重大贡献。

　　党的"十九大"为新时代教育的改革发展指明了方向，并提出了更高要求。我国加入《华盛顿协议》后，创建由我国主导的研究生层次的工程教育认证和国际互认体系日渐迫切，随着国民经济的快速发展，为我国工程建设提供高质量人才支撑的任务更加繁重。

　　为全面贯彻党的教育方针，落实立德树人、砥砺奋进的根本任务，突出"思想政治正确、社会责任合格、理论方法扎实、技术应用过硬"的培养特色，形成工程专业学位的教学特色，更新课程教学内容，反映工程科技成果，改进教学方式手段，推进教学创新，加强实践课程建设，丰富优质资源共享，实现理论与案例、课堂与实训、校内教师与行企专家相结合的混合式教学模式已经显得尤为重要。

　　随着水利工程硕士研究生课程改革的进行，愈发强调培养实践性人才，通过实际水利工程的案例剖析，达到提高研究生分析问题和解决工程问题的能力，以期研究生在复杂或大型的水利实际工程问题和科研领域中得到锻炼、学习和提高。

　　本书依据不同水利工程的特点，基于不同的案例在教学实践中展开，以期推动工程水利向现代水利、数字水利向智慧水利的转变，为祖国国民经济的快速持续发展，培养实践能力过硬的高级工程技术人才提供重要的技术支撑。

　　本书作为一门专业性较强、多学科融合的科教性改革课程，是基于水力学、水工建筑物、工程水文、水泵与水泵站、水电站等课程所开设的一门专业基础课，也是水利工程硕士研究生培养工作中新的改革与必修的教学环节。由于本课程属于改革新课程，目前市面上没有适应于本课程的教材，本课题组依据当前我国水利工程建设及管理实际，面向我国国情，在 10 多年水利工程若干项目研究积累的基础上，汇总了水利行业的实际工程案例，深入剖析，以提供给水利工程领域研究生、青年教师及大学生参考学习。太原理工大学水利学院吴建华、太原理工大学水利学院李爱云及山西省水利水电科学研究院成一雄各完成约 10 万字的工作量，山西省水利工程质量与安全监督站周瑞红完成约 11 万字的工作量，太原理工大学水利学院赵喜萍完成了其余章节的编写，并完成了全书的主审工作及统稿。

　　由于编者水平有限，书中难免有不妥之处，热诚希望广大读者评判、指正。

作　者
2019 年 7 月

目 录

第一章　水库水情自动测报系统开发

第一节　绪　论

山西省由于特殊的地理位置、气候条件,导致陆地地表水分布不均,而且十分贫乏。面对干旱半干旱地区水灾带来的沉重灾难,如何利用水情测报技术实现合理的预报是本章案例主要的内容。

一、国外水情测报技术进展

对水情自动测报系统的研究和开发,国外率先起步,技术也比较成熟。20 世纪 60 年代开始,欧美、日等地区开始在自己国内建立水情测报系统,各种预报模式、各种通信方式的测报系统都是高科技的。美国多采用自报式水情测报,随着计算机技术的迅速发展,水情测报技术产品在最早的分立式电子组件产品基础上获得了较快发展。例如,美国地质调查局所拥有的 8 000 个水文站中,1987 年就有 1 700 个,据报道,目前应用卫星收发数据的站点超出整体的一半,采用的是 GOES 卫星。

丹麦水力学研究所(Danish Hydrological Institute,DHI)自 20 世纪 70 年代开始就致力于水流、水资源、水环境等相关数值模拟计算技术开发,目前,MIKE 系列这套完整的模拟系统已经走向成熟。其中,用来模拟河流和渠道的流量、水位、泥沙输送等的模型采用是的 MIKE11;而 MIKE21 模型是一种通用的二维数学模拟系统,可以用来模拟河口、河湾及海洋近岸区域的水流变化。

经济发达国家已经把信息化、自动化、高效化方向定为今后水情管理发展的方向。在水情管理的处理措施中结合应用了计算机技术、自动控制技术、信息技术、系统工程技术、地理信息系统等时代的信息化知识,实现信息采集—处理—决策—信息反馈—监控为一体的调度系统,以实现洪水预报、调度系统的优化和洪水资源的合理处理。

二、国内水情测报技术进展

20 世纪 90 年代以来,随着计算机、通信、网络、遥感、地理信息系统等现代信息技术在水文预报领域的推广应用,以及水文理论和方法的不断发展,目前 DEM 的分布式水文模型、基于水文气象耦合的洪水预报、利用专家经验的人机交互预报等正成为世界上洪水作业预报技术研究和发展的方向。

随着现代技术的发展,GSM/GPRS 等通信手段弥补了超短波和卫星通信的不足,不再因为天气因素不能准确地反馈信息,GSM/GPRS 通信方式受到水利工作人员的青睐。GSM 通信方式具有的特点是,只要有手机信号的地方都能架设遥测站。GPRS 通信技术的洪水预报系统主要由雨润 YR－3000 型数据遥测终端、水利通信平台、分中心组成。水情自动测报系统中 GPRS 通信是利用 GPRS 建立网络连接从而传送水雨情信息的一种方式,该方式具有实时在线、通信费用便宜、组网灵活等优点。

我国水情测报系统研究进展较快,结合地形气候条件,开发了具有中国特色的洪水预报系统。水利部水文局开发的"中国洪水预报系统"(CNFFS)和长江水利委员会水文局开发的 "WIS 水文预报平台"(WISHFS)是代表性的成果。中国洪水预报系统采用 C/S 结构,结合地理信息系统平台,方便快捷地构造五类洪水预报方案,其预报模型方法库具有标准性和通用性,可任意选择多模型、多方法制订预报方案,它持有先进的泰森多边形动态计算方法,也具有雨量缺测气象计算方法,具有管理功能等。此系统已在 25 个流域机构推广应用。

水情站网是水情测报工作能够开展的基础。根据 2008 年水利统计公报,全国共有水文站 9 678 处,比 2000 年增加了 2 120 处,其中向中央报讯的测站由 2000 年的 3 002 处增加到 3 200 多处,基本满足国家防汛抗旱指挥部防汛抗旱调度决策对实时水情信息的需要。

随着地理信息技术、测雨雷达和卫星云图技术的应用,以及数值方法和水文学理论的不断进步,水文预报将步入立足于传统方法与基于下垫面地理信息的分布式流域水文模拟相结合的新阶段。

第二节　干旱半干旱地区水情预报模型

一、概述

一个具体流域真实的降雨径流过程,因为有很多诸如降水、地面特征和包气带内的动态因素和随机的因子的影响与牵制,所以该过程是一个随机发生的物理过程,具有产汇流交织发生、高度阻尼的尤其错综复杂特性。就其该过程中的产流过程,仅仅简单的应用流域(宏观)尺度的霍顿超渗产流理论,或者是单用山坡(微观)尺度的山坡水文学产流理论研究,单一地从下渗曲线来考虑都很难对其进行"仿真"模拟,只能在科学抽象与合理概化的基础上进行近似模拟。国内把湿润地区的产流方式抽象概化为"蓄满的"(叫"超持"或许更贴切),用新安江模型予以模拟;将干旱地区的产流方式归结为"超渗的"。那么,介于湿润与干旱地区之间的半干旱半湿润地区(简称半干湿地区,下同)的产流方式,原则上讲,应该是超渗超持的,即"双超的",其产流机制与规律需要用双超产流模型模拟。这种半干湿地区很大,包括了淮河流域及其以南,东北东部,太行山、燕山及其东南,黄河上游等。

二、干旱半干旱地区洪水预报模型的发展

从 20 世纪 60 年代初期,多年来我国科学家和水文工作者不断地探索和研究。赵人俊(1984)提出了新安江模型和陕北模型,在新安江模型基础上发展起来的蓄满——超渗兼容模型和垂向混合水文模型;在全面考虑陕北、新安江、水箱等国内外模型特点后,在这些模型的基础上,方大同等针对山西地区,结合山西地区的地质条件提出了针对山西地区

的双超产流模型。

超渗是指只要雨强大于入渗强度,则地表径流就随即发生;超持是指当土壤水分达到一定值后,在地下就会形成壤中流、地下径流。水文学专家和学者尝试着在干旱半干旱地区研究分布式水文模型。

改进的 TOPMODEL 模型,在模型分块中引进了超渗产流模块,TOPMODEL 模型原有的只是一层蒸发模块,新改进的模型中又增加了一层,现在变为二层蒸发模块,这样就更加完善了 TOPMODEL 模型的产流理论,致使应用范围扩大,在湿润地区、半干湿地区,干旱半干旱地区的应用都能取得一些满意的结果,最后在黄河、渭河流域应用改进后的模型,模拟流域内水文过程,进行了验证和应用,效果很好。

第三节 汾河水库水情测报系统

一、水库流域概况

汾河水库位于汾河干流上游,坝址在太原市娄烦县下石家庄,上距汾河发源地管涔山 122 km,下距省城太原市 83 km,控制流域面积 5 268 km²,是山西省第一座大型水库,总库容 7.2 亿 m³,为多年调节水库。枢纽工程由拦河坝、溢洪道、灌溉发电洞、水电站、泄洪洞、城市与工业供水管等组成。1958 年 7 月动工建设,其中前三项工程于 1961 年 6 月竣工,并投入运行。

水库控制流域多年平均径流量 4.72 亿 m³;总库容 7.56 亿 m³,其中防洪库容 0.91 亿 m³、兴利库容 2.64 亿 m³。百年一遇设计洪峰流量 3 670 m³,千年一遇校核洪峰流量 5 200 m³/s。汾河水库库区暴雨洪水发生比较频繁,又有较大支流汇入水库,再加上河谷狭窄,致使洪水传播速度特别快,这就使汾河水库的防洪、水利调度难度加大,因此水情测报系统预报的准确、及时将有效地缓解这些困难。

汾河水库多年平均降水量 518 mm,其中汛期降水量占全年的 78.8%。据统计,水库多年降雨的平均来水量 4.52 亿 m³,汛期占全年来水量的大部分时间,几乎是全年的 62%。多年平均蒸发量 663.5 mm,为多年平均降水量的 3~4 倍。多年来沙量 2 100 万 t,汛期来沙量占全年来沙量的 96%。丰沙年 1967 年来沙 6 070 万 t,少沙年 1987 年来沙 164.6 万 t,年际之间变幅很大。年最大断面平均含沙量,汾河静乐站 1951 年 7 月 19 日为 605.5 kg/m³,岚河上静游站 1963 年 6 月 18 日为 840 kg/m³。历年最高气温 35.4 ℃,最低气温 -30.5 ℃,水库冰冻期 70~100 d,冰厚 40~60 cm。最大风速 25 m/s。多年平均气温 6.3 ℃,最高气温和最低气温都出现在同一个地区,就是现在的河川阶地区,其中最高为 36.4 ℃,最低 -30.5 ℃。年气温日较差 10.6 ℃,作物生长季气温日较差 10.8 ℃,≥10 ℃积温为 2 208~2 832 ℃。年平均相对湿度在 65% 左右,变化幅度为 55%~70%。年均日照时间 2 861 h,4~9 月作物生长季日照为 1 528 h,占年日照时数的 53.5%。年均蒸发量 1 812.6 mm,无霜期 110~150 d,土石山区较短。汾河水库水文特征值成果见表 1-1。

表 1-1　汾河水库水文特征值成果

名称	特征值	说明
坝址控制面积	5 268 km²	
多年平均流量	10.3 m³/s	1960~2008 年
枯水期最小流量	0.558 m³/s	1973 年 6 月 10 日
多年平均径流	3.240 亿 m³	1960~2008 年
多年平均输沙量	791.8 万 t	1960~2008 年
多年平均淤积量	768 万 m³	1960~2008 年
坝址多年平均降雨量	441.7 mm	1960~1989 年
水库流域多年平均降雨量	426.7 mm	1960~2008 年
水库流域年最大点年降雨量	794.5 mm	1967 年
水库流域年最小降雨量	240.6 mm	1972 年
水库流域最大月平均雨量	367.3 mm	1967 年 8 月
水库流域最小月平均雨量	0	1970 年 1 月
多年平均蒸发量	663.5 mm	1966~1989 年
多年平均蒸发损失量	1 366.09 万 m³	1966~1989 年
多年平均气温	6.3 ℃	1967~1987 年
最高气温	36.6 ℃	1987 年 7 月 31 日发生在娄烦站
最低气温	−30.5 ℃	1966 年 2 月 22 日发生在岚县站
最大风速	25 m/s	1975 年 4 月 9 日发生在宁武县

二、洪水预报的必要性

(一)汾河水库安全运行的需要

汾河水库下游有太原、晋中、临汾、运城 4 个大城市及所辖 18 个工农业县区市。汾河水库能否做到安全防汛,将直接威胁着太原盆地的安危。而现有的水情测报系统无法及时了解上游实时雨情、水情,人工无线电通信已经落后,不能满足现代水情实时预报的要求。因此,开发改进汾河水库水情测报系统尤其是洪水预报系统势在必行。

(二)汾河水库优化调度的需要

由于汾河的地理位置,来水形式是季节性的,在枯水期水资源能否送到当地的工农业,对当地发展十分重要,所以必须认真考虑水资源的调度,必须建设一套预报系统,预知洪水情况即来水情况,提高水库及灌区的经济效益,为汾河水库优化调度做准备。

三、汾河水库现有洪水测报系统

汾河水库综合自动化系统由水情自动测报系统、闸门监控系统、大坝安全监测系统、视频监视系统及水库信息中心管理系统组成。其中,水情自动测报系统、大坝安全监测系统、闸门监控系统及视频监视系统均为相对独立的子系统,各个子系统之间相互独立运行。

早期汾河水库防洪自动测报系统于1987年6月初全部竣工并正式投入运行,是系统微机组网、低功耗的超短波无线电遥测,用于水情和雨情收集、处理、洪水调度的防洪自动化工程。设中心调度站1处;水文遥测站4处(宁化、静乐、上静游、坝上);雨量遥测站6处(圪廖、东赛、西马坊、康家会、岚县、大夫庄);高山中继站1处(青茶岩)。除中心调度站外,其余11处均为无人值守,其中6个遥测站通过高山中继站中继,另外4个遥测站直接由中心站带。最远遥测站至中心站85 km。土建工程有:1座3层水调中心楼(面积643.16 m²)。

汾河水库自动测报系统的设备有:①预报主机:型号IlB米-5550,15 in显示器,分辨率1 024×768个点,24针图形及汉字打印机;3个软盘驱动器,每个720 kB;操作系统为DOC,汇编与编译语言均为Basic。前置机与主机通过RS-232接口的2 400 BT/S通信。单板机型号为C米OS的KS-85,附属电台型号为C-120。②中继站:C米OS单板机KC-85,电台C-120。③遥测站:C米OS单板机KC-85,电台TR-2500。④遥测雨量计:DY1090型。⑤遥测水位计:浮子式码盘水位计。

现有的水雨情遥测系统是2006年建立的。汾河水库雨量遥测站改造工程,共改造完成了分布在水库上游的娄烦、岚县、静乐、宁武4个县境内的自动雨量遥测站点16个,水库中心站1个。按部颁水情遥测技术标准应每150~200 km²建有1个雨量遥测点,而汾河水库控制流域面积5 268 km²,且汾河、涧河、岚河三个主要进库干流还未建立自动流量站和有代表性的自动蒸发站以及水库坝前自动水位站,要进行洪水预报有待继续建设。

四、汾河水库现有洪水测报系统的缺陷

(1)汾河水库早期洪水预报系统是在DOS系统下开发的,只能在DOS环境下运行,只能在工作机组运行程序,其他地方机组不能随时了解实时信息,已经不能适应现在的水情要求。

(2)程序方面仍然保持当初的模式,已经不再适应现代水情的要求,随着科技的发展,早期的汾河水库的洪水预报模型必须更新。

(3)早期的通信方式存在很大的滞后性,不能及时反馈实测水情。选用的遥测站:C米OS单板机KC-85,电台TR-2500和遥测水位计:浮子式码盘水位计(徐州电子研究所产)没有得到更新,已经不适应现在水情预报的发展模式。

(4)上下游水文站缺失,数据太少,预报检验依据不够充分。

(5)现有的洪水预报软件无法自动生成报表,需要手动去编辑,而且必须在工作机上进行。

总之,为了更好地保护下游人民的生命财产,为了能更准确地预报汾河水库水情,汾河水库洪水预报软件系统亟待更新,改进开发新的版本是当前急需任务。进一步改进水情站网的布设优化,通信方式必须与时俱进,随着科技的发展及时更新。

第四节　汾河水库水情测报系统的改进

本章以汾河水库早期洪水预报系统为依据,结合科技的发展,弥补早期汾河水库洪水预报的不足,根据新加站网的分布,提出改进水情测报系统,通过结合流域特征,选用不同水源洪水预报模型、构建不同水源预报方案进行探讨,研究符合流域实际的概念性水情测报方法,以期通过构造不同方案,进行方案对比选择,进而提高水库洪水预报的精度。

一、汾河流域雨水情遥测站网的布置

(一)站网布设原则和技术指标要求

水文站网的设置需要满足以下要求:

(1)全面整体性地反映整个流域雨水情的动态实时变化。遥测水文站点的工作就是收集到及时的、实时的、真实的雨水情数据。

(2)能够为是否进行下一步的洪水调度做出指引方向。只有收集到及时的、真实的雨水情数据后,才能分析出及时的、可靠的预报洪水,服务于水库调度。

(3)中心站能够及时地收到实时准确的信息。

(4)选点时要考虑到交通是否便利、建设情况的方便和易维护的要求。

(5)为满足以上提到的要求,可对原有报汛站网进行合理调整,适当增减。

(二)站网布设

系统改进后汾河水库流域内的雨量站 17 处,平均密度达到 330 km²/站。有位于岔口村的水文站 1 处,是变质岩林区代表站。有水库水文站 1 处。汾河水库流域水文站网如图 1-1 所示。

图 1-1　汾河水库流域水文站网

根据布置站网的基本原则——愈密愈好的准则进行优化论证站网,最终确定汾河水库流域内建设的遥测站如表 1-2 所示。

表 1-2　汾河水库流域遥测站网布置

站名	控制面积（km²）	权重（%）	站别
圪洞子	484	9.19	雨量
新堡	300	5.69	雨量
岚城	243	4.61	雨量
西马坊	319	6.06	雨量
静乐	348	6.61	水文
宁化	358	6.80	雨量
杜家村	443	8.41	雨量
娑婆	279	5.30	雨量
康家会	198	3.76	雨量
闫家沟	163	3.09	雨量
普明	297	5.64	雨量
岚县	237	4.50	雨量
上静游	195	3.70	水文
盖家庄	182	3.45	雨量
娄烦	468	8.88	雨量
汾河水库	754	14.31	水库
总计	5 268	100	

（三）汾河水库水文站

系统改进后汾河水库流域内上游测站具体情况见表 1-3。测站布设位置如图 1-2 所示。

表 1-3　汾河水库流域内上游测站具体情况

测站名称	所在河流	控制流域面积（km²）	距汾河水库入口（km）	站别	测验项目
宁化站	干流	1 056	43	水保专用	水位、流量、泥沙、降水、气温、水温、冰情等
静乐站	干流	2 799	21.6	基本站	土壤墒情、水位、流量、含沙量、泥沙颗粒分析、降水量、气温、水温、冰情等
河岔站	干流	3 225	2	水保专用	水位、流量、含沙量、泥沙颗粒分析、降水量、气温、水温、冰情等
上静游站	岚河	1 140	2.5	基本站	水位、流量、含沙量、泥沙颗粒分析、降水量、气温、水温、冰情等
娄烦站	涧河	578	2.5	水保专用	水位、流量、含沙量、泥沙颗粒分析、降水量、气温、水温、冰情等
汾河水库	干流	5 268		基本站	水位、流量、大断面、水面比降、风向风力、单沙、降水、蒸发量、水位、水温、气温、冰凌

图 1-2　测站布设位置

二、硬件设备选型

(一)遥测雨量站

汾河水库雨量站配置自动翻斗式雨量计。仪器为降水量测量一次仪表,其性能符合国家标准《电子式绝缘电阻表检定规程》(JJG 1005—2019)的要求。

仪器的核心部件——翻斗采用了三维流线型设计,使翻斗翻水更加流畅,且容易清洗。仪器为精密型双翻斗式雨量计,使用过程中定期维护、清洗翻斗和引水漏斗出水口。仪器出厂时已将翻斗倾角调整、锁定在最佳倾角位置上,安装仪器时只需按照本说明书要求安装翻斗和调整底座水平即可投入使用,且不可现场再调整翻斗倾角调整螺钉,主要技术参数见说明书。自动翻斗式雨量计见图 1-3。

图 1-3　自动翻斗式雨量计

(二)遥测水位站

汾河水库安装了 3 个遥测水位流量站,分别位于头马营、河岔、上静游、娄烦等处。分别设置立杆式水位计支架,配置超声波水位计,其中河岔采用雷达水位计。测点立杆由主杆、预埋件、横臂及横臂支架组成。预埋件用于固定主杆地基,横臂及横臂支架便于安装超声波水位仪。系统流量监测选用超声波式水位计,其供电方式采用太阳能供电,并配备蓄电池,阴天时采用太阳能电池板收集到蓄电池中的电量供电,不中断数据采集。通信采用 GPRS/GSM 方式,接入水库调度网络。测站现场主要设备包括超声波水位流量计、遥测终端机、通信模块、免维护蓄电池、太阳能电池板等。测站采集传感器将水位、流量等信号转换为电信号进行采样,通过无线通信上传到采集中心并存入数据库中。遥测水位站现场安装示意图见图1-4。

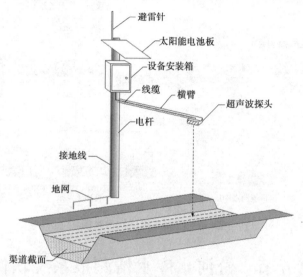

图1-4　遥测水位站现场安装示意图

一体式超声波水位流量计 YG – WMVI – DS2N 须安装在渠道水尺的正上方,安装传感器的测渠段要求平坦、无阻碍物、底部无淤泥;超声波传感器到最高液位的距离最短应大于所用传感器的盲区值。

(三)遥测终端机(RTU)

遥测终端机采用 12 V 免维护电池供电,可供记录仪长时间连续工作,记录仪数据存储容量可达256 M,可以保证数据存储 60 000 万条以上数据,并可以随时清除数据,能长期反复使用。终端机无须专人值守,可以节约大量的时间和人力,即可快捷、准确地获得所需的水情数据,同时解决了人工观测需要专人管理、值守、记录、整理上报,无法实现实时对水情信息监测、记录、传输的矛盾。遥测终端机见图1-5。

图1-5　遥测终端机

三、通信设备及组网方式

各个雨量监测和水位流量监测系统的通信采用比较成熟的 GPRS/CDMA 方式,将数据实时传输到水库数据采集中心站。各个现地站点配置 GPRS/GSM 通信模块。网络模块 GPRS 主要技术参数见说明书。

水库水情监测主要包含三部分内容：水情监测数据采集子系统、中心监测应用系统、水情监测信息管理子系统、水情监测设备遥控管理子系统等，以及后续提供水情数据综合应用的水库综合信息管理系统，全面显示应用水库水情（水位、流量、水量）在水库各单位用水统计、任务核算、用水系数评定等方面的管理应用。其数据应用结构示意图如图 1-6 所示。

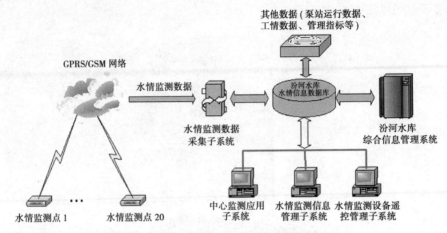

图 1-6　数据应用结构示意图

第五节　汾河水库水情测报系统软件

一、水情采集界面

汾河水库水情信息的采集通过硬件设备，通过网络发回中心站。在汾河水库上游安装水位流量计，水位测点分布见图 1-7，自动生成的采集数据见图 1-8。汾河水库上游雨量站各站月降雨量收集成果见表 1-4。

二、建立模型的思路

根据该流域的实时降水，采用按单元、分水源、按时段依次进行流域产流、流域汇流、河道流量演算的建模思路，即"流域—河道（水库）"的洪水预报模式，预报汾河水库的入库洪水。将流域按自然分水线和下垫面产、汇流条件的差异性划分为四个子流域，各子流域的洪水过程由降雨径流预报得出。采用新安江产流模型或综合（超渗、蓄满）产流模型计算出子流域的地表径流深、壤中径流深和地下径流深三种水源；然后用纳什瞬时单位线法和线性水库法，分别将地表径流、壤中流和地下径流三种水源演算到子流域出口，线性叠加成子流域洪水过程；再用线性扩散模拟法或滞后演算法（迟滞瞬时单位线）演算到汾河水库入口线性叠加成入库洪水。由于流域产流计算和河道流量演算各有两种模型可供选择，故对该流域构建了四套预报方案，以便进行分析比较。

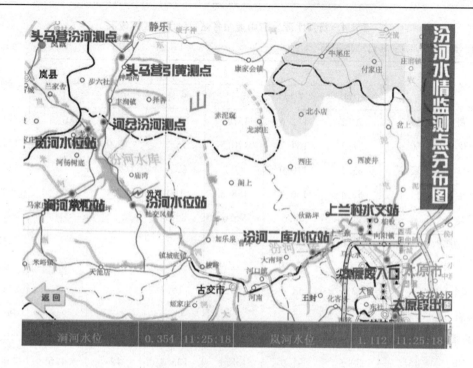

图 1-7　汾河水库水位测点分布

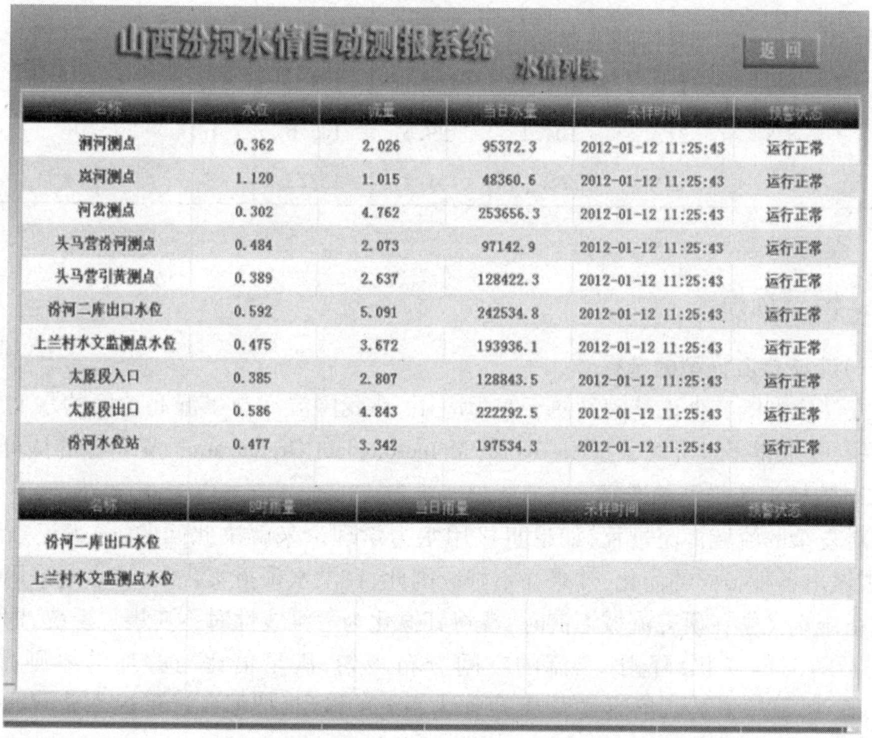

山西汾河水情自动测报系统　水位列表

名称	水位	流量	当日水量	采样时间	报警状态
涧河测点	0.362	2.026	95372.3	2012-01-12 11:25:43	运行正常
岚河测点	1.120	1.015	48360.6	2012-01-12 11:25:43	运行正常
河岔测点	0.302	4.762	253656.3	2012-01-12 11:25:43	运行正常
头马营汾河测点	0.484	2.073	97142.9	2012-01-12 11:25:43	运行正常
头马营引黄测点	0.389	2.637	128422.3	2012-01-12 11:25:43	运行正常
汾河二库出口水位	0.592	5.091	242534.8	2012-01-12 11:25:43	运行正常
上兰村水文监测点水位	0.475	3.672	193936.1	2012-01-12 11:25:43	运行正常
太原段入口	0.385	2.807	128843.5	2012-01-12 11:25:43	运行正常
太原段出口	0.586	4.843	222292.5	2012-01-12 11:25:43	运行正常
汾河水位站	0.477	3.342	197534.3	2012-01-12 11:25:43	运行正常

名称	时雨量	当日雨量	采样时间	报警状态
汾河二库出口水位				
上兰村水文监测点水位				

图 1-8　汾河水库水位数据采集界面

表1-4　汾河水库上游雨量站各站月降雨量收集成果

设备型号:GTD－Ⅱ自动雨量站　　　　　　　　　　　　　　　　　　（单位:mm）

站名	2009 年							合计
	5 月	6 月	7 月	8 月	9 月	10 月	11 月	
疙洞	14.7	10.2	112.6	153.9	133.5	22.5	0.1	447.5
宁化	10.6	37.2	164.7	170.5	95.7	15.9		494.6
杜家村	12.3	45.2	110.9	87.2	62.4	2.9		320.9
新堡	11.1	52.4	156.8	188.3	150	37.4		596
裴婆		11.8	83.6	96.6	85.1			277.1
西马坊	16	41.6	84.9	12.7	9.2			164.4
岚城水库		1	103.9	131.9	114	10.6	0.3	361.7
康家会		31	38.4	156.3	115.7			341.4
静乐			56		43.2			99.2
阎家沟		1	9	0.9				10.9
普明	15.5	39.5	91.9	158.1	135.8	12	1.6	454.4
岚县			65.2	151.8	117.4	14.5		348.9
上静游	5.9	28.1	117.4	120.7	43.8	5.4		321.3
盖家庄	9.9	27.3	164.5	174.7	128.4	14.1		518.9
娄烦	5.8	31.2	104.2	129.6	145.6	18.4		434.8
楼顶	5.4	15.8	74.1	151.1	158.3	7.3	0.4	412.4

三、模型选择

（一）流域产流模型的选择

新安江模型既有理论基础又便于实际应用,在我国湿润与半湿润地区的水文预报中广为应用,并取得了世界气象组织(World Meteorological Organization,WMO)的认可。

（二）流域汇流模型的选择

面对复杂的流域汇流过程,如果直接用水力学理论来解决此问题,因边界条件太复杂,必须做出各种各样的简化,效果并不好。因此,在洪水预报实践中,更多地采用水文学方法。系统水文学在研究流域汇流时,常将其概化为一维线性时不变集总系统,即假定它的参数不随时间变化,降雨、产流的空间分布均匀,满足倍比与叠加的原则;把净雨 $I(t-\tau)$ 作为系统的输入,出流过程 $Q(t)$ 作为系统的输出,把汇流过程视为流域的系统作用,常用卷积公式予以表述:

$$Q(t) = \int_0^t I(t-\tau)u(t)\,\mathrm{d}t \tag{1-1}$$

式(1-1)中净雨过程 $I(t)$ 是已知的,是产流计算的结果,关键是汇流曲线 $u(t)$ 如何确定。

汾河流域进行洪水预报,选纳什瞬时单位线作为地表径流汇流的计算工具。

(三)河道流量演算模型的选择

20世纪90年代,圣维南方程组扩散波线性解析解——线性扩散模拟法被介绍到国内。20世纪90年代末,在黄河下游花园口以下变河床河段应用成功,在山西省汾河运城段防洪决策支持系统中也取得满意效果。它只有扩散系数和洪水波速两个物理参数,概念明确,理论严谨,应用简便,故此次把它列为首选模型。

四、构建预报方案

本书对汾河流域洪水预报采用四种预报方案(见表1-5),其流程见图1-9。

表 1-5　四种预报方案

方案	流域产流计算	流域汇流计算		河道演算
		地表径流	壤中流 地下径流	
一	新安江产流模型	纳什瞬时 单位线	线性水库	线性扩散模拟法
二	新安江产流模型			迟滞瞬时单位线
三	综合产流模型			线性扩散模拟法
四	综合产流模型			迟滞瞬时单位线

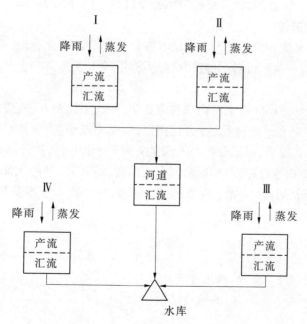

图 1-9　汾河水库洪水预报方案流程

五、软件开发环境

操作平台：Windows 2000；数据库管理系统：SQL Server 2000；编程语言：Visual Basic 6.0。

六、模型参数的率定

模型参数的率定，通俗地讲就是当模型（结构）选定之后，根据已经测得的历史水文数据，采用一定方法和手段求出模型的优化参数。确定最优参数的途径有人工调优、数学寻优及人机对话选优等。

（一）人工调优

人工调优就是在人们的知识经验范围内，从各种参数组合的方案中，挑选拟合效果最佳的一组参数。根据对各参数灵敏度分析，产流参数主要取决于各种时段内水量平衡和水源比例分配；而汇流参数则主要取决于洪水过程的形状。

（二）数学寻优

数学寻优方法大致可分为两类：一类是解析法，另一类是数值法。解析法是利用微分学、变分学等经典数学方法，寻优函数的极值，称为条件极值。它着眼于沿着一些有利于到达极值搜索途径进行目标函数值计算的各种试验，通过迭代程序来产生最优化问题的近似解，因此计算工作量较大。机器自动优选参数具有省事、成果拟和精度高，且标准统一、不因人而异等优点。但计算实践表明，这种方法在实际应用中，常带来一些需要设法解决的问题，如求定的参数有时在数学上为最优，而在水文物理概念上不合理或不可取；又随着待定参数的个数增加，计算量相应增长很快，有碍于推广应用。

（三）人机对话选优

人机对话方式选优方法是把人工调试与数学寻优两者结合起来，可以在数学寻优过程中，根据需要设置一些人机对话的控制性语句，给予人工必要的干预，这就是在线调优参数方法。

本章首先根据岔口小河水文站雨洪对应观测记录，用经验方法，按洪水三要素（洪峰流量 Q_m、洪水总量 W 和洪水过程线）进行模拟，以误差最小、确定性系数最大的原则，调试第一单元的参数。然后，根据参数的物理意义和下垫面特性，估计其他三个单元的相应参数，模拟汾河入库洪水过程，与根据汾河水库的蓄泄资料反推的入库过程进行比较，按确定性系数最大的原则，调试并确定其他三个单元的参数。具体参数见表1-6、表1-7。河道汇流参数见表1-8。

七、场次洪水模拟示例

采用洪水预报软件系统，利用上述参数，对洪水过程进行模拟，由于篇幅所限，以下仅列出 1969 年（19690730 号洪水）的模拟结果。

表1-6　新安江模型产、汇流参数

洪水日期(年-月-日)	单元	新安江模型产流参数														地表径流汇流参数	
		IMP	WM	UM	LM	B	C	CI	CG	U	KI	KG	SM	EX	K	N	Kr
1969-07-25~30	I	0.3	180	5	80	0.5	0.08	0.9	0.999	136.7	0.01	0.01	50	2	1.01	1	3
	II	0.3	180	5	80	0.5	0.08	0.9	0.999	102.8	0.01	0.01	50	2	1.01	1	4
	III	0.3	180	5	80	0.5	0.08	0.9	0.999	105.6	0.01	0.01	50	2	1.01	1	4
	IV	0.3	180	5	80	0.5	0.08	0.9	0.999	176.1	0.01	0.01	50	2	1.01	1	4
1985-09-07~22	I	0.1	200	5	80	0.5	0.15	0.9	0.999	136.7	0.01	0.01	80	2	1.01	2	9
	II	0.1	220	5	80	0.4	0.15	0.9	0.999	102.8	0.01	0.01	100	2	1.01	2	9
	III	0.1	220	5	80	0.4	0.15	0.9	0.999	105.6	0.01	0.01	100	2	1.01	2	9
	IV	0.1	220	5	80	0.4	0.15	0.9	0.999	176.1	0.01	0.01	100	2	1.01	2	9
1996-08-03~15	I	0.4	150	5	80	0.4	0.15	0.9	0.999	136.7	0.01	0.01	40	2	1.01	1	20
	II	0.4	150	5	80	0.4	0.15	0.9	0.999	102.8	0.01	0.01	40	2	1.01	1	20
	III	0.4	150	5	80	0.4	0.15	0.9	0.999	105.6	0.01	0.01	40	2	1.01	1	20
	IV	0.4	150	5	80	0.4	0.15	0.9	0.999	176.1	0.01	0.01	40	2	1.01	1	20

注：IMP—不透水面积占全流域面积之比；WM—流域平均蓄水容量；UM—上层蓄水容量；LM—下层蓄水容量；B—张力水蓄水容量流域分配曲线指数；C—深层蒸发系数；CI—壤中流消退系数；CG—地下水消退系数；U—单位径流深转化成流量，可将径流转换系数；KI—壤中流出流系数；KG—地下水出流系数；SM—自由水蓄水容量；EX—自由水流域分配曲线指数；K—流域蒸散发能力与实测水面蒸发值之比；N—纳什瞬时单位线法中水库数或调节次数；Kr—纳什瞬时单位线法中流域汇流时问参数。

表 1-7　综合模型产、汇流参数

| 洪水日期（年-月-日） | 单元 | 综合产流模型产流参数 | | | | | | | | | | | | | | | | 地表径流汇流参数 |
		IMP	IM	UM	LM	n	C	CI	CG	U	KI	KG	SM	EX	K	KK	N	Kr
1969-07-25～30	I	0.3	165	5	80	0.5	0.08	0.9	0.999	136.7	0.01	0.01	65	2	1.01	0.018 5	1	8
	II	0.3	180	5	80	0.5	0.08	0.9	0.999	102.8	0.01	0.01	70	2	1.01	0.018 5	1	3
	III	0.3	180	5	80	0.5	0.08	0.9	0.999	105.6	0.01	0.01	70	2	1.01	0.018 5	1	3
	IV	0.3	180	5	80	0.5	0.08	0.9	0.999	176.1	0.01	0.01	70	2	1.01	0.018 5	1	3
1985-09-07～22	I	0.1	200	5	80	0.6	0.08	0.9	0.999	136.7	0.01	0.01	50	2	1.1	0.014	2	25
	II	0.1	220	5	80	0.4	0.08	0.9	0.999	102.8	0.01	0.01	100	2	1.1	0.014	2	25
	III	0.1	220	5	80	0.4	0.08	0.9	0.999	105.6	0.01	0.01	100	2	1.1	0.014	2	25
	IV	0.1	220	5	80	0.4	0.08	0.9	0.999	176.1	0.01	0.01	100	2	1.1	0.014	2	25
1974-07-31至08-11	I	0.4	120	5	80	0.6	0.08	0.9	0.999	136.7	0.01	0.01	50	2	1.1	0.004	2	25
	II	0.4	120	5	80	0.6	0.08	0.9	0.999	102.8	0.01	0.01	50	2	1.1	0.004	2	25
	III	0.4	120	5	80	0.6	0.08	0.9	0.999	105.6	0.01	0.01	50	2	1.1	0.004	2	25
	IV	0.4	120	5	80	0.6	0.08	0.9	0.999	176.1	0.01	0.01	50	2	1.1	0.004	2	25

注：IMP—不透水面积占全流域面积之比；IM—流域平均蓄水容量；UM—上层蓄水容量；LM—下层蓄水容量；n—张力水蓄水容量流域分配曲线指数；C—深层蒸发系数；CI—壤中流消退系数；CG—地下水消退系数；U—单位转换系数；KI—壤中流出流系数；KG—地下水出流系数；SM—自由水蓄水库容量；EX—自由水蓄水容量流域分配曲线指数；K—入渗曲线指数；KK—流域蒸发能力与实测水面蒸发值之比；N—纳什瞬时单位线法中水库个数；Kr—自由水流域分配曲线法中流域汇流时间参数。

表 1-8　河道汇流参数

模型	线性扩散模拟法		迟滞瞬时单位线[Ⅰ型]		
参数	u	μ	τ	Kr_1	N_1
	3.5	7 000	0	1	2

注：u—洪水波速；μ—扩散系数；Kr_1—河道坦化滞时；τ—河道位移滞时；N_1—线性河段数。

由于参数率定洪水场次不足，尚不能提供推荐使用的新安江模型参数和综合产流参数。

（一）汾河水库入库流量模拟结果

汾河水库入库流量模拟结果见图 1-10 ~ 图 1-13。

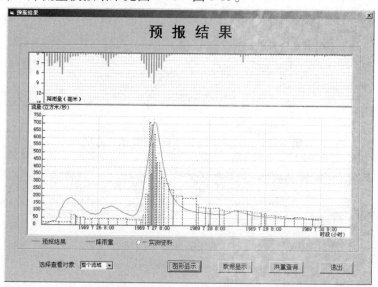

图 1-10　19690730 号洪水模拟图（第一方案）

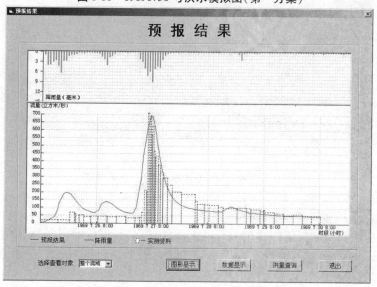

图 1-11　19690730 号洪水模拟图（第二方案）

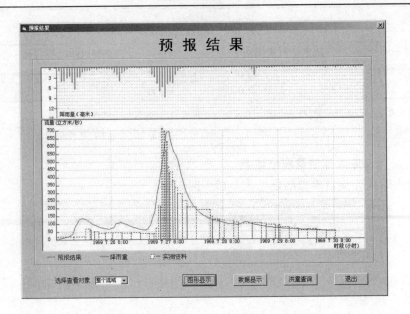

图 1-12　19690730 号洪水模拟图（第三方案）

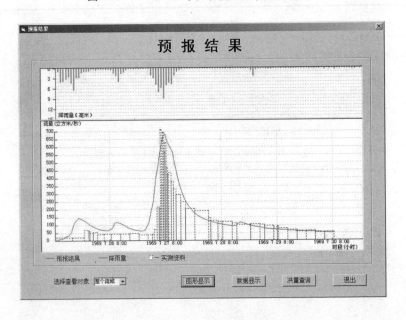

图 1-13　19690730 号洪水模拟图（第四方案）

（二）岔口水文站流量过程模拟结果

由于岔口水文站流量过程模拟只有产汇流计算，没有进行河道演算，所以由表 1-5 预报方案可知，第一/二方案的模拟效果是一样的（见图 1-14）；同理，第三/四方案的模拟效果也是一样的（见图 1-15）。

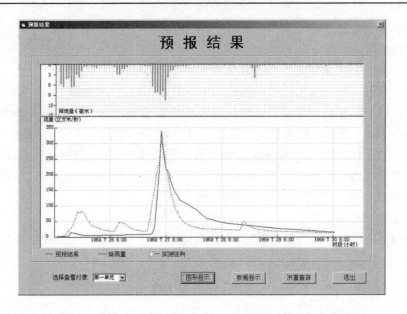

图 1-14　岔口 19690730 号洪水模拟（第一／二方案）

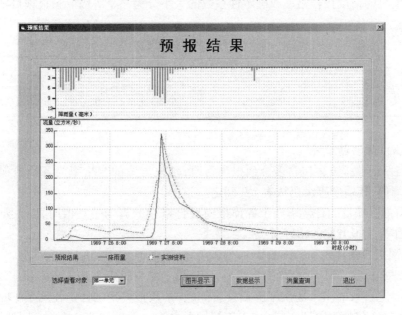

图 1-15　岔口 19690730 号洪水模拟（第三／四方案）

八、预报方案的评定与检验

（一）评定及检验规范

《水文情报预报规范》（GB／T 22482—2008）规定：以流域模型等制定的水文预报方案有效性的评定和检验方法，采用确定性系数 d_y 进行。预报要素采用许可误差评定和检验。

1. 洪水预报误差指标

洪水预报误差指标有以下三种:

(1)绝对误差:水文要素的预报值减去实测值为预报误差,其绝对值为绝对误差。

(2)相对误差:预报误差除以实测值为相对误差,以百分数表示。

(3)许可误差:依据预报成果的使用要求和实际预报技术水平等综合确定的误差允许范围。由于洪水预报方法和预报要素的不同,对许可误差做如下规定:①洪峰预报许可误差:降雨径流预报以实测洪峰流量的20%作为许可误差;②峰现时间预报许可误差:峰现时间以预报根据时间至实测洪峰出现时间之间间距的30%作为许可误差;③径流深预报许可误差:径流深预报以实测值的20%作为许可误差。

2. 预报项目的精度评定

一次预报的误差小于许可误差时,为合格预报。合格预报次数与预报总次数之比的百分数为合格率,表示多次预报总体的精度水平。合格率按下式计算:

$$QR = \frac{n}{m} \times 100\% \tag{1-2}$$

式中: QR 为合格率(取一位小数); n 为合格预报次数; m 为预报总次数。

预报项目的精度按合格率或确定性系数的大小分为三个等级。预报项目精度等级按表1-9确定。

表1-9　预报项目精度等级

精度等级	甲	乙	丙
合格率(%)	$QR \geqslant 85.0$	$70.0 \leqslant QR < 85.0$	$60.0 \leqslant QR < 70.0$

3. 预报方案的精度评定

(1)当一个预报方案包含多个预报项目时,预报方案的合格率为各预报项目合格率的算术平均值,其精度等级仍按表1-9确定。

(2)当主要项目的合格率低于各预报项目合格率的算术平均值时,以主要项目的合格率等级作为预报方案的精度等级。

(二)预报方案评定

根据评定检验规范,对模拟结果进行评定,评定结果见表1-10~表1-15。

由于率定参数的洪水场次不够及资料问题,本预报方案的评定使用了1969年、1985年、1996年等3年的洪水期资料(这3年都是大水年),并没有进行检验。因此,本书中预报方案的评定仅是初步的、探讨性的。

九、典型洪水预报结果分析

对于给定的四种方案,前两种方案以新安江模型为构架,后两种方案以综合产流模型为构架。从模拟的总体结果来看,第一方案和第二方案差别不大,第三方案和第四方案差别也不大。本书选取19690730号和19850922号洪水作为典型洪水进行比较。

表 1-10　第一～二方案岔口评定成果

洪水日期（年-月-日）	测站	洪量（万 m³）			洪峰流量（m³/s）			峰现时间			
		实测	模拟	相对误差	实测	模拟	相对误差	实测（月-日T时:分）	模拟（月-日T时:分）	误差	许可误差
1969-07-25～30	岔口	1 842.42	1 829.43	-0.71%	341	307.09	-9.9%	07-27T05:00	07-27T05:00	0 h	3 h
1985-09-07～22	岔口	3 589.69	3 388.14	-5.6%	69.9	76.96	10.1%	09-10T12:00	09-10T15:00	3 h	8 h
1996-08-03～15	岔口	3 087.23	2 511.99	-18.6%	73.8	57.90	-21.5%	08-05T09:00	08-50T15:00	6 h	5 h

表 1-11　第一方案水库评定成果

洪水日期（年-月-日）	测站	洪量（万 m³）			洪峰流量（m³/s）			峰现时间			
		实测	模拟	相对误差	实测	模拟	相对误差	实测（月-日T时:分）	模拟（月-日T时:分）	误差	许可误差
1969-07-25～30	水库	4 485.64	5 037.20	12.3%	710.9	715.71	0.68%	07-27T05:30	07-27T07:00	1.5 h	3 h
1985-09-07～22	水库	8 039.25	9 274.86	15.4%	150.4	167.6	11.4%	09-14T12:00	09-14T02:00	-10 h	8 h
1996-08-03～15	水库	12 380.44	11 450.02	-7.52%	359	353.21	-1.61%	08-05T03:30	08-05T08:00	4.5 h	5 h

表 1-12　第二方案水库评定成果

洪水日期（年-月-日）	测站	洪量（万 m³）			洪峰流量（m³/s）			峰现时间			
		实测	模拟	相对误差	实测	模拟	相对误差	实测（月-日T时:分）	模拟（月-日T时:分）	误差	许可误差
1969-07-25～30	水库	4 485.64	5 047.20	12.5%	710.9	688.16	-3.20%	07-27T05:30	07-27T07:00	1.5 h	3 h
1985-09-07～22	水库	8 039.25	9 027.67	12.3%	150.4	161.42	7.33%	09-14T12:00	09-14T01:00	-11 h	8 h
1996-08-03～15	水库	12 380.44	11 450.03	-7.52%	359	353.70	-1.48%	08-05T15:30	08-05T08:00	-7.5 h	5 h

表 1-13　第三/四方案岔口评定成果

洪水日期 (年-月-日)	测站	洪量(万 m³)			洪峰流量(m³/s)			峰现时间			许可误差
		实测	模拟	相对误差	实测	模拟	相对误差	实测 (月-日 T 时:分)	模拟 (月-日 T 时:分)	误差	
1969-07-25～30	岔口	1 842.42	2 118.78	15.0%	341	339.28	-0.50%	07-27T05:00	07-27T05:00	0	3 h
1985-09-07～22	岔口	3 589.69	3 852.56	7.32%	69.9	68.27	-2.33%	09-10T12:00	09-10T22:00	10 h	8 h
1996-08-03～15	岔口	3 087.23	3 212.08	4.04%	73.8	70.58	-4.36%	08-05T09:00	08-05T13:00	4 h	5 h

表 1-14　第三方案水库评定成果

洪水日期 (年-月-日)	测站	洪量(万 m³)			洪峰流量(m³/s)			峰现时间			许可误差
		实测	模拟	相对误差	实测	模拟	相对误差	实测 (月-日 T 时:分)	模拟 (月-日 T 时:分)	误差	
1969-07-25～30	水库	4 485.64	5 216.71	16.3%	710.9	693.82	-2.4%	07-27T05:30	07-27T08:00	2.5 h	3 h
1985-09-07～22	水库	8 039.25	9 642.18	19.9%	150.4	160.22	6.53%	09-14T12:00	09-14T05:00	-7 h	8 h
1996-08-03～15	水库	12 380.33	13 720.13	10.8%	359	350.64	-2.33%	08-05T15:30	08-06T01:00	9.5 h	5 h

表 1-15　第四方案水库评定成果

洪水日期 (年-月-日)	测站	洪量(万 m³)			洪峰流量(m³/s)			峰现时间			许可误差
		实测	模拟	相对误差	实测	模拟	相对误差	实测 (月-日 T 时:分)	模拟 (月-日 T 时:分)	误差	
1969-07-25～30	水库	4 485.64	5 432.54	21.1%	710.9	682.55	-3.99%	07-27T05:30	07-27T07:00	1.5 h	3 h
1985-09-07～22	水库	8 039.25	9 477.97	17.9%	150.4	156.63	4.14%	09-14T12:00	09-14T12:00	0	8 h
1996-08-03～15	水库	12 380.44	13 721.30	10.8%	359	350.71	-2.31%	08-05T15:30	08-06T01:00	9.5 h	5 h

19690730 号洪水,岔口洪量 1 842.42 万 m³,洪峰值 341 m³/s,其降雨历时短,最大时降雨 10 mm 以上。这样的洪水过程具有陡涨陡落、洪峰流量大的特点。从场次洪水模拟图可以看到三/四方案的拟合效果比一/二方案的拟合效果要好(见图 1-10～图 1-15)。

19850922 号洪水,岔口洪量 3 589.69 万 m³,洪峰值 69.9 m³/s,形成这次洪水的降雨,其强度整体不大,但其降雨历时近 20 d。这样的洪水过程具有缓涨缓落、洪峰流量不大、洪水总量比较大的特点。由于这次洪水具有双峰特性,给模拟工作带来了一定难度。从场次洪水模拟图可以看到一/二方案的拟合效果比三/四方案的拟合效果要好些。

鉴于汾河流域的气候、地形特点,历时短、强度大的降雨较为多见,因此可以认为在该地区三/四方案的使用效果要好于一/二方案。

第三方案与第四方案相比,模拟效果不相上下,说明河道流量演算既可采用线性扩散模拟法也可采用迟滞瞬时单位线法,两者均可取得较为理想的演算效果。

十、计算结果分析

(1)本章根据汾河水库流域地形、地质、地理气象特征和水文特性,在初步确定了新安江模型参数的取值范围情况下,利用人机对话和数学寻优相结合的方法进行参数的率定。

(2)根据汾河水库上下游水文站的资料进行还原,确定了预报模型的参数。

(3)根据现有的洪水预报软件,利用新安江模型三水源和二水源水源模型开发水情测报软件系统,对比分析预报结果,寻找合适的适合汾河流域的水情测报模型。

第六节　结　论

本章主要内容为水库水情自动测报系统的开发,为其综合应用提供了理论依据。同时,该系统在预报模型的建立、结构功能设计、人机对话界面等方面力求达到实用性、可靠性、先进性和可操作性。

根据汾河流域的水文条件,干旱半干旱地区的气候特征,地形结构复杂情况,选用新安江模型,针对同一片流域,将典型水情资料输入数据库,根据要求调试参数,预报结果。

课后思考题

1.为什么要建立汾河水库水情自动测报系统?

2.汾河水库水情自动测报系统的缺陷是什么以及是如何改进的?

参考文献

[1] 李宏.我国的自然灾害及其经济成本研究[J].价格,2010(4):66-72.

[2] 邢广彦.淮河流域洪水资源化利用分析与实践[D].太连:大连理工大学,2007.

[3] 谢蕊贤.论山西省水资源状况及开发利用[J].山西科技,2011,26(6):3-5.

[4] 张永国.全球气候变暖背景下山西旱涝灾害研究[J].忻州师范学院学报,2005,21(2):64-67.

[5] 赵清,高洪涛.非工程防洪措施浅析[J].中国西部科技,2009(28):61-62.

[6] 李爱云.盘石头水库洪水预报系统的开发研究[D].太原:太原理工大学,2004.

[7] 侯世文,亓修增,姚萌,等.雨水情自动遥测系统在防汛测报中的应用[J].人民黄河,2005,27(10).

[8] 张海瑞.基于系统理论的半干旱半湿润流域洪水预报模型的研制及其应用[D].太原:太原理工大学,2007.

[9] 刘晓华.水情自动测报系统研究与应用[D].西安:西安电子科技大学,2005.

[10] 何春燕,灌区水情自动测报系统研究与应用[D].新疆:石河子大学,2008.

[11] 刘志雨.我国洪水预报技术研究进展与展望[J].中国防汛抗旱,2009,5:13-16.

[12] 袁月平,盐田外河区城防洪规划研究[D].南京:河海大学,2007.

[13] 白继平,丁书红,许东红,等.洪水预报技术研究进展与展望[J].河南水利与南水北调,2010(8):14-18.

[14] 赵永胜.水文测报网络软件开发研究[D].南京:河海大学,2006.

[15] 陈光胜.国内外水情自动测报系统述评水利水文自动化[J].1991(2):14-19.

[16] 邓爱丽.3S技术在我国洪水预报中的应用[J].水利经济,2010,28(4):45-48.

[17] 吴金塔,曾向明.WEBGIS技术及其在防汛中的应用研究[J].水利科技,2003(1):11-14.

[18] 浦亚,等.水情自动测报系统通信方式简介[J].科技风,2009:234.

[19] 陈浙梁.GPRS通信技术在水文自动测报系统中的应用[J].浙江水利科技,2008,3(2):12-22.

[20] 张艳玲.水文信息化技术在我省水利防汛中的作用[J].西北水利发电,2006,22(4):71-72.

[21] 徐黎明.水利工程向资源水利侧重问题探讨[J].吉林农业,2011(11):217.

[22] 王光生,宁方贵.实用水文预报方法[M].北京:中国水利水电出版社.

[23] 吴贤忠.流域水文模型研究进展综述[J].农业科技与信息,2011(2):40-41.

[24] 何长高,董增川,陈卫宾.流域水文模型研究综述[J].江西水利科技,2008,34(1):21-24.

[25] 于兴杰,等.分布式水文模型的发展、现状及前景[J].山西水利科技,2009(2):63-66.

[26] 孙野.水文模型[J].水利天地,2007(7):29-30.

[27] 晋华,双超式产流模型的理论及应用研究[D].北京:中国地质大学,2006.

[28] Anderson M G, Burt T P. Hydrological Forecasting[J]. John wiley & Sons, New York,1985.

[29] 夏积德.分布式水文模型建模研究[J].西安文理学院学报(自然科学版),2008,11(4):1-5.

[30] 郑长统.分布式水文模型研究进展[J].水利科学与工程技术,2009(6):9-10.

[31] Kirkby M. Hillslope run off processes and models[J]. Journal of Hydrology,1988.

[32] 王加虎.分布式水文模型理论与方法研究[D].南京:河海大学,2006.

第二章　土石坝渗流预警模型及预警系统开发

第一节　绪　　论

一、目的及意义

土石坝挡水后,在坝体和坝基部位产生渗流现象,当渗流量、渗透坡降等要素超过允许值时,会给大坝安全运行带来隐患,可能造成坝坡滑动,坝体、坝基出现渗漏、管涌、流土、塌坑等重大事故。渗流的影响因素有库水位、降雨量、温度、时效等,其中降雨量和温度分量呈明显的年周期变化趋势;水压分量变化周期与水库调度密切相关,分析大坝监测资料的数学模型随监测技术的发展呈多元化形式,除传统的统计模型外,有限元法、小波分析、时间序列、混沌动力学等多种理论及方法也被应用于大坝自动化监测资料分析中,但由于单一理论方法存在不同程度的弊端,如统计模型在监测数据少的情况下会产生较大偏差,时间序列分析的预测精度随预测步长的增加而降低,灰色模型对于突变预测无能为力,神经网络收敛速度慢。通常结合两种及以上理论、方法建立的数学模型,其预报精度相较单一模型而言得到提高,从而成为一种新兴的数学建模方法。可见,综合运用多种理论分析渗流,建立渗流耦合模型对监控大坝安全运行有重要现实意义。

二、国内外研究现状

目前,国内外的研究学者应用多种理论开始探讨综合运用多种方法的可能性,取得了一系列的研究成果。闫滨等将神经网络方法与遗传算法、小波分析相结合,建立了遗传神经网络模型和小波神经网络模型,用于大坝渗流序列的预报中。张立君等在经典神经网络算法上寻求突破,建立了基于径向基函数的神经网络模型(RBFNN)。雷霆等对蚁群算法和神经网络的结合进行了有益的探索,在神经网络权值的学习过程中用蚁群算法进行干预使权值更合理。郭张军等将小波分析与神经网络进行融合,建立了小波网络模型用于渗流的预测中。观察上述方法不难发现它们的共同之处都是同神经网络相结合所建立的预测模型。此之,张立君采用支持向量机制论对渗流监测资料进行分析,并建立了支持向量机响应模型。姜谙男等充分考虑了支持向量机与粒子群优化算法的优点,建立了PSO – SVM模型用于大坝的渗流预测,该模型具有收敛速度快与结构化风险小等优点,体现了在渗流监测分析领域中,用于模型建立的理论、方法的结合形式有无限种可能性,而不止局限于神经网络。综上可知多种理论、方法有机结合对渗流进行预测研究成为渗流分析领域中的新方向。

三、主要内容

国内外统计资料显示,地下渗漏引起大坝发生事故的概率为20%,失事原因为渗流量增大、渗透坡降加大等。我国1981年的调查结果表明,31.7%的大坝安全事故是由渗漏、管涌引起的。纵观国内外土石坝安全事故的发生原因,渗流破坏对土石坝的安全威胁不容忽视,其中近40%的事故是由渗流破坏引起的。因此,借鉴国内外渗流安全监控模型的方法,本章案例主要内容以山西省汾河水库为工程实例,将先进模型应用于汾河水库左坝岸渗流量的预报中,比较各模型的拟合结果与预报精度,为土石坝渗流耦合模型的构建及安全运行提供技术支持。

四、技术路线

技术路线见图2-1。

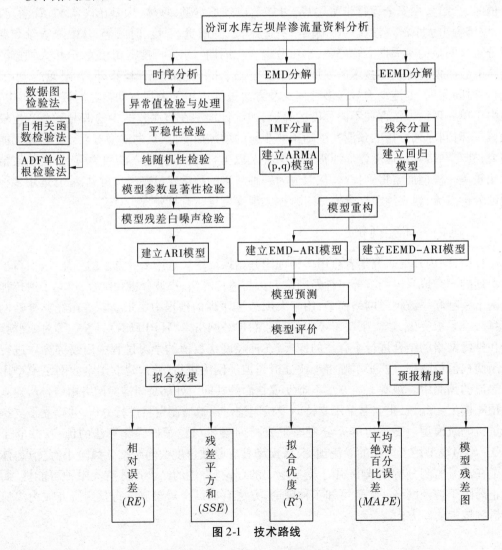

图2-1 技术路线

第二节 经验模态分解理论及集合经验模态分解方法

工程实际中所采集到的数据往往表现出非线性、非平稳的特征。黄锷将希尔伯特（Hilbert）理论进行融合，1988 年提出希尔伯特－黄变换（Hilbert－Huang Transform，HHT）理论。Hilbert－Huang 变换包括经验模态分解（Empirical Mode Decomposition，EMD）和 Hilbert 谱分析（Hilbert Spectral Analysis，HSA）两个部分，其本质是通过 EMD 算法对原始信号进行分解，得到一系列固有模态函数（Intrinsic Mode Function，IMF），且 IMF 满足单频率分量条件，IMF 经 Hilbert 变换可求得原始信号的瞬时频率。Hilbert－Huang 变换适用范围广泛，不论信号平稳与否、是否具有线性特征都可对其进行分析。

为了有效地消除 EMD 算法的模态混叠现象，Patrick Flandrin 等在 EMD 算法中加入了极小值幅度的白噪声，并取得了一些成果。Zhaohua Wu，N. E. Huang 等也对白噪声进行了研究，并在 2005 年提出了集合经验模态分解法（Ensemble Empirical Mode Decomposition，EEMD）。集合经验模态分解法的实现过程是在信号中加入白噪声，白噪声具有在空间均匀分布的特征，且具有高斯特性，使信号在不同特征时间尺度上均具有连续不间断性，且白噪声的加入可有效促进抗混分解，消除模态混叠，从而取得更好的分解结果。

一、EEMD 基本理论

EEMD 算法是在 EMD 算法的基础上加入高斯白噪声集成均值的结果，其原理相对简单，即在原始信号中加入高斯白噪声，使二者结合成为一个新的信号，利用白噪声在时频空间均匀分布的特征，将原始信号加在遍布高斯白噪声的时频空间中，此时信号会以时间尺度作为判断标准在遍布高斯白噪声的时频空间中寻求最优尺度进行自我归属，且噪声对原始信号产生的影响将通过多次平均运算进行有效消除，且集成平均的次数与分解结果接近原始信号的程度呈正相关，即随着集成平均次数的增加，分解结果会越来越接近原始信号。EEMD 算法的分解步骤如下：

（1）在原始信号 $x(t)$ 中加入高斯白噪声 $k \cdot \sigma_x \cdot n(t)$，得到新的待分解信号，此信噪混合体记为 $X(t)$，则

$$X(t) = x(t) + k \cdot \sigma_x \cdot n(t) \tag{2-1}$$

式中：k 为白噪声与信号二者标准差的比值；σ_x 为信号标准差；$n(t)$ 为归一化白噪声。

（2）对信噪混合体 $X(t)$ 进行 EMD 分解，得固有模态函数 c_j 与残余量 r_m，且满足：

$$X(t) = \sum_{j=1}^{m} c_j + r_m \tag{2-2}$$

（3）步骤（1）、（2）重复 N 次，对各阶 IMF 分量取均值得 EEMD 分解结果，且满足：

$$\left. \begin{array}{l} c_j(t) = \dfrac{1}{N} \sum_{i=1}^{N} c_{ij} \\[2mm] r(t) = x(t) - \sum_{j} c_j(t) \end{array} \right\} \tag{2-3}$$

二、EEMD 参数讨论

EEMD 方法中有两个至关重要的参数:加入的高斯白噪声的幅值和集成平均的次数。在 EEMD 分解过程中如果加入的白噪声幅值过小,则不能有效地解决时间尺度重叠,进而得不到充分提取的问题,也就是通常所说的模态混叠问题;如果加入的白噪声幅值过大,则会对原始信号产生较大的干扰进而影响分解结果与原始信号的接近程度,带来分解结果可靠与否的问题。鉴于 EEMD 方法对白噪声比较敏感,所以添加的高斯白噪声的幅值通常比较小。

Huang 建议取白噪声与原始信号的幅值标准差的比值 k 为 0.2 ,当待分解信号主要为高频成分时,可适当减小白噪声的幅值,当待分解信号主要为低频成分时,可适当增加白噪声的幅值,通常的取值为 0.1 ~ 0.4。EEMD 方法中集成平均的次数关系到在原始信号中加入的高斯白噪声在后处理过程中的消除情况,集成平均次数服从以下统计规律:

$$\varepsilon_n = \frac{\alpha}{\sqrt{N}} \quad 或 \quad \ln\varepsilon_n + \frac{\alpha}{2}\ln N = 0 \tag{2-4}$$

式中:N 为集合平均次数; α 为白噪声标准差与信号标准差的比值;ε_n 为期望的信号分解相对误差最大值。

随着集成平均次数的增加可使分解结果更加接近原始数据,减小白噪声对信号产生的干扰,集成平均次数增加到一定值时,白噪声对信号的干扰可忽略不计。Zhaohua Wu 等建议,通常集成平均次数在几百次时可取得较好的分解效果,此时白噪声对分解结果产生的干扰误差很小,可能仅在 1% 左右,因此在 EEMD 方法中,在同时考虑分解结果和计算成本的前提下,集成平均次数一般选择 100 ~ 300 次。

三、工程应用

山西省汾河水库 1990 年建立了大坝渗流自动观测系统,监测内容包括左右坝基渗流、左坝岸渗流、古河床坝体绕渗、浸润线等,其中左坝岸渗流采用三角堰观测,观测频率为每周一次,观测设备完好。本章采用汾河水库 2001 年 7 月 2 日至 2003 年 11 月 17 日的左坝岸渗流量数据进行模型构建,共计 125 组;采用 2003 年 11 月 24 日至 2003 年 12 月 29 日的左坝岸渗流量数据检验模型的拟合效果与预报精度,共计 6 组。

(一)EMD 分解

基于 Matlab 平台对汾河水库左坝岸渗流序列进行 EMD 分解,分解结果如图 2-2 所示。

从图 2-2 可以看出,汾河水库左坝岸渗流序列经 EMD 分解后得 4 阶 IMF 分量与 1 阶残余分量,经 Hilbert 变换及倒数运算后求得 4 阶 IMF 分量的平均周期分别为 23.3 d、43 d、161.8 d、231.8 d,表明渗流序列可能存在 23.3 d、43 d、161.8 d、231.8 d 这 4 个波动周期。其中,IMF1 为频率最高的波动成分,较充分地诠释了原渗流序列的信号特征,与原序列具有良好的一致性;IMF1 ~ IMF4 的频率依次降低,且 IMF1、IMF2 为原序列的主要成分,IMF3、IMF4 相较 IMF1、IMF2 对原序列的影响程度较低;1 阶残余分量的频率最小、周期最长,其平均周期超过了序列自身长度,可能表征一种长周期成分,但由于呈现明显的单调趋势,故将其作为 Res 趋势分量进行分析,可用来反映渗流序列的变化规律,其总体呈上升趋势,表明在此渗流监测区间内(2001 年 7 月 2 日至 2003 年 12 月 29 日),汾河水库左坝岸渗流量随时间的推移增加。IMF1 ~ IMF4 及趋势项叠加形成合成序列,合成序列即为原始序列,表明 EMD 分解具有秉留原数据属性的特点,也从侧面反映出 EMD 算法的精确度较高。

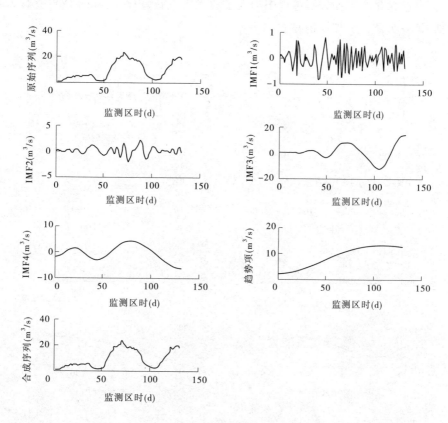

图 2-2　汾河水库左坝岸渗流序列 EMD 分解结果

(二) EEMD 分解

基于 Matlab 平台对汾河水库左坝岸渗流序列进行 EEMD 分解,分解结果如图 2-3所示。

EEMD 分解过程中取白噪声幅值标准差为原始信号标准差的 20% ,即 $Nst = 0.2$,EMD 分解次数 NE 为 100,分解得 6 阶 IMF 分量与 1 阶残余分量。同理,经 Hilbert 变换后求得中心频率,对中心频率求倒数得 6 阶 IMF 分量的平均周期分别为 17 d、31.2 d、123 d、202.1 d、262.8 d、1.26 年,表明渗流序列可能存在 17 d、31.2 d、123 d、202.1 d、262.8 d、1.26 年这 6 个波动周期。其中,IMF1 分量频率最高、振幅最大、波长最短,可较好地反

映原渗流序列的特征,被优先从渗流序列中提取出,它与原始序列保持较好的一致性,
IMF1～IMF3 分量为渗流序列的主要成分;IMF1～IMF6 分量的频率依次降低,振幅依次
减小、波长依次增大,对渗流序列的影响程度依次减弱;1 阶残余分量的频率与振幅最小,
周期最长,其平均周期超过了渗流序列自身长度,同样将其作为 Res 趋势分量来研究。从
图 2-3 可看出,趋势项单调递增,表明在此渗流监测区间内(2001 年 7 月 2 日至 2003 年
12 月 29 日),水库左坝岸渗流量随时间的推移而增加,与 EMD 分解所得结论一致。
IMF1～IMF6 分量与趋势项叠加形成合成序列,合成序列与原始序列的曲线形状相同,但
数值略有不同,这是由于在分解过程中加入了白噪声,白噪声对实际的 IMF 值有影响,可
通过增加 EMD 分解次数加以消除。

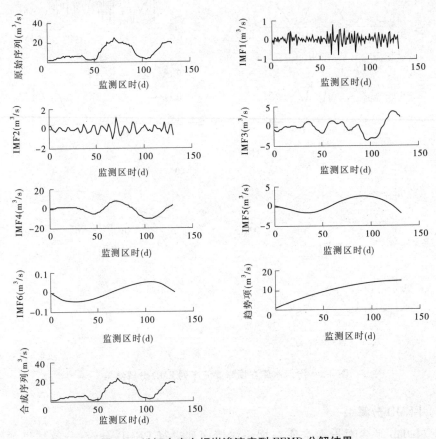

图 2-3　汾河水库左坝岸渗流序列 EEMD 分解结果

(三)渗流量监测数据

本章采用的实测数据为汾河水库 2001 年 7 月 2 日至 2003 年 12 月 29 日的左坝岸渗
流量监测数据,渗流量监测数据如表 2-1 所示。

表 2-1 汾河水库左坝岸渗流量监测数据

监测日期(年-月-日)	渗流量(L/s)	监测日期(年-月-日)	渗流量(L/s)	监测日期(年-月-日)	渗流量(L/s)	监测日期(年-月-日)	渗流量(L/s)
2001-07-02	1.09	2002-07-08	6.47	2003-01-06	19.29	2003-07-07	2.59
2001-07-09	1.13	2002-07-15	8.37	2003-01-13	18.20	2003-07-14	2.98
2001-07-16	1.06	2002-07-22	9.95	2003-01-20	17.79	2003-07-21	3.16
2001-07-23	1.03	2002-07-29	11.45	2003-01-27	17.90	2003-07-28	3.36
2001-07-30	1.04	2002-08-05	13.20	2003-02-03	16.73	2003-08-04	5.34
2001-08-06	1.06	2002-08-12	13.97	2003-02-10	16.81	2003-08-11	6.49
2001-08-13	1.52	2002-08-19	15.05	2003-02-17	16.92	2003-08-18	7.35
2001-08-20	1.92	2002-08-26	16.20	2003-02-24	15.72	2003-08-25	7.81
2001-08-27	2.49	2002-09-02	16.30	2003-03-03	15.78	2003-09-01	9.26
2001-09-03	3.04	2002-09-09	19.40	2003-03-10	15.25	2003-09-08	10.18
2001-09-10	3.50	2002-09-16	19.03	2003-03-17	13.12	2003-09-15	11.10
2001-09-17	3.86	2002-09-23	19.06	2003-03-24	11.10	2003-09-22	12.51
2001-09-24	3.89	2002-09-30	19.12	2003-03-31	9.09	2003-09-29	13.17
2001-10-01	3.86	2002-10-07	19.37	2003-04-07	7.58	2003-10-06	14.15
2001-10-08	3.99	2002-10-14	20.31	2003-04-14	6.38	2003-10-13	15.21
2001-10-15	4.23	2002-10-21	20.51	2003-04-21	5.56	2003-10-20	17.54
2001-10-22	4.53	2002-10-28	23.32	2003-04-28	4.74	2003-10-27	18.48
2001-10-29	5.01	2002-11-04	23.65	2003-05-05	4.47	2003-11-03	17.79
2001-11-05	3.76	2002-11-11	22.43	2003-05-12	3.94	2003-11-10	18.15
2001-11-12	5.50	2002-11-18	21.26	2003-05-19	3.76	2003-11-17	18.56
2001-11-19	5.43	2002-11-25	20.19	2003-05-26	3.63	2003-11-24	18.53
2001-11-26	5.12	2002-12-02	19.94	2003-06-02	3.49	2003-12-01	19.60
2001-12-03	5.07	2002-12-09	18.67	2003-06-09	2.77	2003-12-08	19.68
2001-12-10	5.03	2002-12-16	18.34	2003-06-16	2.56	2003-12-15	19.71
2001-12-17	4.89	2002-12-23	18.70	2003-06-23	2.48	2003-12-22	19.68
2001-12-24	4.87	2002-12-30	18.92	2003-06-30	2.42	2003-12-29	18.17
2001-12-31	5.21						

第三节　汾河水库土石坝渗流预警模型

一、工程概况

(一)汾河水库工程概况
汾河水库工程概况见第一章。

(二)汾河水库渗流监测现状
汾河水库现有的工程观测主要是大坝安全监测。目前,大坝安全监测项目有:坝体渗流观测、坝体表面变形观测、坝体内部变形观测,另外有8 m泄洪洞变形观测。其中,坝体渗流观测包括左右坝基渗流、左坝岸渗流、古河床坝体绕渗、浸润线(通过测压管水位获得)和渗水透明度观测。目前,坝体渗流观测作业中的浸润线、左右坝基渗流、左坝岸渗流每周观测一次;渗水透明度平时不测,仅在大坝发生异常渗流,水变浑时观测。渗流量测量共设5个量水堰。本章对汾河水库左坝岸渗流数据进行分析,汾河水库左坝岸渗流采用三角堰观测,观测频率为每周一次,观测设备完好。

二、汾河水库渗流 ARI 模型

(一)ARI 模型建立
基于 SAS 平台对汾河水库左坝岸渗流序列进行时间序列分析,建立相应的 AR/ARI 模型,具体步骤如下:

(1)步骤1:作出渗流数据时序图,如图2-4所示。

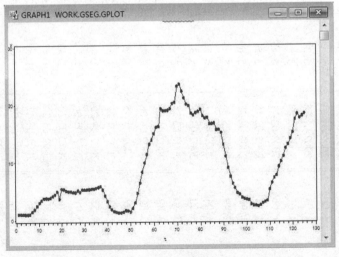

图 2-4　渗流数据时序图

(2)步骤2:异常点的检验与处理。系统由于受到来自系统外部或内部的干扰会产生异常点,异常点的出现会使我们对系统动态变化规律的研究产生偏差,影响判断的准确性,也能从侧面反映出系统的运行稳定性、灵敏度等问题,因此需对异常点进行识别与处理。异常点是在一组随机数据中与数据整体平均水平偏离远的数据点,表现为极端大或极端小,在异常点的检验过程中假设原序列是平滑的,异常点是突变的,有:

$$\overline{X}_t - kS_t < X_{t+1} < \overline{X}_t + kS_t \tag{2-5}$$

其中,$\overline{X}_t = \dfrac{1}{t}\sum_{j=1}^{t} X_j$,$S_t^2 = \overline{X}_t^2 - \overline{X}_t^{\,2}$,$\overline{X}_t^2 = \dfrac{1}{t}\sum_{j=1}^{t} X_j^2$,$k \in [3,9]$,通常取 $k = 6$。

若 X_{t+1} 满足式(2-5),则不是异常点;反之,则为异常点,需进行修正,通常用 $\hat{X}_t$ 进行修正,表达式为

$$\hat{X}_t = 2X_t - X_{t-1} \tag{2-6}$$

需要说明的是,如果 t 期以前的数据太少,则很难辨别数据的奇异性。从图 2-4 可直观地看出数据 3.76($t = 19$)产生突变,判断其是否为异常点。根据汾河水库左坝岸渗流量的实测数据,求得 $\overline{X}_t = 2.680\ 6$,$S_t = 1.405\ 8$,且满足 $3.76 \in (\overline{X}_t - 6S_t, \overline{X}_t + 6S_t)$,因此数据 3.76 不是异常点。

(3)步骤 3:渗流序列平稳性检验。从图 2-4 看出渗流序列不平稳,进一步结合自相关函数检验法进行验证,自相关函数如图 2-5 所示。由图 2-5 可知,自相关函数衰减缓慢,说明渗流序列存在一定的非平稳性。

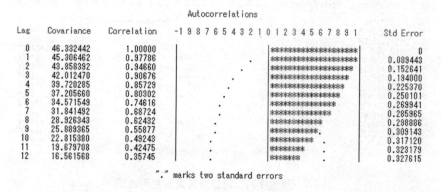

图 2-5　渗流数据自相关函数图

(4)步骤 4:对渗流序列进行差分运算。渗流序列经一阶差分运算后仍不平稳,对其进行二阶差分运算,经二阶差分处理后的渗流序列的时序图如图 2-6 所示,自相关函数如图 2-7 所示。观察图 2-6 发现,经二阶差分处理后的渗流序列基本平稳,进一步考察二阶差分后渗流序列的自相关图,自相关图显示出渗流序列具有很强的短期相关性,可认为二阶差分后渗流序列平稳。

(5)步骤 5:对经二阶差分运算后的渗流序列进行白噪声检验。采用 LB 检验统计量进行检验,检验结果如图 2-8 所示。从图 2-8 可看出,在延迟阶数为 6、检验水平为 0.05、临界值为 $\chi_{0.05}^2(6)$[查 χ^2 分布表知,$\chi_{0.05}^2(6)$ 的值为 12.59]的情况下,二阶差分后渗流序列的 LB 检验统计量值 Q_{LB} 均大于临界值,且检验统计量的 P 值均小于 0.05,并显著小于显著性检验水平 0.01,表明二阶差分后的渗流序列为非白噪声序列,可进行建模。

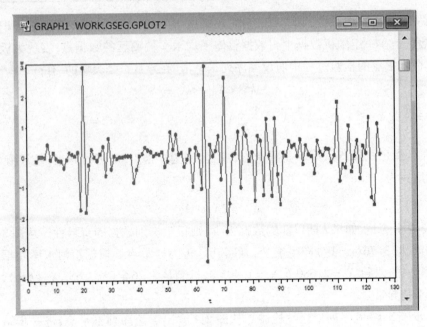

图 2-6　渗流序列二阶差分后时序图

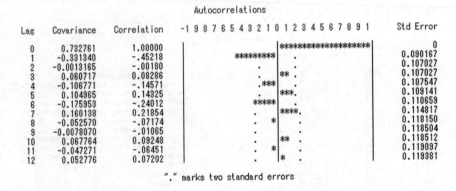

图 2-7　渗流序列二阶差分后自相关函数图

Autocorrelation Check for White Noise

To Lag	Chi-Square	DF	Pr > ChiSq	--------------------------------Autocorrelations--------------------------------					
6	39.64	6	<.0001	-0.452	-0.002	0.083	-0.146	0.143	-0.240
12	49.13	12	<.0001	0.219	-0.072	-0.011	0.092	-0.065	0.072
18	55.34	18	<.0001	-0.123	-0.058	0.127	-0.065	0.068	-0.017
24	59.34	24	<.0001	-0.002	-0.016	-0.091	0.094	-0.032	-0.089

图 2-8　白噪声检验结果

　　(6)步骤 6:对二阶差分后的平稳非白噪声渗流序列进行模型拟合。模型阶数由 BIC 准则确定,BIC 值最小时相应模型阶数最优,本章根据 BIC 准则确定渗流序列的最优模型为 AR(2),且通过对模型的不断调整,模型参数均通过显著性检验,模型参数估计及检验结果见图 2-9。由图 2-9 可知,AR(2)模型的参数估计的 t 统计量的 P 值都小于 0.05,模型参数显著。

```
              Conditional Least Squares Estimation

                            Standard              Approx
Parameter      Estimate      Error     t Value   Pr > |t|    Lag
AR1,1         -0.57164      0.08791     -6.50     <.0001       1
AR1,2         -0.26386      0.08845     -2.98     0.0035       2
```

图 2-9　模型参数估计及检验结果

（7）步骤 7：判断渗流序列的模型残差是否为白噪声。判断依据为在各延迟阶数下，若 LB 检验统计量的 $P(\text{Pr} > \text{ChiSq})$ 值大于检验水平，则为白噪声，否则为非白噪声。取定检验水平为 0.05，AR(2) 模型残差的白噪声检验结果如图 2-10 所示。从图 2-10 可以看出，在各延迟阶数下，LB 检验统计量的 P 值均大于检验水平 0.05，残差序列为白噪声，表明 AR(2) 模型适应渗流序列。

```
              Autocorrelation Check of Residuals

To      Chi-          Pr >
Lag    Square   DF   ChiSq    --------------------Autocorrelations--------------------
6       8.00    4   0.0915   -0.011  -0.058  -0.088  -0.137  -0.005  -0.178
12     13.21   10   0.2121    0.155   0.017   0.054   0.101  -0.008  -0.037
18     22.62   16   0.1244   -0.192  -0.101   0.100   0.034   0.093   0.003
24     26.91   22   0.2147   -0.045  -0.094  -0.108   0.019  -0.053  -0.053
```

图 2-10　残差序列的白噪声检验结果

（二）ARI 模型预报

将汾河水库左坝岸渗流序列进行二阶差分还原，记汾河水库左坝岸渗流序列为 $\{Y_t\}$，对 $\{Y_t\}$ 所拟合的模型为 ARI(2,2)，其表达式为

$$Y_t = 1.428\,4Y_{t-1} - 0.120\,6Y_{t-2} - 0.043\,9Y_{t-3} - 0.263\,9Y_{t-4} + \varepsilon_t \qquad (2-7)$$

对汾河水库左坝岸渗流序列进行 6 步预测，预报结果见图 2-11，预报区域见图 2-12。

```
              Forecasts for variable y

Obs    Forecast   Std Error    95% Confidence Limits
126    18.6644     0.7430      17.2082     20.1205
127    18.9303     1.2954      16.3912     21.4693
128    19.1845     1.9267      15.4081     22.9608
129    19.4027     2.6896      14.1313     24.6742
130    19.6446     3.5168      12.7519     26.5373
131    19.8825     4.4139      11.2313     28.5336
```

图 2-11　ARI 模型预报结果

需要说明的是：图 2-12 中，"＊"代表原始数据点；实线代表预报值；虚线为 95% 的置信上限和下限。从图 2-12 可以看出，原始数据几乎都落在预报区域内，且越是近期的数据，其与预报曲线越接近，模型的拟合效果越好。总体来说，ARI(2,2) 模型的拟合效果较好，预报结果较精准。

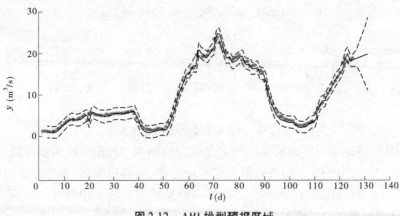

图 2-12　ARI 模型预报区域

三、汾河水库渗流 EMD – ARI 模型

对汾河水库左坝岸渗流序列经 EMD 分解所得的 4 阶 IMF 分量进行时间序列分析，建立相应的 AR/ARI 模型，分析过程如下：

（1）用 ADF 单位根检验法检验 IMF1 ~ IMF4 分量的平稳性，检验统计量为 T，检验结果如表 2-2 所示。

表 2-2　ADF 单位根检验结果

分量	IMF1	IMF2	IMF3/▽IMF3	IMF4/▽IMF4
T 统计量值	− 9.31	− 2.65	2.02/ − 3.6	1.89/ − 3.19

由表 2-2 知，IMF1 与 IMF2 分量的 T 统计量值小于临界值 − 1.95，为平稳序列，IMF3 与 IMF4 分量的 T 统计量值大于临界值，不平稳，对 IMF3 与 IMF4 分量进行一阶差分，得 ▽IMF3 与 ▽IMF4 分量，▽IMF3 与 ▽IMF4 分量经检验平稳。

（2）检验 IMF1 ~ IMF4 分量的纯随机性。采用 LB 检验统计量对各阶 IMF 分量进行检验，检验结果如表 2-3 所示。

表 2-3　纯随机性检验结果

分量	IMF1	IMF2	▽IMF3	▽IMF4
Q_{LB} 统计量值	19.4	161.67	585.90	658.59
Q_{LB} 统计量的 P 值	0.003 5	< 0.000 1	< 0.000 1	< 0.000 1

从表 2-3 可看出，在延迟阶数为 6、检验水平为 0.05、临界值为 $\chi^2_{0.05}(6)$［查 χ^2 分布表知，$\chi^2_{0.05}(6)$ 的值为 12.59］的情况下，各阶 IMF 分量的 LB 检验统计量值 Q_{LB} 均大于临界值，且检验统计量的 P 值均小于 0.05，表明渗流序列的各阶 IMF 分量均为非白噪声序列。

（3）各阶 IMF 分量拟合 AR/ARI 模型。模型阶数由 BIC 准则确定，BIC 值最小时，相应模型阶数最优，根据 BIC 准则确定 IMF1～IMF4 分量的最优模型分别为 AR（1）、AR（9）、ARI（4,1）、ARI（7,1），且通过对模型的不断调整，最终 IMF1～IMF4 分量的模型参数均通过显著性检验，IMF1～IMF4 分量的预报区域见图 2-13～图 2-16。

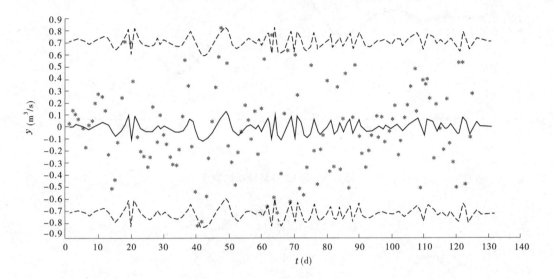

图 2-13　IMF1 分量预报区域图

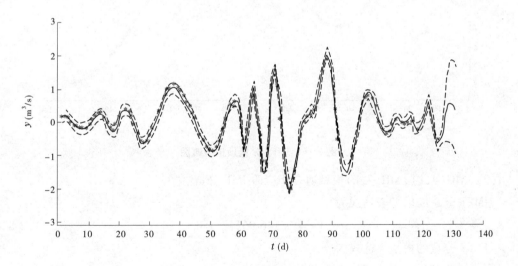

图 2-14　IMF2 分量预报区域图

说明：图 2-13～图 2-16 中"＊"和"●"代表原始数据点，实线代表预报值，虚线为 95% 的置信上限和下限。

（4）判断 IMF1～IMF4 分量的模型残差是否为白噪声。判别依据为在各延迟阶数下，若 LB 检验统计量的 $P(\mathrm{Pr} > \mathrm{ChiSq})$ 值大于检验水平，则为白噪声，否则为非白噪声。取定检验水平为 0.05，经检验 IMF1～IMF4 分量的模型残差均为白噪声，表明 AR（1）、

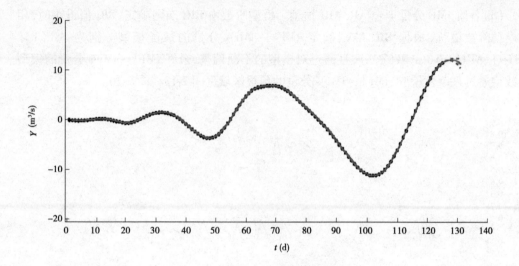

图 2-15　IMF3 分量预报区域图

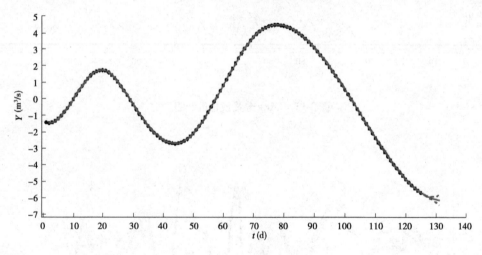

图 2-16　IMF4 分量预报区域图

AR(9)、ARI(4,1)、ARI(7,1)模型适合相应阶 IMF 分量。

IMF1 分量的模型表达式为

$$Y_t = 0.146\ 96Y_{t-1} + \varepsilon_t \tag{2-8}$$

IMF2 分量的模型表达式为

$$Y_t = 0.159\ 21 + 2.938\ 22Y_{t-1} - 4.170\ 19Y_{t-2} + 3.542\ 30Y_{t-3} - 1.802\ 41Y_{t-4} +$$
$$1.277\ 44Y_{t-6} - 1.635\ 24Y_{t-7} + 1.040\ 92Y_{t-8} - 0.314\ 21Y_{t-9} + \varepsilon_t \tag{2-9}$$

IMF3 分量的模型表达式为

$$Y_t = -0.101\ 95 + 4.185\ 18Y_{t-1} - 7.088\ 48Y_{t-2} + 6.123\ 64Y_{t-3} - 2.727\ 65Y_{t-4} +$$
$$0.507\ 31Y_{t-5} + \varepsilon_t \tag{2-10}$$

IMF4 分量的模型表达式为

$$Y_t = -0.051\ 19 + 4.011\ 78Y_{t-1} - 6.819\ 51Y_{t-2} + 6.928\ 38Y_{t-3} - 5.391\ 8Y_{t-4} +$$

$$3.761\ 66Y_{t-5} - 2.225\ 01Y_{t-6} + 0.921\ 54Y_{t-7} - 0.187\ 04Y_{t-8} + \varepsilon_t \qquad (2\text{-}11)$$

Res 趋势分量的表达式为

$$y = (1 \times 10^{-9})t^5 - (3 \times 10^{-7})t^4 + (2 \times 10^{-6})t^3 + 0.002\ 4t^2 + 0.013\ 7t + 2.302\ 6$$

$$(2\text{-}12)$$

由于趋势项具有明显的单调性,因此用线性方程对其进行拟合。

(5)模型重构。将 4 阶 IMF 分量的拟合模型 AR(1)、AR(9)、ARI(4,1)、ARI(7,1) 与 1 阶趋势项的拟合模型进行重构,建立 EMD – ARI 渗流预警混合模型,混合模型共含有 31 个参数,重构数据共计 116 组,应用非线性高斯 – 牛顿(Gauss – Newton)法进行重构后得到的模型参数最小二乘估计值如表2-4 所示。

表 2-4　EMD – ARI 模型参数重构结果　　　　　　(单位:m³/s)

模型参数估计	IMF1	IMF2	IMF3	IMF4	Res 趋势项
φ_1	0.101 0	3.098 4	-0.102 0	-0.051 2	-3.08×10^{-8}
φ_2		3.462 7	-2.641 5	125.4	0.000 01
φ_3		-4.923 4	18.378 5	-459.9	-0.001 22
φ_4		3.521 9	-31.225 4	854.1	0.057 5
φ_5		-1.233 6	22.174 3	-1 048.3	-0.852 3
φ_6		1.165 3	-5.863 1	796.1	2.302 6
φ_7		-2.219 8		-244.1	
φ_8		1.880 9		-76.387 1	
φ_9		-0.625 1		55.755 0	

根据表2-4,得汾河水库左坝岸渗流预警混合模型(EMD – ARI 模型)的结构为

$$y_t = \begin{cases} 0.101\ 0X_{t-1} & \text{IMF1} \\[4pt] + (3.098\ 4 + 3.462\ 7Y_{t-1} - 4.923\ 4Y_{t-2} + 3.521\ 9Y_{t-3} - 1.233\ 6Y_{t-4} \\ \quad + 1.165\ 3Y_{t-6} - 2.219\ 8Y_{t-7} + 1.880\ 9Y_{t-8} - 0.625\ 1Y_{t-9}) & \text{IMF2} \\[4pt] + (-0.102\ 0 - 2.641\ 5Z_{t-1} + 18.378\ 5Z_{t-2} - 31.225\ 4Z_{t-3} \\ \quad + 22.174\ 3Z_{t-4} - 5.863\ 1Z_{t-5}) & \text{IMF3} \\[4pt] + (-0.051\ 2 + 125.4W_{t-1} - 459.9W_{t-2} + 854.1W_{t-3} - 1\ 048.3W_{t-4} \\ \quad + 796.1W_{t-5} - 244.1W_{t-6} - 76.387\ 1W_{t-7} + 55.755\ 0W_{t-8}) & \text{IMF4} \\[4pt] + [(-3.08 \times 10^{-8})t^5 + 0.000\ 01t^4 - 0.001\ 22t^3 + 0.057\ 5t^2 - 0.852\ 3t \\ \quad + 2.302\ 6]\text{Res} & \text{趋势项} \\[4pt] + \varepsilon_t \end{cases}$$

$$(2\text{-}13)$$

EMD – ARI 模型预报值与实测值的重叠散点图如图 2-17 所示。观察图 2-17 发现,实测值与预报值大部分都是重叠的,13 个点除外。

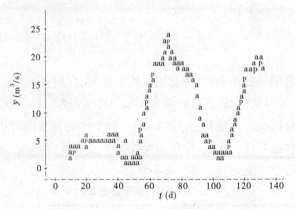

图 2-17　EMD – ARI 模型重叠散点图

EMD – ARI 模型的预报结果如表 2-5 所示。

表 2-5　EMD – ARI 模型的预报结果

日期(年-月-日)	实测值(m^3/s)	预报值(m^3/s)
2003-11-24	18.53	18.759 3
2003-12-01	19.60	19.704 2
2003-12-08	19.68	19.888 0
2003-12-15	19.71	19.830 1
2003-12-22	19.68	19.302 8
2003-12-29	18.17	18.308 0

四、汾河水库渗流 EEMD – ARI 模型

(一)AR/ARI 模型建立

汾河水库左坝岸渗流序列经 EEMD 分解得 6 阶 IMF 分量与 1 阶残余分量,对 6 阶 IMF 分量进行时间序列分析,建立相应的 AR/ARI 模型,最终确定 IMF1 ~ IMF6 分量的最优模型分别为 AR(6)、AR(7)、ARI(4,1)、ARI(6,1)、ARI(6,2)、ARI(6,1),IMF1 ~ IMF6 分量的预报区域见图 2-18 ~ 图 2-23。

说明:图 2-18 ~ 图 2-23 中" ＊ "和" ● "代表原始数据点,实线代表预报值,虚线为 95% 的置信上限和下限。

EEMD 分解所得的 Res 趋势分量具有明显的单调性,因此对其进行线性方程拟合,拟合表达式为

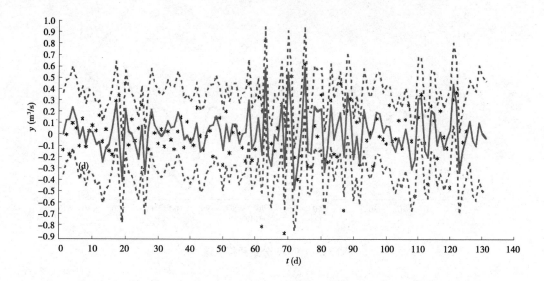

图 2-18　IMF1 分量预报区域

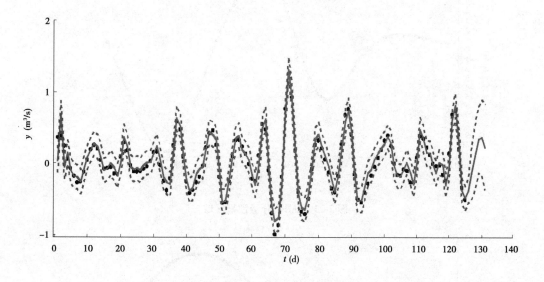

图 2-19　IMF2 分量预报区域

$$y = (1 \times 10^{-19})t^4 - (4 \times 10^{-19})t^3 + 0.000\,8t^2 + 0.209\,9t + 0.472\,6 \qquad (2\text{-}14)$$

（二）EEMD - ARI 模型建立

基于 SAS 平台将 6 阶 IMF 分量的拟合模型 AR(6)、AR(7)、ARI(4,1)、ARI(6,1)、ARI(6,2)、ARI(6,1)与 1 阶趋势项的拟合模型进行重构,建立 EEMD - ARI 渗流预警混合模型,混合模型共含有 47 个参数,重构数据共计 117 组,应用非线性高斯 - 牛顿(Gauss - Newton)法进行重构,得到的模型参数最小二乘估计值如表 2-6 所示。

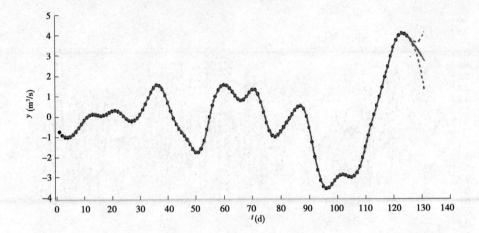

图 2-20 IMF3 分量预报区域

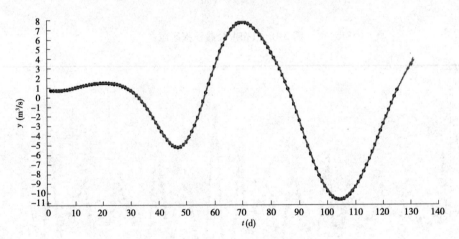

图 2-21 IMF4 分量预报区域

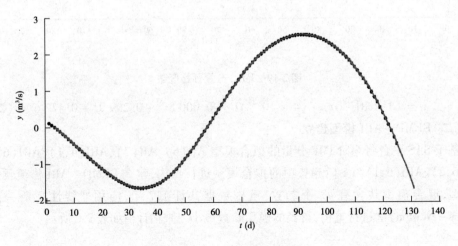

图 2-22 IMF5 分量预报区域

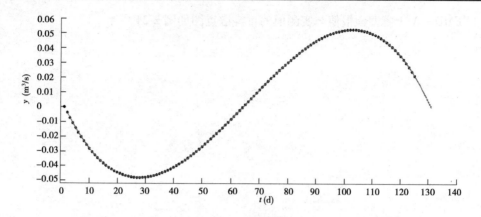

图 2-23 IMF6 分量预报区域

表 2-6 EEMD – ARI 模型参数重构结果

模型参数估计	IMF1	IMF2	IMF3	IMF4	IMF5	IMF6	趋势项
φ_1	− 1. 133 7	− 4. 445 9	− 0. 213 7	− 0. 047 5	− 0. 002 76	− 0. 003 89	− 3. 52 × 10^{-7}
φ_2	− 1. 101	2. 293 7	5. 830 6	− 68. 632 5	490. 3	− 197. 9	0. 000 046
φ_3	− 0. 804 7	− 2. 197 6	− 9. 627 3	336. 5	− 6 731. 5	− 4. 446 8	− 0. 000 8
φ_4	− 0. 511 4	1. 444 3	5. 051 5	− 741. 2	22 365. 2	3. 117 6	0. 209 9
φ_5	0. 122 5	− 0. 525	0. 860 1	941. 8	− 36 386. 7	− 1. 725 6	0. 472 6
φ_6		− 0. 085 2	− 0. 922 5	− 704	37 551. 6	1. 002	
φ_7		0. 020 5		280. 6	− 28 362. 5	− 0. 438	
φ_8				− 44. 385 7	14 769. 2	125. 8	
φ_9					− 3 698. 2		

汾河水库 EEMD – ARI 渗流预警混合模型的结构为

$$
y_t = \begin{cases}
- 1.133\,7X_{t-1} - 1.101X_{t-2} - 0.804\,7X_{t-3} - 0.511\,4X_{t-4} + 0.122\,5X_{t-6} & \text{IMF1} \\
+ (- 4.445\,9 + 2.293\,7Y_{t-1} - 2.197\,6Y_{t-2} + 1.444\,3Y_{t-3} - 0.525Y_{t-4} - & \text{IMF2} \\
0.085\,2Y_{t-6} + 0.020\,5Y_{t-7}) & \\
(- 0.213\,7 + 5.830\,6Z_{t-1} - 9.627\,3Z_{t-2} + 5.051\,5Z_{t-3} + 0.860\,1Z_{t-4} - & \text{IMF3} \\
0.922\,5Z_{t-5}) & \\
+ (- 0.047\,5 - 68.632\,5U_{t-1} + 336.5U_{t-2} - 741.2U_{t-3} + 941.8U_{t-4} - 704U_{t-5} + & \text{IMF4} \\
280.6U_{t-6} - 44.385\,7U_{t-7}) & \\
+ (- 0.002\,76 + 490.3V_{t-1} - 6\,731.5V_{t-2} + 22\,365.2V_{t-3} - 36\,386.7V_{t-4} + & \text{IMF5} \\
37\,551.6V_{t-5} - 28\,362.5V_{t-6} + 14\,769.2V_{t-7} - 3\,698.2V_{t-8}) & \\
+ (- 0.003\,89 - 197.9W_{t-1} - 4.446\,8W_{t-2} + 3.117\,6W_{t-3} - 1.725\,6W_{t-4} + & \text{IMF6} \\
1.002W_{t-5} - 0.438W_{t-6} + 125.8W_{t-7}) & \\
+ [(- 3.52 \times 10^{-7})t^4 + 0.000\,046t^3 - 0.000\,8t^2 + 0.209\,9t + 0.472\,6] & \\
+ \varepsilon_t &
\end{cases}
$$

EEMD – ARI 模型预报值与实测值的重叠散点图如图 2-24 所示。

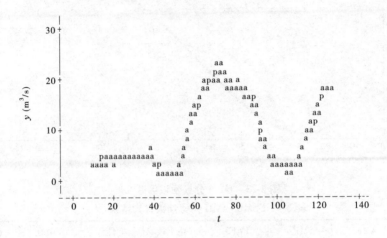

图 2-24　　EEMD – ARI 模型重叠散点图

从图 2-24 可以看出,实测值与预报值绝大部分都是重叠的,8 个点除外,说明 EEMD – ARI模型的拟合效果较好。EMMD – ARI 模型的预报结果如表 2-7 所示。

表 2-7　　EEMD – ARI 模型预报结果

日期(年-月-日)	实测值(m^3/s)	预报值(m^3/s)
2003-11-24	18.53	18.631 0
2003-12-01	19.60	19.534 0
2003-12-08	19.68	19.697 4
2003-12-15	19.71	19.625 7
2003-12-22	19.68	19.454 2
2003-12-29	18.17	18.458 1

五、汾河水库渗流模型成果对比分析

(一)三模型检验结果对比分析

本章对汾河水库左坝岸渗流量监测数据分别建立了 ARI 模型、EMD – ARI 模型和 EEMD – ARI 模型,为了达到评价各监控模型拟合效果与预报精度的目的,采用相对误差 (RE)、残差平方和(SSE)、拟合优度(R^2)、平均绝对百分比误差($MAPE$)四个指标对模型进行检验,检验结果分别见表 2-8 ~ 表 2-10。

表2-8　ARI 模型检验结果

日期 （年-月-日）	实测值 （m³/s）	预报值 （m³/s）	相对误差 RE（%）	残差平方和 SSE	拟合优度 R²	平均绝对百分比 误差 MAPE（%）
2003-11-24	18.53	18.664 4	0.73	0.018		
2003-12-01	19.60	18.930 3	3.42	0.449		
2003-12-08	19.68	19.184 5	2.52	0.246	0.988	7.777
2003-12-15	19.71	19.402 7	1.56	0.094		
2003-12-22	19.68	19.644 6	0.18	0.001		
2003-12-29	18.17	19.882 5	9.42	2.933		

表2-9　EMD – ARI 模型检验结果

日期 （年-月-日）	实测值 （m³/s）	预报值 （m³/s）	相对误差 RE（%）	残差平方和 SSE	拟合优度 R²	平均绝对百分比 误差 MAPE（%）
2003-11-24	18.53	18.759 3	1.24	0.053		
2003-12-01	19.60	19.704 2	0.53	0.011		
2003-12-08	19.68	19.888 0	1.06	0.043	0.997	5.427
2003-12-15	19.71	19.830 1	0.61	0.014		
2003-12-22	19.68	19.302 8	1.92	0.142		
2003-12-29	18.17	18.308 0	0.76	0.019		

表2-10　EEMD – ARI 模型检验结果

日期 （年-月-日）	实测值 （m³/s）	预报值 （m³/s）	相对误差 RE（%）	残差平方和 SSE	拟合优度 R²	平均绝对百分比误差 MAPE（%）
2003-11-24	18.53	18.631 0	0.55	0.010		
2003-12-01	19.60	19.534 0	0.34	0.004		
2003-12-08	19.68	19.697 4	0.09	0	0.999	2.264
2003-12-15	19.71	19.625 7	0.43	0.007		
2003-12-22	19.68	19.454 2	1.15	0.051		
2003-12-29	18.17	18.458 1	1.59	0.083		

观察表2-8～表2-10可知：

（1）ARI 模型预报值与实测值的相对误差 RE、残差平方和 SSE 较 EMD – ARI 模型、EEMD – ARI 模型整体偏大，表明 ARI 模型的预报精度低于 EMD – ARI 模型和 EEMD – ARI 模型。

（2）ARI 模型第 6 步预测的相对误差值 9.42% 较前五步预测的相对误差值明显增大，且远大于 EMD – ARI 模型、EEMD – ARI 模型第 6 步预测的相对误差值 0.76%、

1.59%,表明 ARI 模型适用于进行 5 步预测,第 6 步预测误差较大,EMD – ARI 模型、EEMD – ARI 模型可用于进行 6 步甚至更多步预测。

(3)EMD – ARI 模型预报值与实测值的相对误差 RE、残差平方和 SSE 较 EEMD – ARI 模型整体偏大,表明 EMD – ARI 模型的预报精度与对渗流量的解释程度低于EEMD – ARI 模型。

(4)ARI 模型、EMD – ARI 模型与 EEMD – ARI 模型的拟合优度分别为 0.988、0.997、0.999,满足 0.988 < 0.997 < 0.999,表明 EEMD – ARI 模型的拟合效果最优,EMD – ARI 模型次之,且 EEMD – ARI 模型与 EMD – ARI 模型的拟合效果均优于 ARI 模型。

(5)ARI 模型、EMD – ARI 模型与 EEMD – ARI 模型的平均绝对百分比误差分别为 7.777、5.427、2.264,满足 7.777 > 5.427 > 2.264,而平均绝对百分比误差值越大,则预报值与实测值的差别越大,即预测效果越差,因此 EEMD – ARI 模型的预测效果优于 EMD – ARI 模型,EMD – ARI 模型又优于 ARI 模型。

(二)三模型残差对比分析

ARI 模型、EMD – ARI 模型和 EEMD – ARI 模型的残差图分别如图 2-25 ~ 图 2-27 所示。

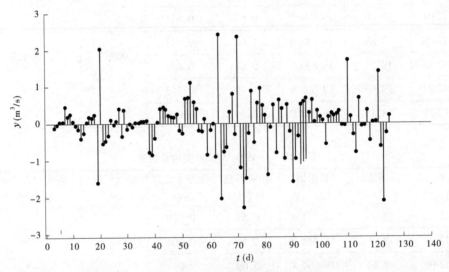

图 2-25　　ARI 模型残差悬针图

从图 2-25 ~ 图 2-27 可看出,ARI 模型、EMD – ARI 模型和 EEMD – ARI 模型的残差较为均匀地分布在 X 坐标轴两侧,残差正负皆有。ARI 模型的残差值范围为区间(–2.5,2.5),残差值较大;EMD – ARI 模型的残差值范围为区间(–1.0,1.1),相较 ARI 模型,残差值有所减小;EEMD – ARI 模型的残差值范围为区间(–0.5,0.5),残差值明显小于 ARI 模型、EMD – ARI 模型的残差值,表明 EEMD – ARI 模型的拟合值优于 ARI 模型和 EMD – ARI 模型,三模型的拟合效果为 EEMD – ARI 模型优于 EMD – ARI 模型,EMD – ARI 模型优于 ARI 模型。

六、模拟软件的功能界面及程序开发

基于 SAS 软件平台,进行汾河水库左坝岸渗流预警模型程序语言的开发,建立 ARI

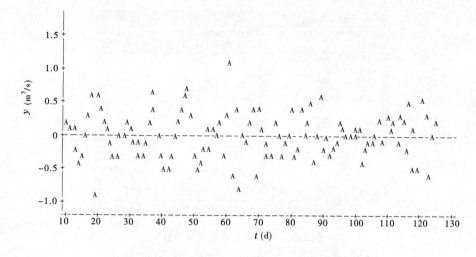

图 2-26　EMD‐ARI 模型残差散点图

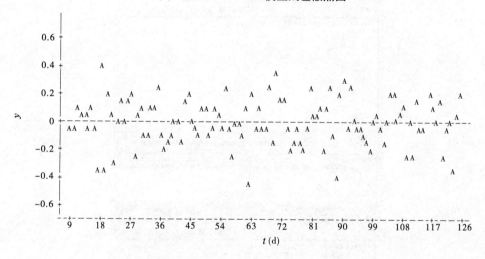

图 2-27　EEMD‐ARI 模型残差散点图

模型、EMD‐ARI 模型和 EEMD‐ARI 模型。其中,EMD‐ARI 模型为基于 EMD 分解下综合运用 Gauss‐Newton 算法与时间序列分析方法所建立的重构模型,EEMD‐ARI 模型建立过程同 EMD‐ARI 模型。

(一)SAS 软件操作界面

点击计算机开始按钮，在弹出的菜单栏中点击软件图标 SAS 9.2 进入软件操作界面,SAS 9.2 软件操作界面如图 2-28 所示。

(二)ARI 模型程序开发

对汾河水库左坝岸渗流序列进行时序分析建立 ARI 模型,ARI 模型程序语言开发界面如图 2-29 所示。

(三)ARI 模型输出窗口

ARI 模型程序运行结果的输出界面如图 2-30 所示。

图 2-28　SAS 9.2 软件操作界面

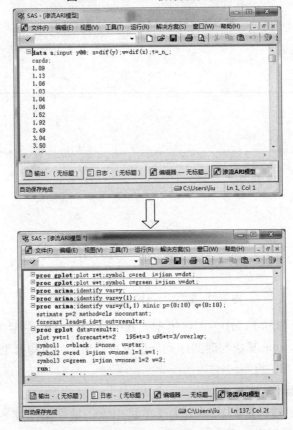

图 2-29　ARI 模型程序语言开发界面

（四）EMD – ARI 模型程序开发

对汾河水库左坝岸渗流序列进行时序分析建立 EMD – ARI 模型,EMD – ARI 模型程序语言开发界面如图 2-31 所示。

（五）EMD – ARI 模型输出窗口

EMD – ARI 模型程序运行结果的输出界面如图 2-32 所示。

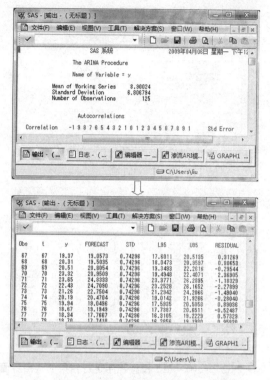

图 2-30　ARI 模型程序运行结果的输出界面

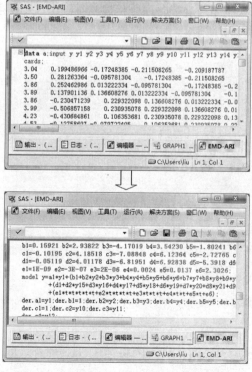

图 2-31　EMD – ARI 模型程序语言开发界面

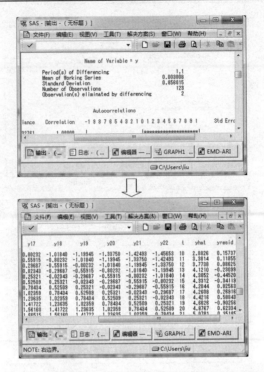

图 2-32　EMD – ARI 模型程序运行结果的输出界面

（六）EEMD – ARI 模型程序开发

对汾河水库左坝岸渗流序列进行时序分析建立 EEMD – ARI 模型，EEMD – ARI 模型程序语言开发界面如图 2-33 所示。

图 2-33　EEMD – ARI 模型程序语言开发界面

（七）EEMD – ARI 模型输出窗口

EEMD – ARI 模型程序运行结果的输出界面如图 2-34 所示。

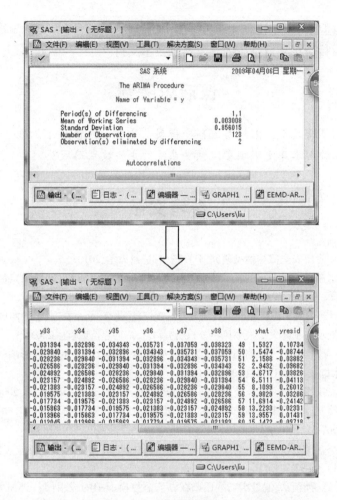

图 2-34 EEMD – ARI 模型程序运行结果的输出界面

第四节 结 论

本章选取影响土石坝安全运行的重要因素之一——渗流作为研究对象，以汾河水库为工程实例，对汾河水库左坝岸渗流量监测资料进行分析，建立了多种渗流预警模型，并对各预警模型的拟合效果与预报精度进行了检验，主要结论如下：

（1）将 EMD、EEMD 算法与时间序列分析相结合，对汾河水库左坝岸渗流序列经 EMD、EEMD 分解所得的各阶 IMF 分量进行时序分析，建立 AR/ARI 模型，将各阶 IMF 分量的拟合模型与 1 阶趋势项的拟合模型进行重构，建立 EMD – ARI 渗流预警混合模型与 EEMD – ARI 渗流预警混合模型，且两模型均对汾河水库左坝岸渗流量进行了 6 步预测。

（2）采用相对误差（RE）、残差平方和（SSE）、拟合优度（R^2）、平均绝对百分比误差（$MAPE$）四个指标对 ARI 模型、EMD－ARI 模型和 EEMD－ARI 模型的拟合效果与预报精度进行评价。

（3）EEMD 模型可用于汾河水库左坝岸渗流量的预报，可为大坝渗流混合模型的构建及大坝安全运行决策支持系统的开发提供技术支持。

课后思考题

1. 本章介绍了哪几个土石坝渗流预警模型？其核心内容是什么？
2. 如何建立汾河水库土石坝渗流预警系统的主要技术路线？

参考文献

[1] 王融照. 土石坝渗流安全监控模型研究[D]. 扬州：扬州大学，2012.

[2] 白玉平. 浅谈水利工程土石坝的施工技术[J]. 商品与质量：学术观察，2012(8)：44.

[3] 王晓东，娄铁军. 浅析水库大坝的渗漏防治措施[J]. 科技与生活，2010(5)：47.

[4] 郑辉. 基于 GPRS 的大坝渗漏监测系统研究与实现[D]. 北京：北京交通大学，2011.

[5] 黄海燕. 土坝漫坝与坝体失稳模糊风险分析研究[D]. 广西：广西大学，2003.

[6] 蔡婷婷，苏怀智，顾冲时，等. 综合考虑渗流滞后效应和库水位变化速率影响的大坝渗流统计模型[J]. 水利水电技术，2013，44(10)：45-48.

[7] 王锋辉. 二滩高拱坝径向变形监控模型与监控指标研究[D]. 天津：天津大学，2008.

[8] 王初生，唐辉明，杨裕云. 多元回归模型在坝基渗透稳定性预测中的应用[J]. 华东地质学院学报，2004，26(4)：367-370.

[9] 汪贤星，李俊杰，王二杰. 我国民间投资的偏最小二乘回归研究[J]. 华中科技大学学报：社会科学版，2003，17(4)：90-93.

[10] 李宗坤，陈乐意，孙颖章. 偏最小二乘回归在渗流监控模型中的应用[J]. 郑州大学学报：工学版，2006，27(2)：117-119.

[11] 刘甘华. 神经网络在土石坝渗流监测中的应用[D]. 合肥：合肥工业大学，2010.

[12] 张婷. 精确数据的模糊查询工具的设计与实现[J]. 现代图书情报技术，2005(12)：36-39.

[13] 孙立昌. 土石坝渗流预测研究[D]. 南宁：广西大学，2012.

[14] 陈文燕，朱林，王文韬. 大坝安全监测的现状与发展趋势[J]. 电力环境保护，2009，25(6)：38-42.

[15] 毛昶熙，段祥宝，李祖贻. 渗流数值计算分析与程序应用[M]. 南京：河海大学出版社，1999.

[16] Yan J, Lu L. Improved Hilbert－Huang transform based weak signal detection method ologyand its application on incipient fault diagnosis and ECG signal analysis[J]. Signal Processing, 2014, 98: 74-87.

[17] Huang N E, Wu Z. A review on Hilbert－Huang transform: Method and its applications to geophysical studies[J]. Reviews of Geophysics, 2008, 46(2).

[18] 褚福磊，彭志科，冯志鹏，等. 机械故障诊断中的现代信号处理方法[M]. 北京：科学出版社，2009.

[19] 胡劲松.面向旋转机械故障诊断的经验模态分解时频分析方法及实验研究[D].杭州:浙江大学, 2003.

[20] 王伟.Hilbert – Huang 变换及其在非平稳信号分析中的应用研究[D].北京:华北电力大学,2008.

[21] Junsheng C, Dejie Y, Yu Y. Research on the intrinsic mode function (IMF) criterion in EMD method [J]. Mechanical Systems and Signal Processing, 2006, 20(4): 817-824.

第三章　水库防洪优化调度系统开发

第一节　绪　论

一、背景及意义

水库在水资源调度上起着重要的作用,合理水资源调度不仅能保证大坝安全和上下游人民生命财产安全,且能够通过水库的调蓄作用满足各大用水部门的要求。因此,水库调度在防洪和兴利中占重要的地位。随着科技的进步和发展,人们对流域暴雨洪水规律的认识加深,对洪水预报也进行了进一步的研究。因此,在洪水预报的基础上研究水库的防洪优化调度,建立水库调度决策支持系统,以期在保证上下游安全的同时增加水库兴利库容。基于洪水预报的水库防洪调度方式研究,对北方水资源匮乏地区具有重要意义。

二、发展简史

(一)水库防洪调度

防洪调度根据使用的理论方法不同可以分为两种:常规调度、优化调度。常规调度通常以入库流量或实际库水位作为水库下泄流量判别标准,借助数理统计方法制定相关规则,操作较为简单,执行方便,对水库错峰、补偿调度等具有一定的实际意义。

国外较早地进行了水库防洪优化调度的研究,我国的水库优化调度研究直到20世纪80年代后才开始起步,之后迅速发展并取得了大量的研究成果。1983年,虞锦江以场次洪水最大发电量作为优化目标,采用变基爬山法建立了水库优化调度方案和水库优化控制模型。1988年,陈守煜、王本德等研究基于模糊集合理论的大伙房水库优化调度模型。1989年,董子敖阐述了动态规划在水库优化调度中的应用。1997年,马寅午等对洪水进行分类预报,在洪水预报的基础上研究了洪水优化调度规则及实时调度模型。2001年,畅建霞等采用改进遗传算法进行水库优化调度,避免了动态规划在水库优化调度中存在的维数灾问题。2005年,徐刚等利用蚁群算法进行水库优化调度,证明了蚁群算法在水库优化调度中具有运算速度快、收敛性好的特点。2007年,张双虎等利用改进的粒子群优化算法进行水库优化调度,该方法原理简单,和粒子群优化算法比具有更快的收敛性。

(二)调度支持系统

1971年,麻省理工学院的Scott Morton提出改变传统的系统管理模式,利用计算机进行决策,为决策者提供自动化支持。我国自1980年开始就已经着手开发调度决策支持系统,目前已经初步完成了黄河、淮河、长江等河流决策支持系统的开发,为调度系统的开发打下了理论基础。随后在20世纪初,我国开展了国家防汛指挥系统工程项目建设,全国各水库也都相继开始了防洪调度系统的研究工作且取得了很多成果。2006年,陈大春利用决策支持系统理论,建立了新疆中小流域水库洪水预报调度决策支持系统。2009年,赵同心在研究决策支持理论的基础上开发了水库防洪调度决策系统,有利于充分发挥水库的综合效益。2015 年,张春波等建立了碧流河水库防洪调度决策支持系统。

三、本章案例分析的主要思路

(一)主要内容

针对水库防洪,对本章案例进行水库防洪优化调度相关理论及防洪优化调度系统开发的研究,主要内容如下:选取 10 场实测洪水,建立子洪水库大坝安全调度模型、最大削峰模型、弃水量最小模型、最小洪灾损失模型等调度模型。按照子洪水库既定的水利任务,在确保大坝安全的前提下,通过建立不同的目标函数和约束条件,使库容和各种设备的能力得到充分利用,尽可能合理地安排蓄水、泄水,争取在兴利除害方面发挥最大效益,生成友好的人机交互界面,为水库操作人员提供水库调度决策的依据。

(二)技术路线

根据本章案例分析内容可得相应技术路线如下:

(1)洪水预报采用双超模型,通过径流的模拟分析,建立适用于子洪水库的洪水预报模型。由子洪水库历史洪水模拟分析建立洪水预报模型——双超模型,分析双超模型在子洪水库洪水预报中的适用性。

(2)为满足子洪水库不同的防洪目标,通过分析子洪水库的具体情况,建立 4 种不同的防洪调度模型,即大坝安全调度模型、最大削峰模型、弃水量最小模型、最小洪灾损失模型。

(3)利用混沌理论对粒子群优化算法的初始可行解进行优化,在优化的初始解基础上使用非线性递减计算粒子群优化算法的惯性因子。通过研究粒子群优化算法,对粒子群优化算法现存问题进行改进并与其他算法进行比较,分析改进粒子群优化算法的优劣。

(4)使用 VB6.0 进行水库防洪优化调度系统的开发,实现防洪优化调度可视化。

本章案例分析的技术路线如图 3-1 所示。

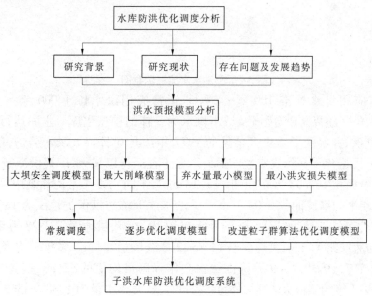

图 3-1　本章案例分析的技术路线

第二节　案例概况

一、流域概况

子洪水库位于山西晋中市祁县东南 25 km 昌源河中下游子洪口处,地理位置为东经 112.48°,北纬 37.28°,属黄河流域汾河水系,水库控制流域面积 576 km²,其中:土石山区 472 km²,占流域面积的 82%;森林区 104 km²,占流域面积的 18%,平均宽 10.3 km,干流长 56 km,纵坡 13.7‰。子洪水库流域示意图如图 3-2 所示。

图 3-2　子洪水库流域示意图

水库正常应用洪水标准 100 年一遇,非正常应用洪水位 1 000 年一遇,总库容 2 449.5 万 m³,是一座以防洪、灌溉及城市供水为一体的中型水库。水库运行以来,共拦蓄大小洪水 20 次,并经受了历史上罕见的 1977 年 7 月 6 日特大洪水袭击,削减洪峰达 78%,使下游人民避免了一场灾难性的损失。自工程运行以来,水库提供灌溉用水约 4.7 亿 m³,实际灌溉面积 162.95 万亩(1 亩 =1/15 hm²,下同),多年平均灌溉用水约 1 678.4 万 m³,实际多年平均灌溉面积 6.04 万亩。子洪水库下游防洪保护范围为 186 km²,包括国家级历史文化名城祁县、平遥两县,涉及人口约 19.4 万、耕地面积达 28 万亩,108 线国道 12 km,南同蒲铁路 11 km,大运公路 14 km,208 线国道 4 km。多年平均降雨量为 516 mm,降雨集中在 7 ~ 9 月,7 ~ 9 月降雨量占全年降雨量均值的 65%。多年平均径流量 4 562 万 m³,1977 年的年最大来水量 1.44 亿 m³。最大弃水量为 1988 年的 9 858 万 m³,多年平均弃水量 1 178 万 m³。不同频率年径流量详见表 3-1。

表 3-1　不同频率年径流量　　　　　　　　　（单位:万 m³）

时段	均值	C_v	R	不同频率年径流量			
				25%	50%	75%	95%
1956～1998 年	4 562	0.8	2.0	6 299	3 635	1 898	573

二、子洪水库工程概况

子洪水库是一座以缓洪蓄清、防洪灌溉为目标的中型水库,为碾压均质土坝,大坝建于砂卵石地基上,坝高 44 m,水库工程特性及水库水位、库容、面积、泄量关系情况分别见表 3-2 和表 3-3。

表 3-2　水库工程特性

序号及名称	单位	数量
一、水文		
1.工程坝址以上流域面积	km²	576
2.利用的水文系列年限	年	43
3.多年平均年径流量		
(1)实测长系列(43 年)	万 m³	5 177
(2)生成径流系列(43 年)	万 m³	3 702
4.设计洪峰流量($P=1\%$)	m³/s	1 548
校核洪峰流量($P=0.1\%$)	m³/s	2 938
5.设计洪水洪量	万 m³	2 102
校核洪水洪量	万 m³	3 551
6.多年平均淤积量	万 m³	16.7
二、水库		
1.水库水位		
校核洪水位	m	892.5
设计洪水位	m	891.0
正常蓄水位	m	886.0
死水位	m	876.4

续表 3-2

序号及名称	单位	数量
2.水库容积		
总库容	万 m³	2 449.5
正常蓄水位以下库容	万 m³	1 629.6
防洪库容	万 m³	819.9
调节库容	万 m³	794.6
死库容	万 m³	835(已淤积 334)
3.调节特性		多年调节
三、工程效益指标		
1.防洪效益		
保护国土面积	km²	186
保护耕地面积	万亩	28
保护铁路	km	11
保护公路	km	43
2.灌溉效益		
灌溉面积	万亩	5.7
灌溉保证率	%	51
3.城市供水效益		
年供水量	万 m³	300
供水保证率	%	95
四、主要建筑物及设备		
1.挡水建筑物形式		均质土坝
地基特征		砂卵石/岩石
地震基本度/设防烈度		7
坝顶部高程	m	894.3
最大坝高	m	44
坝顶部长度	m	502

表 3-3　子洪水库水位、库容、面积、泄量关系

水位（m）	库容（万 m³）	面积（万 m²）	泄水建筑物泄量（m³/s）		
			泄洪洞	输水洞	合计
860	334.00	0	0	74	74
861	334.08	0.09	0	83	83
862	334.72	1.37	0	91	91
863	340.42	11.82	0	99	99
864	353.07	14.36	61	106	167
865	369.15	19.29	94	113	207
866	389.68	23.71	126	120	246
867	414.98	28.58	139	126	265
868	454.65	32.32	152	132	284
869	485.96	34.53	163	138	301
870	520.30	37.37	173	143	316
871	560.68	45.91	183	148	331
872	605.56	49.28	192	153	345
873	654.01	52.29	201	158	359
874	705.60	53.34	209	163	372
875	758.36	54.05	217	168	385
876	812.70	55.92	224	172	396
877	871.78	65.09	232	177	409
878	939.04	69.32	239	181	420
879	1 009.95	74.83	246	185	431
880	1 085.56	79.36	252	189	441
881	1 164.61	82.70	259	193	452
882	1 247.09	85.26	265	197	462
883	1 334.84	94.40	272	201	473
884	1 429.83	97.52	278	204	482
885	1 528.56	100.65	284	208	492
886	1 629.57	105.12	290	212	502
887	1 734.83	109.63	296	215	511
888	1 843.37	110.99	301	219	520
889	1 959.14	122.99	307	222	529
890	2 085.48	134.81	312	226	538
891	2 221.28	138.77	318	229	547
892	2 368.18	145.42	323	232	555
893	2 530.93	154.83	328	236	564
894	2 708.80	160.53	333	239	572

（一）输水洞

输水洞位于大坝左岸，为圆形钢筋混凝土的有压隧洞，洞径 4 m，洞长 247 m，进口高程 856.15 m，出口高程 852.55 m，纵坡 1.5%，最大泄量 232 m³/s，上下游均有渐变段，进口有进水塔。闸室平台高程 892 m，进口安装 4.815 m×4.96 m 的平板式钢闸门。

（二）泄洪洞

泄洪洞位于输水洞左侧，最大泄量 323 m³/s，进口高程 862 m，出口高程 856.6 m，纵坡 2%，洞径 5.2 m，上下游均有渐变段，为钢筋混凝土衬砌的圆形有压隧洞。泄洪洞进口处有进水塔，闸室平台高程为 892 m。泄洪洞数据见表 3-4。

表 3-4 子洪水库输水洞、泄洪洞特征值

项目	内容	单位	数量
输水洞	形式		
	洞径	m	4
	洞长	m	247
	进口高程	m	856.15
	出口高程	m	852.55
	纵坡	%	1.5
	进口闸门尺寸	m×m	4.815×4.96
	启闭力	t	2×100
	出口弧形闸尺寸	m	4×4.5
	启闭力	t	2×30
	最大泄量	m³/s	232
泄洪洞	形式		
	洞径	m	5.2
	洞长	m	265
	进口高程	m	862
	出口高程	m	856.6
	纵坡	%	2
	进口闸门尺寸	m×m	5.1×5.8
	启闭力	t	2×125
	最大泄量	m³/s	323

三、水雨情站网的布设

盘陀水文站所控制流域内有山洪水位站 2 处、山洪雨量站 7 处、基本雨量站 10 处，站点分布见图 3-3；祁县辖区内有 1 处水文站、5 处水位站、25 处雨量站，站点分布见图 3-4。

（一）雨洪资料的整编及分析

盘陀水文站为子洪水库的入库站，使用盘陀水文站多年水文资料，选取自 1979 年开始的 6 场洪水作为模型率定期，4 场洪水为验证期，采用双超模型进行洪水预报。因 1979 年以前雨量站并没有建设完全，所以没有对 1979 年以前的洪水进行模拟，1979 年后 9 个

图 3-3　盘陀水文站控制流域站点分布

图 3-4　祁县辖区站点分布

雨量站运行良好,盘陀水文站整编资料如表 3-5 所示。2012 年以后建设的山洪预警雨量站数据由于管理机构不同,因此本章没有予以考虑。

表 3-5　洪水摘录

水文站名 (站码)	洪水用途	洪号	洪峰流量 (m³/s)
盘陀水文站	率定	19790628	91.8
		19820809	164
		19830804	146
		19840604	57.4
		19880814	216
		19900801	211
	验证	19980716	300
		20030721	39.5
		20070730	60.3
		20120731	30.4

(二)流域预报单元划分图

按照《水文情报规范》(GB/T 22482—2008)《水文自动测报系统技术规范》(SL 61—2015)等规范的要求,并参照 WMO 推荐的站网控制标准,子洪水库流域可划分为五个单元,如图 3-5 所示,各个单元雨量站及权重系数见表 3-6,符合 WMO 推荐的站网控制标准,即 100 ~ 250 km²/站。

图 3-5　子洪水库流域预报单元划分

表 3-6　各个单元雨量站及权重系数

单元	雨量站名	权重
1	康家庄	1
2	南沟	1
3	分水岭	0.42
	南关	0.28
	花沟	0.3
4	来运	0.45
	梁坪寨	0.3
	后庄	0.25
5	下坪	1

四、子洪水库调度现状

(一)子洪水库设计洪水

昌源河流域暴雨比较集中,子洪水库的控制流域内径流具有明显季节性变化规律,大多数暴雨发生在 6~9 月,流域大暴雨一般持续 1~2 d,最长可达 3 d。昌源河流域暴雨洪水汇流时间短,经常形成洪峰较高、洪量较大的洪水,根据昌源河流域暴雨洪水特点,计算复核设计洪水。依据上游盘陀水文站的实测值进行洪水分析,并用面积比的方法折算。在实测系列中以 1977 年 7 月 6 日的洪水为最大,且具有峰高量大、峰型集中的特点,选为典型年比较合适。

首先由盘陀实测 1977 年 7 月 6 日洪水,折算到子洪水库,洪峰为面积比的 2/3 次方,洪量放大为面积比的 1 次方。子洪水库的设计洪水值,折算公式为式(3-1)和式(3-2)。

洪量公式为

$$W_{子} = \frac{F_{子}}{F_{盘}} \times W_{盘} \tag{3-1}$$

洪峰公式为

$$Q_{子} = \left(\frac{F_{子}}{F_{盘}}\right)^n \times Q_{盘} \tag{3-2}$$

式中:$W_{子}$ 为子洪水库最大一日洪量;$W_{盘}$ 为盘陀水文站最大一日洪量;$Q_{子}$ 为子洪水库洪峰流量;$Q_{盘}$ 为盘陀水文站洪峰流量;n 为修正系数,$n = 2/3$;$F_{子}$ 为子洪水库流域面积,$F_{子} = 576$ km^2;$F_{盘}$ 为盘陀站控制流域面积,$F_{盘} = 533$ km^2。

然后由推求的 1977 年 7 月 6 日洪水作同频率放大,求得子洪水库各设计频率的洪水过程线。推求的设计洪水过程线见图 3-6。

(二)子洪水库调度任务和原则

1. 调度任务

(1)按照《水利水电工程等级划分及洪水标准》(SL 252—2000),水库防洪标准为 100 年一遇设计,1 000 年一遇校核。

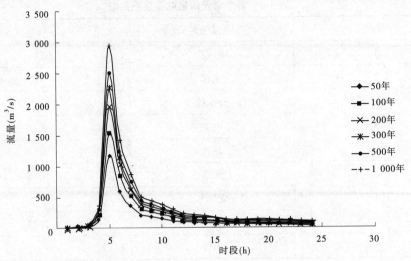

图 3-6　子洪水库不同频率设计洪水过程线

（2）当发生设计标准 100 年一遇洪水及校核标准 1 000 年一遇洪水时，保障大坝安全、保障下游人民生命财产安全。

（3）当发生超标准洪水时，应首先保障大坝安全，并尽量减轻下游的洪水灾害。

2. 洪水调度原则

水库调度坚持"安全第一，统筹兼顾"的原则，在保证水库工程安全、服从防洪总体安排的前提下，协调防洪、兴利等任务及社会经济各用水部门的关系，发挥水库的综合利用效益。

（1）当防洪与灌溉等兴利效益发生矛盾时，兴利必须服从防洪，保证水库大坝安全。

（2）泄流方案根据水库目前的实际情况，坚持最大限度地发挥水库的抗洪能力和兼顾综合效益的原则。

（三）常规调度方式

子洪水库上下游无较大梯级水库，防洪调度方式为单库调节。水库控制流域内径流具有明显季节性变化规律，6 月 1 日至 9 月 30 日为汛期。非汛期为 10 月 1 日至次年 5 月 30 日，水库的最高蓄水位为正常蓄水位 886.0 m。水库在运行中，最低运行水位不得低于死水位 876.4 m。水库的兴利调度服从洪水调度。

（1）汛期水库允许最高蓄水位为 886.0 m，当水库水位高于 886.0 m 时，闸门全开，最大程度地限制水库水位的上升，下游最大安全泄量 555 m³/s。

（2）汛期水库允许最高洪水位为设计标准水位 891.0 m，若超过此水位，下游群众应执行防洪抢险应急预案。超标准洪水的判断条件是校核洪水位 892.5 m，若超过此水位，应执行水库大坝安全管理应急预案中的保坝措施。

显然，对于不管来水情况，一律把汛限水位定为 886.0 m 是不合理的，是对水资源严重浪费，且这样的防洪方式对下游的防洪安全也是不利的。因此，本章选用常规调度方式中的试算法对子洪水库不来水情况进行调洪演算，假设一个起调水位（汛限水位），根据水量平衡方程进行调洪计算。调洪成果见表 3-7。

表 3-7　调洪成果

频率(%)	汛限水位(m)	洪峰流量(m³/s)	最大泄量(m³/s)	最高水位(m)
2	886.0	1 175.5	523.24	888.38
1	885.8	1 548.0	536.58	889.87
0.5	885.3	1 952.8	547.82	891.17
0.33	883.4	2 262.2	548.17	891.21
0.2	881.6	2 504.7	548.63	891.23
0.1	878.3	2 938.1	549.77	891.40

第三节　子洪水库洪水预报模型分析

一、洪水预报模型分析

本章案例采用山西省水文水资源勘测局高级工程师王印杰提出的双超式产流模型。利用该模型先预报,然后设计水资源调度方案。

二、双超模型

(一)双超模型基本理论及结构

双超模型的重要组成部分是流域产流,流域上出现降雨,若降雨强度超过土壤的入渗能力,一部分降雨会形成地表径流,另一部分降雨会渗入包气带,按从上到下的顺序补充包气带各土层的缺水量,上层满足田间持水量后会产生侧向的流动,形成壤中流,其余的则会再下渗补充下层土壤缺水量,直至到达最后一层。各层侧向产生壤中流的比例与流域特性及降水特性有关。

双超模型在壤中流的模拟中,采用4层串联容器,该容器在侧面和底部设有排水孔,容器内的土壤水分为张力水和自由水,入渗先补充上层容器的张力水,超持后出现自由水,使得底孔和侧孔开始排水,进入下一层。各层土壤的水分含量用充水度来表示。充水度为土壤含水量与田间持水量之比。如果该层的充水度大于1,证明该层容器中有自由水存在,该层底孔和侧孔排水;如果该层的充水度小于1,表示该层容器中只有张力水存在,该层只有侧孔排水。4层容器侧孔排水之和形成壤中流,最下一层容器底孔排水为地下径流。

(二)产流计算原理

流域产流过程是降雨扣除损失的过程,其中,损失量涉及流域的蒸发、截留、填洼等。因此,产流模型的建立过程也是对实际产流过程的概化过程,在概化的基础上应用数学公式进行产流模拟。双超模型的产流结构是模型的重点部分,单元体双超产流模型主要分为5大部分:①虚构微元入渗能力分析;②微元入渗能力流域分配曲线;③单元体土壤蒸发和雨前土湿;④地表径流;⑤壤中流和地下径流。双超模型的应用见水文学教程。

三、洪水预报结果及分析

（一）双超模型预报结果

采用双超模型对 10 场实测洪水进行模拟,模拟结果如图 3-7 ~ 图 3-16 所示。图 3-7 ~ 图 3-16给出了率定期 6 场洪水和验证期 4 场洪水与实测对比的模拟过程。

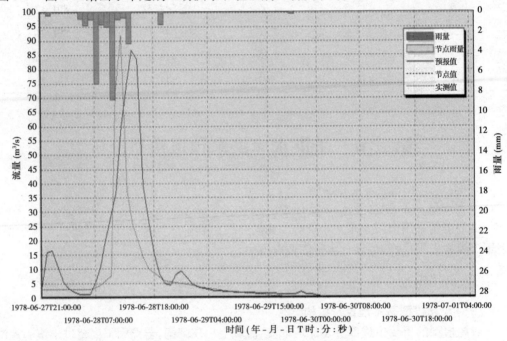

图 3-7　19780628 实测和模拟流量过程

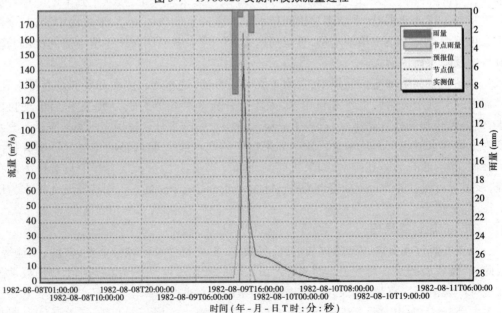

图 3-8　19820809 实测和模拟流量过程

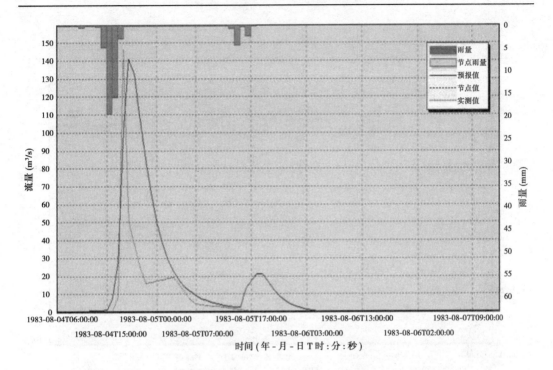

图 3-9　19830804 实测和模拟流量过程

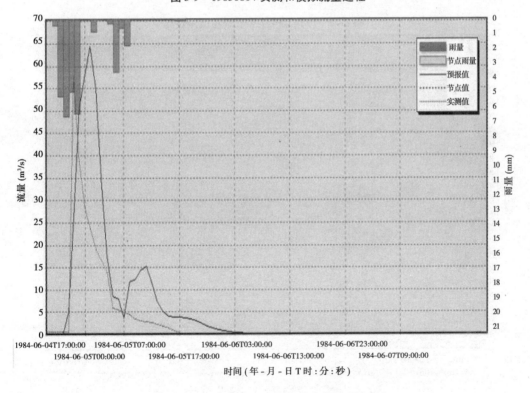

图 3-10　19840604 双超模型实测和模拟流量过程

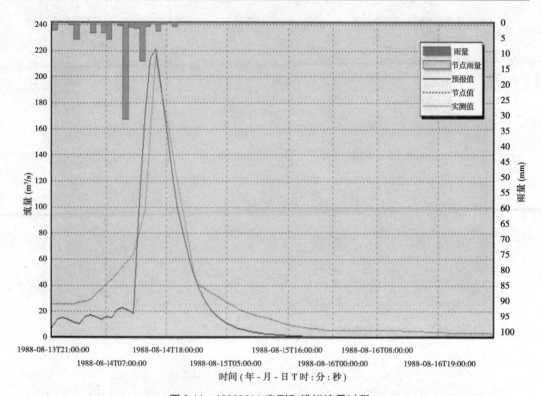

图 3-11　19880814 实测和模拟流量过程

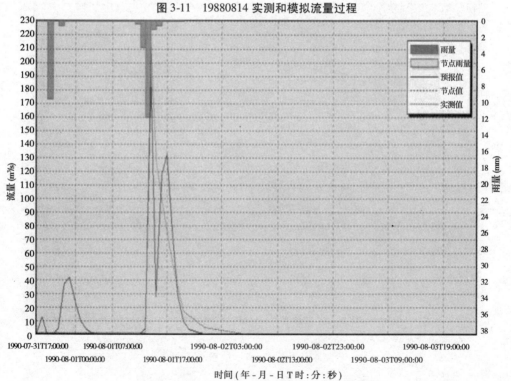

图 3-12　19900801 实测和模拟流量过程

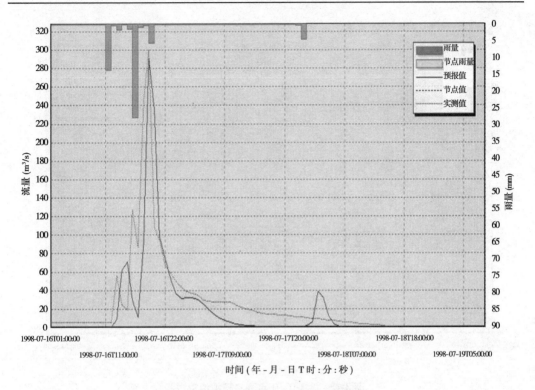

图 3-13　19980716 实测和模拟流量过程

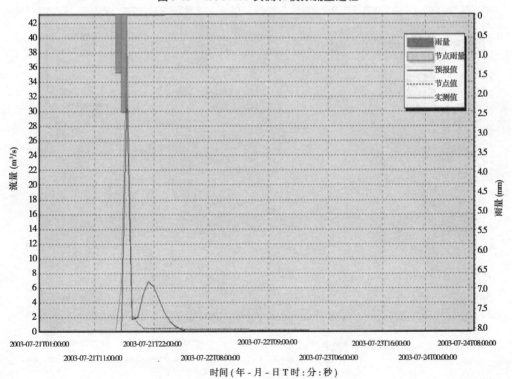

图 3-14　20030721 实测和模拟流量过程

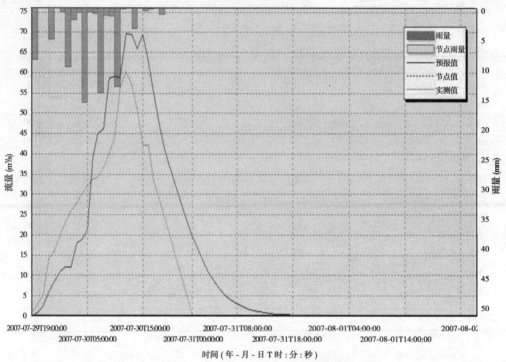

图 3-15 20070730 实测和模拟流量过程

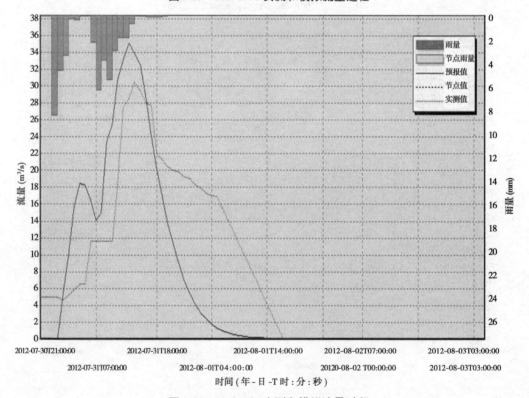

图 3-16 20120731 实测和模拟流量过程

(二)结果分析

《水文情报预报规范》(GB/T 22482—2008)中规定,洪峰流量的许可误差取实测洪峰流量的20%,峰现时间以预报时间至实测洪峰出现时间之间时距的30%,若许可误差小于3 h或一个计算时段长,则以3 h或一个计算时段长作为许可误差。采用双超模型模拟结果及误差如表3-8所示。2003年洪峰流量的相对误差最大,最大值为 - 18.7%;1998年洪峰流量的模拟最小,最小值为 - 3.0%。模拟误差虽有不同,但洪峰流量误差均在20%以内,符合规范要求。峰现误差最多是2 h,也符合规范要求。综上所述,子洪水库采用双超模型对洪水进行预报能够满足预报要求,对峰值和峰现时间预报较准确。

表 3-8　采用双超模型模拟结果及误差

洪号	洪峰流量		洪峰误差		峰现误差 (h)
	实际 (m^3/s)	模拟 (m^3/s)	绝对误差 (m^3/s)	相对误差 (%)	
19980716	300.0	290.97	- 9.03	- 3.0	0
20030721	39.5	32.10	- 7.40	- 18.7	0
20070730	60.3	68.99	8.69	14.4	0
20120731	30.4	35.00	4.60	15.1	-2

第四节　水库防洪优化调度模型的建立与求解

一、水库调度的技术思想

针对子洪水库现存防洪调度的问题,对子洪水库防洪预报调度模型进行研究,分别建立不同防洪目标下的数学模型并对模型进行条件约束。建好模型后,分别采用不同的算法对模型进行求解,对同一模型的不同算法进行分析。最后,对子洪水库常规调度和防洪优化调度结果进行对比分析,以探究适用于子洪水库最优防洪调度模型及算法。

二、水库防洪优化调度主要任务及分类

(一)水库防洪调度的任务

从系统分析的角度看,防洪调度的根本任务是要按照既定的水利任务,在保证系统安全的前提下,尽可能利用水文气象预报,充分利用库容和各种设备的能力,正确地安排蓄水、泄水,力争在防洪除害方面发挥最大的防洪效益。

(二)水库防洪调度的分类

1. 无下游防洪任务

无下游防洪任务的水库最主要目的是保证大坝的安全性,从保证大坝安全角度出发,水库泄洪以快泄、早泄为最有利的情况。因此,在保坝过程中,水库工作人员一般采取库水位超过一定数值后就敞开闸门泄洪且不限制下泄流量。

2.有下游防洪任务

有下游防洪任务的水库的研究重点是水库防洪优化调度方式及判别条件,尽可能增大水库防洪与兴利的综合效益。从目前来看,长期预报较难事先判断洪水的量级。因此,当水库运行过程中遇到洪水时,并不能确定是一般洪水还是特大洪水,为保障下游的安全,应按照下游防洪要求进行调度。按照判别条件,在确定一次洪水的重现期已超过下游防洪标准后,才能改为按保证大坝安全的要求来进行防洪调度,增加了防洪调度的复杂程度。

(三)水库防洪调度的优化准则

水库调度可分为常规调度和优化调度。常规调度根据调度规则,利用径流调节理论和水能计算方法来确定满足水库既定任务的蓄泄过程。常规调度的概念清晰、操作较简单、使用方便,已经得到了广泛的应用,但常规调度方法没有办法使水库来水得到充分利用,没有考虑来水丰枯,一律都按照水库调度规则来调度,只要水位达到了相应的水位,就按一定的流量下泄。优化调度则是依据工程的具体情况建立相应的数学模型,确定目标函数和约束条件,选用合适的优化算法求解目标函数和约束条件的数学方程组,使目标函数取得极值的水库控制运行方式。因此,水库的防洪优化调度逐渐成为水库调度的研究重点。

三、水库防洪优化调度数学模型

根据子洪水库的具体要求,分别建立子洪水库防洪优化调度模型:大坝安全模型、最大削峰模型、弃水量最小模型,根据防洪系统所担负的具体任务、系统组成及特点等确定目标函数。防洪系统是一个复杂庞大的系统,防洪系统管理的目的是充分利用水库防洪库容及防洪措施,在确保大坝安全的条件下,尽可能减轻下游防护区的洪灾带来的损失。由洪水预报系统预报的入库洪水过程,比照历史洪水资料推测该次洪水的重现期,以此决定不同的目标函数,通过最优化的方法寻求相应目标函数的极值,以求水库达到最优的运行策略。

(一)大坝安全调度模型

在水库的调度目标中,最重要的目标就是确保大坝的安全性,其他的调度方式都是以此为前提的。水库大坝安全事故一般都是由洪水超过大坝的最高水位从而导致溃坝的,坝前水位的高低对水库大坝的安全与否起着决定性的作用,因此坝前水位的控制成为大坝安全的目标。大坝安全调度的目标为使坝前最高水位最低,目标函数如下:

$$F = \min(\max Z_t) \quad (t = 1,2,\cdots,T) \tag{3-3}$$

式中:F 为坝前最高水位最低调度函数;Z_t 为第 t 时段水库坝前的水位;t 为防洪调度过程中的第 t 个时段;T 为整个调度过程的时段总数。

大坝安全调度模型的约束条件主要有以下几项:

(1)水量平衡方程约束。

$$V_{t+1} = (I_t - Q_t)\Delta t + V_t \tag{3-4}$$

式中:V_{t+1} 为 $t+1$ 时段蓄水量;I_t 为 t 时段水库的平均入库流量;Q_t 为水库 t 时段内的平均下泄流量;Δt 为蓄水变化量的时间;V_t 为 t 时段蓄水量。

水量平衡方程是每个水库进行调度时所必有约束条件之一。

（2）水库水位约束。

$$Z_{\min} \leqslant Z_t \leqslant Z_{\max} \tag{3-5}$$

式中：$Z_{\min}$ 为调度的最低水位，即死水位；Z_t 为 t 时刻的调度水位；$Z_{\max}$ 为水库调度过程中的最高水位。

对水库防洪调度来说，不同频率的洪水最高水位 $Z_{\max}$ 应取不同值。针对一次洪水的调度，调度末期一般要求水库水位回到防洪限制水位。

（3）水库下泄能力约束。

$$Q_t \leqslant Q_{\max}(Z_{t,a}) \tag{3-6}$$

式中：Q_t 为水库在第 t 个时段出库流量的平均值；$Q_{\max}(Z_{t,a})$ 为水库所能达到的最大下泄流量，即下泄能力，是 $Z_{t,a}$ 的函数；$Z_{t,a}$ 代表第 t 个时段库水位的平均值。

（4）水库下游防洪安全约束。

$$Q_t \leqslant Q_{an} \tag{3-7}$$

式中：Q_t 为 t 时段水库泄量；Q_{an} 为下游防洪的安全泄量。

水库泄流量如果超过下游防洪的安全泄量 Q_{an}，会对下游安全造成威胁，水库在防洪调度过程中大坝安全最重要，应在保证大坝安全的前提下尽可能不超过下游防洪的安全泄量，否则可能造成下游更大的损失。因此，防洪安全约束不是硬性的约束条件，应视具体情况具体分析。

（5）预泄流量约束。

$$Q_t \leqslant I_t + Q_t^* \quad t \in T^* \tag{3-8}$$

式中：Q_t 为 t 时段水库泄量；I_t 为 t 时段水库的平均入库流量；Q_t^* 为 t 时段内的水库允许预泄量；T^* 代表洪峰前时段综合。

该约束条件是针对具有洪水预报条件的水库提出的，预泄流量的提出具有重要的意义，由洪水预报信息，可得到未来洪水的洪水总量、洪峰流量、峰现时间等，通过洪水预报，提前预泄水库水量可以减小洪水带来的下游防洪压力。

（6）非负约束。

（7）水库调度规则约束。

除上述约束外，水库防洪调度还应受水库调度规则各项内部约束条件限制。

（二）最大削峰模型

水库防洪调度应用最广泛的模型之一为最大削峰模型。该模型是通过最大程度地削减入库的洪峰流量来提高水库下游的防洪安全性的，其本质是充分利用水库的的调蓄功能，最大可能地降低水库防洪控制断面出流量的最大值，最大削峰模型的目标函数为

无区间入流时：
$$\min \int_{t_0}^{t_T} q^2(t)\,\mathrm{d}t \tag{3-9}$$

有区间入流时：
$$\min \int_{t_0}^{t_T} \left[q(t) + q_{qu,t}^2(t) \right]\mathrm{d}t \tag{3-10}$$

式中：$q(t)$ 为第 t 时段下泄流量，$q_{qu,t}(t)$ 是区间洪水；t_0、t_T 分别为水库泄流过程的开始时间和结束时间；T 为调度的时段总数。

但这种目标函数的形式很难应用于实际计算,故实际中更常用的是其等价形式,即

无区间入流:
$$\min \sum_{t=1}^{T} q^2(t) \tag{3-11}$$

有区间入流:
$$\min \sum_{t=1}^{T} \left[q(t) + q_{qu,t}(t) \right]^2 \tag{3-12}$$

式(3-11)、式(3-12)中的目标函数能很好地求解,求解最大削峰模型的约束条件与大坝安全调度模型给出的约束条件相同。

(三)弃水量最小模型

不同水库承担的防洪任务也不同,在汛期水库的来水也较多在满足大坝安全及发电、供水及其他用水需求的前提下,多余来水会被弃调,由此造成大量水能损失。通过合理调度水库来水能最大程度地减小水能损失,创造更大的经济效益。弃水量最小模型可以使水能损失最小。弃水量最小模型调度的目标函数 F 为:

$$F = \min \sum_{t=1}^{T} S_t \tag{3-13}$$

式中: S_t 为时段 t 时的水库弃水流量。

目标函数的含义是在整个调度期内使水库弃水量最小。库容约束:
$$V_{min} \leqslant V_t \leqslant V_{max} \tag{3-14}$$

式中: V_{min} 为水库最小库容; V_{max} 为水库最大库容。

下泄流量约束:
$$q_{min} \leqslant q_t \leqslant q_{max} \tag{3-15}$$

式中: q_{min} 为最小下泄流量; q_t 为水库的下泄流量; q_{max} 为下游安全泄量。

水量平衡约束:
$$\frac{V_t - V_{t-1}}{\Delta t} = \frac{\Delta V}{\Delta t} = I_t - Q_t \tag{3-16}$$

水位约束:
$$Z_{min} \leqslant Z_t \leqslant Z_{max} \tag{3-17}$$

式中: Z_{min} 为水库死水位; Z_t 为时段水库水位; Z_{max} 为水库防洪水位。

(四)最小洪灾损失模型

在水库防洪调度过程中,使由洪水造成的灾害损失达到最小为目的的调度模型是最小洪灾损失模型,其目标函数如式(3-18)所示:

$$F = \min \sum_{t=1}^{T} CQ_t \Delta t \tag{3-18}$$

式中: C 为洪灾损失系数,是洪灾损失模型的最重要变量,在不同情况下,洪灾损失系数的取值不同,其取值随洪灾损失和成灾流量关系变化而变化,若两者关系为线性,则 C 是常数;若两者关系为非线性,则 C 值是两者的函数关系; Q_t 为成灾流量。

最小洪灾损失模型的约束条件同大坝安全模型。

水库调度目标函数的确定对水库调度起到至关重要的作用。对于水库防洪调度来说,合适的目标函数可以增加水库防洪的综合效益,最大程度地减少洪灾损失。最小洪灾损失模型的理论原理简单,但操作性较差。例如,最小洪灾损失模型的灾害损失信息很难

得到,所以该模型在实际应用中有一定的难度。在实际应用中需得到灾害详细的损失信息,才能较为成功地应用此模型。

四、调度模型的求解

(一)逐步优化算法

采用逐步优化算法求解子洪水库调度模型,首先确定调度时段为 24 h,根据不同年限设计洪水确定起调水位,经过优化调度后水位为 886.0 m。逐步优化算法求解的一般步骤如下:

(1)选定初始状态序列即初始调度线。初始调度线对整体的求解是十分重要的,根据子洪水库的来水情况,在库水位的约束范围内,确定一条初始调度线,$Z_1, Z_2, Z_3, \cdots, Z_{24}$。

(2)从第一个时段开始,逐段寻找最优,将第一个时段的初始水位和第二个时段的末水位固定下来,即库水位 Z_1 和库水位 Z_3,调整第一时段末的水位即第二时段初的水位 – 库水位 Z_2,使得两个时段的目标函数的和寻到最优,此时能够得到水库新的水位系列为 $Z_1, Z_2', Z_3, \cdots, Z_{24}$。

(3)将步骤(2)的方法依次向下一时段滑动寻优,直至确定到第 24 的位置时,固定 23 时段初水位和 24 时段末水位,通过寻优使两个时段的目标值的和寻到最优,能够得到 Z_{24}',寻优过程结束,最终得到 $Z_1', Z_2', Z_3', \cdots, Z_{24}'$。

(4)将得到的新的优化调度线 $Z_1', Z_2', Z_3', \cdots, Z_{24}'$ 设为初始调度线,再次以步骤(2)、(3)寻优,若得到的优化调度线满足所设定的精度要求,即为最优调度线;若不满足要求,则重复步骤(2)、(3),直至满足要求。

(二)粒子群优化算法

群体智能算法中的粒子群优化算法是常用的一种算法,其应用类似于遗传算法和蚁群算法,都是基于迭代的优化算法。粒子群优化算法是根据鸟群觅食原理建立起来的,在某一确定区域,一群鸟在随机地寻找食物,每一只鸟代表一个粒子,具有不同的位置和速度,能够根据自身敏锐的嗅觉来判断当前的位置距食物的距离并进一步寻找食物,更新个体位置和速度。鸟群之间通过信息传递来改变位置和速度,向离食物更近的位置靠近,流程图如图 3-17 所示。

在鸟群寻优的过程中,将每一只鸟看作一个粒子,在 D 维的搜索空间中,随机初始化 m 个粒子,其位置向量 $X_i = (x_{i1}, x_{i2}, \cdots, x_{iD})$ 就是优化问题其中一个解,该位置离全局最优解的距离可以用粒子的适应度值表示,在研究最小化问题的过程中,适应值越小表明解越优,反之亦然。根据每个粒子的适应度值,算出当前种群的最优粒子 $g_{best} = (g_1, g_2, \cdots, g_D)$;每一个粒子的位置是该粒子本身的最优位置 $P_{besti} = (p_{i1}, p_{i2}, \cdots, p_{iD})$,分别记录。然后给每一个粒子随机初始化一定的速度 $v_i = (v_{i1}, v_{i2}, \cdots, v_{iD})$,让粒子在搜索空间当中搜索一步。搜索完成后,重新计算各粒子的适应度值,并再次更新种群的最优解和每个粒子的最优解。最后,由种群最优和个体最优的位置、粒子当前位置以及前一步的飞行速度确定下一步飞行的速度并更新粒子的位置。粒子的适应度函数是使泄流量值最小,即式(3-19),速度和位置更新公式为式(3-20)、式(3-21)。

$$\min \sum_{t=1}^{T} q^2(t) \tag{3-19}$$

$$v_{id}^{k+1} = \omega v_{id}^{k} + c_1 r_1 (p_{id}^{k} - x_{id}^{k}) + c_2 r_2 (g_{d}^{k} - x_{id}^{k}) \tag{3-20}$$

$$x_{id}^{k+1} = x_{id}^{k} + v_{id}^{k+1} \tag{3-21}$$

式中：r_1、r_2 为 0 到 1 之间的随机数；c_1、c_2 为学习因子，是两个非负的常数，通常取值为 2.0；p_{id}^{k} 为第 k 次迭代时，第 i 个粒子的个体最优解，$i = 1,2,\cdots,m$；g_d^k 为第 k 次迭代时，群体最优解；$d = 1,2,\cdots,D$；ω 为惯性权值。

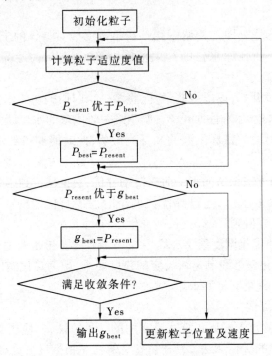

图 3-17　双超模型模拟结果

惯性权值 ω 是粒子维持自己原先速度的一个权重，若权重大，则粒子继续沿着原先的速度飞行，能扩大搜索范围；若权重小，则粒子迅速靠拢当前最优解，能提高搜索精度。为了能得到更好的搜索效果，在搜索前期应取较大的权重，以便扩大搜索空间，而在搜索后期应取较小的权重，以提高搜索精度。因此，通常用线性递减惯性权值来进行迭代，即

$$\omega = \omega_{\max} - \frac{\omega_{\max} - \omega_{\min}}{k_{\max}} \times k \tag{3-22}$$

式中：$\omega_{\max}$、$\omega_{\min}$ 为 ω 的最大值和最小值；$k_{\max}$、k 为最大迭代次数和当前迭代次数。

然后继续判断最优解并更新速度，继续飞行。如此循环迭代，直到搜索出的最优解满足要求或者迭代次数达到最大值。最后的粒子群中适应值最小的位置就是所求优化问题的最优解。

可以从式(3-20)看出，粒子的飞行速度由前一步迭代的速度、个体最优吸引速度和群体最优吸引速度三部分组成。第一部分是对自己上一步飞行速度的维持，可扩大搜索空间；第二部分是对自己已经飞行到过的最优位置的学习，倾向于往自己认识的最优解靠

拢;第三部分则是对群体最优解的倾向。通过这三部分的速度倾向,粒子既有一定的搜索能力,又有对本身和群体信息的共享和学习,因此有较强的搜索能力。

(三)改进粒子群优化算法

分析粒子群优化算法能够发现其搜索过程有两个不足:

(1)初始化过程具有随机性,虽然随机过程可以保证初始解群的均匀分布,但不能保证个体质量,有一部分解离最优解距离较远。若选择较好的初始解群,将有助于加快求解效率并提高解的质量。粒子初始化过程的随机性,使得 P_{best} 和 g_{best} 的更新带有一定的盲目性,进而影响进化过程。

(2)根据位置和速度更新公式更新粒子的位置和速度,利用本身信息、个体极值信息以及全局极值来指导粒子下一步更新迭代。当本身信息及个体极值信息占优势时,粒子群优化算法易陷入局部最优。

为了解决初始粒子分布的随机性以及粒子群优化算法易陷入局部最优解的问题,本章在优化惯性权重系数的基础上,引入混沌的理论。

1. 基于惯性权重的改进

在标准粒子群优化算法中,惯性权重起着保持粒子运动惯性的作用,主要用来平衡算法的全局搜索和局部搜索能力。相关研究者的研究证明惯性权重在全局搜索阶段应取较大值,但在局部搜索阶段应取较小值。若惯性权重较大,则全局搜索能力较强,局部搜索能力则较差,收敛速度较快;若惯性权重较小,那么局部搜索能力较强,全局搜索能力较弱且收敛速度较慢,寻优精度良好,但容易得到局部最优解。

惯性权重的典型线性递减策略[式(3-22)]应用较为广泛,初始惯性权重取较大值能快速地定位到最优解的大致位置,且随着惯性权重的递减,粒子速度减小并开始精细搜索,此时收敛速度加快,能够提高算法的性能。但是,在迭代开始阶段如果未能搜索到较好的点,随着 ω 的减小,全局搜索能力变弱,局部搜索能力增强,易使算法陷入局部最优。因此,本章引入带控制因子的非线性递减策略。

$$\omega(t) = (\omega_{max} - \omega_{min} - d_1)\mathrm{e}^{\frac{1}{1+d_2\frac{t}{T}}} \tag{3-23}$$

其中, d_1、d_2 表示控制因子;t 表示当前的迭代次数;T 表示最大迭代次数。

Shi Y 等发现如果想提高算法性能,应取 $\omega_{max} = 0.95$,$\omega_{min} = 0.4$,$d_1 = 0.2$,$d_2 = 7$,算法的性能会得到大大提高。

2. 基于混沌理论的改进

混沌是指由确定性系统发展形成的一种无规律的运动,与随机现象类似。混沌不是完全简单的无序状态,虽然它没有对称性、周期性等特性,但其内部层次丰富、结构有序,在看似杂乱无章的运动中寻找规律,是一种非线性的存在形式。

本章采用 Logistic 映射来生成混沌变量,迭代方程如下所示:

$$x_{n+1} = \mu x_n(1 - x_n) \tag{3-24}$$

其中,μ 是控制参数,当 $\mu = 4$,$0 < x < 1$ 时,映射处于完全混沌状态,并遍历 $[0,1]$ 区间。

将混沌变量变为优化变量,采用下式所示的线性映射:

$$y_n = a + (b - a)x_n \tag{3-25}$$

其中，b、a 为优化变量 y 的取值区间上、下限。在优化搜索过程中，随着迭代的进行，混沌变量在 $[0,1]$ 区间寻优，对应的优化变量则在相应的问题研究区间寻优，以便搜索问题的最优解。

因为混沌理论的遍历性、随机性，一些学者已提出了混沌粒子群优化算法，这些算法通常将混沌理论用于三种情况：第一种是将混沌理论用于粒子初始化阶段；第二种是在每一次迭代中都利用混沌搜索；第三种是将混沌理论用于对种群最优位置停滞进行变异处理，可以避免在每一次迭代中都利用混沌搜索所导致增加的算法复杂度。

本章案例采用混沌序列初始化粒子的位置和速度，在不改变粒子群优化算法初始化的随机性的同时可利用混沌理论提高搜索的多样性，改善粒子群搜索的遍历性，从初始化的大量群体中选择较优初始群体。

3. 改进粒子群优化算法的具体流程

(1)基于混沌理论进行种群初始化。随机生成一个 D 维的向量 $x_1 = (x_{11}, x_{12}, \cdots, x_{1D})$。依据 logistic 映射回归方程，将式(3-5)改写成

$$x_j^{(i+1)} = \mu x_j^i (1 - x_j^i) \tag{3-26}$$

式中：取 $\mu = 4$；x_j 为混沌变量，$0 \leq x_j \leq 1$；i 为粒子群序号，$i = 1, 2, \cdots, N-1$；j 为混沌变量的序号，$j = 1, 2, \cdots, D$。

取混沌迭代次数为 0，得到 D 个混沌变量 x_j，取 $i = 1, 2, \cdots, m$，得到 x_j^i，将混沌变量 x_j^i 代入式(3-6)的优化变量中，载波变换到相应的优化变量的取值范围

$$Z_{ij} = Z_{\min,j} + x_j^i (Z_{\max,j} - Z_{\min,j}) \tag{3-27}$$

生成 m 个初始种群 $Z_i = (z_{i1}, z_{i2}, \cdots, z_{iD})$，种群初始化完成。

(2)由适应度函数计算初始化的 m 个粒子的适应度值，将个体粒子的位置记为 P_{best}，群体中适应度最优的粒子位置记为 g_{best}。

(3)根据改进权重的粒子群更新公式更新粒子位置和速度。重新计算粒子的适应度值，并判断是否更新粒子的个体极值以及群体的全局极值。

(4)判断是否满足终止条件。如果满足，算法终止，否则执行步骤(3)。

(5)结果输出 g_{best}。

4. 参数的选择

c_1、c_2 的取值都为 2；粒子数目越大，搜索的空间范围越大，算法运行时间越长，取粒子数目 $m = 50$；最大迭代次数为 100 次；粒子长度为子洪水库的时段数 24；粒子范围即各时段水位的上下限，粒子速度范围根据实际情况为 0~5；粒子最大速率决定粒子可以搜索的空间大小，根据多次尝试，本章取粒子最大速率为 3。

五、子洪水库防洪调度计算结果及对比分析

现以最大削峰模型为例，通过动态规划法、改进粒子群优化算法进行求解。为避免洪水预报误差对调度结果的影响，分别采用 100 年设计洪水和 1 000 校核洪水进行模拟分析。

由优化计算得到的最优水位变化序列可以通过水位—下泄流量关系曲线插值求得各时段的水库下泄流量，此时入库流量和下泄流量均已知，则可以根据水量平衡方程得到各

时刻的库容值。

（一）常规调度结果

采用常规的调度方法对 100 年一遇洪水进行调洪计算,计算结果见表 3-9:在第 5 时段出现最大入库流量为 1 548 m³/s,在第 7 时段最大下泄流量为 536.19 m³/s,削减洪峰量为 1 011.81 m³/s,将洪峰推迟 2 个时段,最大蓄水量为 2 063.07 万 m³,最高库水位为 889.83 m,,下泄流量的平方和为 2 089 704 m³/s。

表 3-9　常规调度 100 年一遇洪水调度结果

时段	入库流量(m³/s)	下泄流量(m³/s)	对应库容(万 m³)	库水位(m)
1	3.2	3.2	1 609.05	885.8
2	13	13	1 609.05	885.8
3	35.9	35.9	1 609.05	885.8
4	215.5	215.5	1 609.05	885.8
5	1 548	513.34	1 766.4	887.3
6	848.7	532.5	2 009.57	889.41
7	517.2	536.19	2 063.07	889.83
8	306.9	533.15	2 018.93	889.48
9	265.1	526.75	1 931.11	888.77
10	223.3	518.77	1 830.82	887.89
11	181.5	509.21	1 718.65	886.85
12	139.7	139.7	1 629.61	886
13	127.6	127.6	1 629.61	886
14	115.5	115.5	1 629.61	886
15	103.4	103.4	1 629.61	886
16	91.3	91.3	1 629.61	886
17	88.4	88.4	1 629.61	886
18	85.4	85.4	1 629.61	886
19	82.4	82.4	1 629.61	886
20	79.4	79.4	1 629.61	886
21	76.4	76.4	1 629.61	886
22	73.4	73.4	1 629.61	886
23	70.4	70.4	1 629.61	886
24	67.4	67.4	1 629.61	886
平方和		2 089 704		

采用常规的调度方法对 1 000 年一遇洪水进行调洪计算,计算结果见表 3-10:在第 5 时段出现最大入库流量为 2 938.1 m³/s,在第 8 时段最大下泄流量为 549.75 m³/s,削减洪峰量为 2 388.35 m³/s,将洪峰推迟 3 个时段,最大蓄水量为 2 277.91 万 m³,最高库水

位为 891.4 m,下泄流量的平方和为 3 390 349 m³/s。

表 3-10　常规调度 1 000 年一遇洪水调度结果

时段	入库流量(m³/s)	下泄流量(m³/s)	对应库容(万 m³)	库水位(m)
1	5.4	5.4	959.68	878.3
2	21.9	21.9	959.68	878.3
3	60.4	60.4	959.68	878.3
4	363.2	363.2	959.68	878.3
5	2 938.1	479.3	1 402.27	883.72
6	1 430.1	532.19	2 005.16	889.37
7	871.6	546.59	2 225.28	891.03
8	517.1	549.75	2 277.91	891.4
9	446.7	548.32	2 253.74	891.23
10	376.2	545.35	2 205.01	890.88
11	305.8	540.76	2 132.27	890.35
12	235.4	534.35	2 036.17	889.62
13	215	526.39	1 926.3	888.73
14	194.7	517.22	1 812.2	887.72
15	174.3	507.08	1 694.25	886.62
16	153.9	153.9	1 629.61	886
17	148.9	148.9	1 629.61	886
18	143.9	143.9	1 629.61	886
19	138.8	138.8	1 629.61	886
20	133.8	133.8	1 629.61	886
21	128.7	128.7	1 629.61	886
22	123.7	123.7	1 629.61	886
23	118.7	118.7	1 629.61	886
24	113.6	113.6	1 629.61	886
平方和		3 390 349		

(二)基于逐步优化算法调度结果

采用逐步优化算法对 100 年一遇洪水进行调洪计算,计算结果见表 3-11:在第 5 时段出现最大入库流量为 1 548 m³/s,在第 7 时段最大下泄流量为 535.75 m³/s,削减洪峰量为 1 012.25 m³/s,将洪峰推迟 2 个时段,最大蓄水量为 2 056.56 万 m³,最高库水位为 889.78 m,下泄流量的平方和为 2 085 768 m³/s。

表 3-11　逐步优化算法 100 年一遇洪水调度结果

时段	入库流量(m³/s)	下泄流量(m³/s)	对应库容(万 m³)	库水位(m)
1	3.2	3.2	1 598.85	885.8
2	13	13	1 598.85	885.8
3	35.9	35.9	1 598.85	885.8
4	215.5	215.5	1 598.85	885.8
5	1 548	512.75	1 759.55	887.23
6	848.7	532.03	2 002.9	889.36
7	517.2	535.75	2 056.56	889.78
8	306.9	532.71	2 012.57	889.43
9	265.1	526.28	1 924.92	888.71
10	223	518.27	1 824.76	887.83
11	181.5	508.69	1 712.72	886.79
12	139	139	1 629.61	886
13	127	127	1 629.61	886
14	115.5	115.5	1 629.61	886
15	103.4	103.4	1 629.61	886
16	91.3	91.3	1 629.61	886
17	88.4	88.4	1 629.61	886
18	85.4	85.4	1 629.61	886
19	82.4	82.4	1 629.61	886
20	79.4	79.4	1 629.61	886
21	76.4	76.4	1 629.61	886
22	73.4	73.4	1 629.61	886
23	70.4	70.4	1 629.61	886
24	67.4	67.4	1 629.61	886
平方和		2 085 768		

　　采用逐步优化算法对 1 000 年一遇洪水进行调洪计算,计算结果见表 3-12:在第 5 时段出现最大入库流量为 2 938.1 m³/s,在第 8 时段最大下泄流量为 549 m³/s,削减洪峰量为 2 389.1 m³/s,将洪峰推迟 3 个时段,最大蓄水量为 2 265.3 万 m³,最高库水位为 891.31 m,下泄流量的平方和为 3 380 190 m³/s。

表 3-12　逐步优化算法 1 000 年一遇洪水调度结果

时段	入库流量(m³/s)	下泄流量(m³/s)	对应库容(万 m³)	库水位(m)
1	5.4	5.4	945.84	878.1
2	21.9	21.9	945.84	878.1
3	60.4	60.4	945.84	878.1
4	363.2	363.2	945.84	878.1
5	2 938.1	477.89	1 388.68	883.57
6	1 430.1	531.24	1 991.95	889.27
7	871.6	545.8	2 212.39	890.94
8	517.1	549	2 265.3	891.31
9	446.7	547.57	2 241.4	891.14
10	376.2	544.61	2 192.92	890.8
11	305.8	540	2 120.46	890.26
12	235.4	533.55	2 024.63	889.53
13	215	525.53	1 915.06	888.63
14	194.7	516.3	1 801.28	887.62
15	174.3	506.14	1 683.66	886.52
16	153.9	153.9	1 629.61	886
17	148.9	148.9	1 629.61	886
18	143.9	143.9	1 629.61	886
19	138.8	138.8	1 629.61	886
20	133.8	133.8	1 629.61	886
21	128.7	128.7	1 629.61	886
22	123.7	123.7	1 629.61	886
23	118.7	118.7	1 629.61	886
24	113.6	113.6	1 629.61	886
平方和		3 380 190		

(三)基于改进粒子群优化算法优化调度结果

采用改进粒子群优化算法对 100 年一遇洪水进行调洪计算,计算结果见表 3-13:在第 5 时段出现最大入库流量为 1 548 m³/s,在第 7 时段最大下泄流量为 535.28 m³/s,削减洪峰量为 1 012.72 m³/s,将洪峰推迟 2 个时段,最大蓄水量为 2 049.64 万 m³,最高库水位为 889.72 m,下泄流量的平方和为 2 081 941 m³/s。

表 3-13 改进粒子群优化算法 100 年一遇洪水调度结果

时段	入库流量(m³/s)	下泄流量(m³/s)	对应库容(万 m³)	库水位(m)
1	3.2	3.2	1 588.69	885.8
2	13	13	1 588.69	885.8
3	35.9	35.9	1 588.69	885.8
4	215.5	215.5	1 588.69	885.8
5	1 548	512.12	1 752.26	887.16
6	848.7	531.52	1 995.8	889.3
7	517.2	535.28	2 049.64	889.72
8	306.9	532.23	2 149.64	889.89
9	265.1	525.78	1 918.35	888.66
10	223	517.74	1 818.37	887.77
11	181.5	508.15	1 706.53	886.73
12	139	139	1 629.61	886
13	127	127	1 629.61	886
14	115.5	115.5	1 629.61	886
15	103.4	103.4	1 629.61	886
16	91.3	91.3	1 629.61	886
17	88.4	88.4	1 629.61	886
18	85.4	85.4	1 629.61	886
19	82.4	82.4	1 629.61	886
20	79.4	79.4	1 629.61	886
21	76.4	76.4	1 629.61	886
22	73.4	73.4	1 629.61	886
23	70.4	70.4	1 629.61	886
24	67.4	67.4	1 629.61	886
平方和		2 081 941		

采用改进粒子群优化算法对 1 000 年一遇洪水进行调洪计算,计算结果见表 3-14:在第 5 时段出现最大入库流量为 2 938.1 m³/s,在第 8 时段最大下泄流量为 548.63 m³/s,

削减洪峰量为 2 389.47 m³/s,将洪峰推迟 3 个时段,最大蓄水量为 2 283.05 万 m³,最高库水位为 891.6 m,下泄流量的平方和为 3 375 174 m³/s。

表 3-14 改进粒子群优化算法 1000 年一遇洪水调度结果

时段	入库流量(m³/s)	下泄流量(m³/s)	对应库容(万 m³)	库水位(m)
1	5.4	5.4	939	878
2	21.9	21.9	939	878
3	60.4	60.4	939	878
4	363.2	363.2	939	878
5	2 938.1	477.2	1 381.96	883.5
6	1 430.1	530.77	1 985.42	889.21
7	871.6	545.42	2 206.01	890.89
8	517.1	548.63	2 283.05	891.6
9	446.7	547.2	2 235.28	891.1
10	376.2	544.24	2 186.95	890.75
11	305.8	539.62	2 114.6	890.22
12	235.4	533.15	2 018.91	889.48
13	215	525.09	1 909.51	888.58
14	194.7	515.85	1 795.88	887.57
15	174.3	505.68	1 678.43	886.47
16	153.9	153.9	1 629.61	886
17	148.9	148.9	1 629.61	886
18	143.9	143.9	1 629.61	886
19	138.8	138.8	1 629.61	886
20	133.8	133.8	1 629.61	886
21	128.7	128.7	1 629.61	886
22	123.7	123.7	1 629.61	886
23	118.7	118.7	1 629.61	886
24	113.6	113.6	1 629.61	886
平方和		3 375 174		

(四)调度结果及对比分析

对 100 年一遇洪水分别采用常规调度,基于逐步优化算法的最大削峰模型,改进粒子群优化算法计算的最大削峰模型,计算结果如表 3-15 和表 3-16 所示。

表 3-15　100 年一遇调度结果对比

项目	常规调度	逐步优化算法	改进粒子群优化算法
最大库容(万 m³)	2 063.07	2 056.56	2 049.64
最高水位(m)	889.83	889.78	889.72
最大入库流量(m³/s)	1 548	1 548	1 548
最大下泄流量(m³/s)	536.19	535.75	535.28
下泄流量平方和(m³/s)	2 089 704	2 085 768	2 081 941

表 3-16　1 000 年一遇调度结果对比

项目	常规调度	逐步优化算法	改进粒子群优化算法
最大库容(万 m³)	2 277.91	2 265.3	2 283.05
最高水位(m)	891.4	891.31	891.6
最大入库流量(m³/s)	2 938.1	2 938.1	2 938.1
最大下泄流量(m³/s)	549.75	549	548.63
下泄流量平方和(m³/s)	3 390 349	3 380 190	3 375 174

通过对比发现,三种调度结果达到的最高水位均低于 100 年一遇洪水水位 891 m,均符合水库要求。改进粒子群优化算法达到的下泄流量平方和为 2 081 941 m³/s,三种方法中下泄流量平方和最小,即该算法的优化效果最好。同样,对 1 000 年一遇洪水采用三种调度模型进行调度计算,同样,证明改进粒子群优化算法计算结果较优。

第五节　子洪水库防洪优化调度系统的开发

一、子洪水库流域水情测报系统现状

建立子洪水库防洪优化调度系统是防洪决策、水资源优化调度、水工程运行管理的重要手段,是一项重要的防洪非工程措施。

二、调度系统开发的目标和原则

(一)系统开发的目标

依据水库洪水调度基本原理,系统应具有可靠性、先进性、实用性、可扩展性、经济性。开发出界面友好,功能简单,能够直接运用于洪水调度实际工作,易于调度人员操作的系统。

(二)系统开发的原则

(1)可靠性原则。调度系统的结构和功能设计时必须充分考虑可靠性原则,应用一些成熟的理论和技术,尽可能地提高系统的可靠性。

（2）先进性原则。调度模型的选择既要考虑常规调度模型，又要有新建优化调度模型，在建立优化模型的基础上，采用实用的解法进行模型的求解，以满足水库防洪调度的要求。利用先进的科学技术来解决水库防洪调度问题，是今后系统开发的主要方向。

（3）实用性原则。在全面分析水库需求的基础上，要满足实际工作的需要，尽可能地提供翔实、可靠的水库信息，建立完善的数据库，以满足水库防洪调度决策的需要。

（4）可扩展性原则。建立调度系统时，应建立工具化的开发环境和预留必要的接口，使建立的系统可以根据技术的进步进行适当改进，以适应水库防洪调度自动化继续发展的要求。

（5）经济性原则。

三、子洪水库防洪优化调度系统开发

（一）子洪水库防洪优化调度系统的组成

子洪水库防洪优化调度系统由三部分组成：第一部分是水库基本信息，基本信息由子洪水库的水位—库容—面积—下泄流量关系曲线、特征参数、调度规则、各频率洪水过程数据等部分组成，它是进行调度计算的基础数据；第二部分是模型库，模型库是系统的计算部分，也是软件的核心部分，包括龙格库塔数值解法和优化调度的两种优化算法；第三部分是结果输出。子洪水库防洪优化调度系统组成示意图如图 3-18 所示。

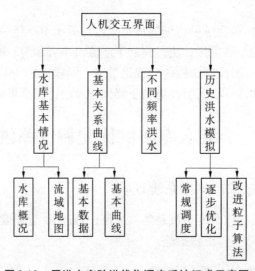

图 3-18　子洪水库防洪优化调度系统组成示意图

（二）子洪水库防洪优化调度系统的功能

水库防洪优化调度系统是通过先进的计算机语言和数据库的结合使用，利用科学的方法，建立的具有良好的输入输出性能和实用性能的应用系统，能解决水库防洪优化调度中的实际问题，系统主界面如图 3-19 所示。

水库防洪优化调度系统具体的结构包括以下几部分：

（1）水库基本情况包括水库概况、流域地图。

（2）基本关系曲线包括水库基本数据，水位—库容曲线、水位—面积曲线、水位—泄

图 3-19　系统主界面

量曲线。

（3）不同频率洪水包括子洪水库不同年限（1 000 年、500 年、300 年、200 年、100 年、50 年）的设计洪水过程。

（4）防洪调度历史洪水模拟：系统以削峰量最大为优化准则，分别研究了常规调度、逐步优化算法、改进粒子群优化算法。其中，主界面如图 3-19 所示，水库基本数据如图 3-20 所示，水位—库容曲线、水位—泄量曲线分别如图 3-21、图 3-22 所示，改进粒子群优化算法计算界面如图 3-23 所示。

图 3-20　水库基本数据

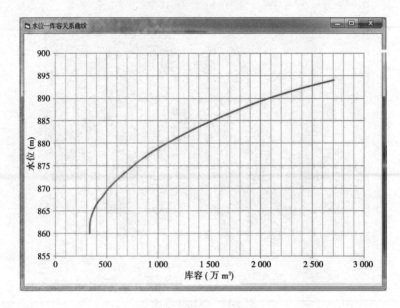

图 3-21　水位—库容曲线

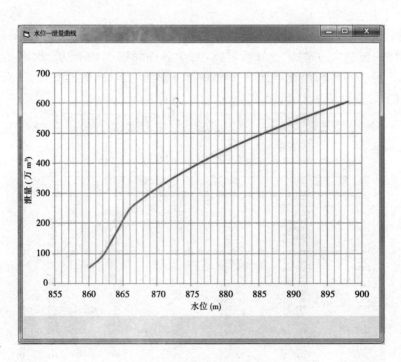

图 3-22　水位—泄量曲线

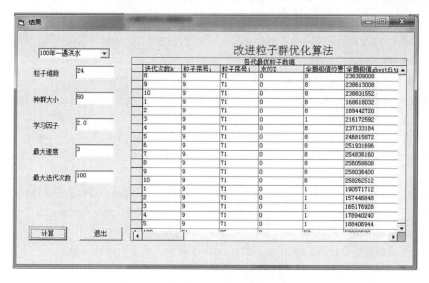

图 3-23　改进粒子群优化算法计算界面

第六节　结　论

在洪水预报的基础上,结合子洪水库实际,建立子洪水库防洪优化调度系统。本章案例分析主要成果有:

(1)计算不同年份设计洪水并进行调洪演算。采用同频率放大法得到 50 年一遇、100 年一遇、200 年一遇、300 年一遇、500 年一遇、1 000 年一遇洪水,并进行调洪演算,可得不同年份设计洪水过程及洪峰流量、起调水位、最大下泄流量及坝前最高水位。

(2)洪水预报分析。双超模型应用于子洪水库的洪水预报,洪峰流量的预报误差和峰现误差均符合水文情报预报规范》(GB/T 22482—2008)。

(3)采用常规调度方法、逐步优化算法、改进粒子群优化算法分析 100 年一遇设计洪水和 1 000 年一遇校核洪水,通过对比可以得出两种优化算法都优于常规调度方法,两种优化算法的削峰效果较好且坝前最高水位较低,有利于大坝安全,其成果为子洪水库防洪优化调度提供了技术支持。

课后思考题

1.水库防洪优化调度的核心内容和主要技术是什么?

2.水库防洪优化调度系统开发的主要内容是什么?

参考文献

[1] 刁艳芳,段震,程慧,等.基于粒子群的水库群联合防洪预报调度规则设计方法[J].中国农村水利水

电,2018(02):99-102.

[2] 邹强,王学敏,李安强,等.基于并行混沌量子粒子群算法的梯级水库群防洪优化调度研究[J].水利学报,2016,47(08):967-976.

[3] Kirkby M J. Hillslope hydrology[M]. New York:John Wiley and Sons,1978.

[4] 包为民.水文预报[M].北京:水利水电出版社,2008.

[5] 贾仰文,王浩.分布式流域水文模型的原理与实践[M].北京:中国水利水电出版社,2005.

[6] Dooge J C I. Problem and methods of rain-runoff modeling [C]//Ciriani T A, Maione U, Wallis J R. Mathematical Models for Surface Water Hydrology. Wiley, Chichester: JohnWley & Son Ltd,1977:71-108.

[7] Sugawara M,et al. "Tank model and its application to Bird Creek,Wollombi Brook,Bikin River,Kitsu River,Sanga River and Nam Mune." Research Note,National Research Center for Disaster Prevention[J]. Kyoto,Japan,1974,11:1-64.

[8] 郭生练.水库调度综合自动化系统[M]:武汉.武汉水利电力大学出版社,2000.

[9] 徐宗学,等.流域水文模型[M].北京:科学出版社,2009.

[10] Rodriguze-Iturbe I, et al. The geomorphologic structure of hydrological response[J]. Water Resources Research. ,1979,15(6):1409-1420.

[11] 董小涛,李致家.HEC模型在洪水预报中的运用[J].东北水利水电,2004(11).

[12] Patel,Kunal P. Watershed modeling using HEC-RAS,HEC-HMS,and GIS models[D]. New Brunswick: Rutgers, The State University of New Jersey,New Brunswick,2009.

[13] 张文华,郭生练,等.流域降雨径流理论与方法[M].武汉:湖北科学技术出版社,2004.

[14] 熊立华,郭生练.分布式流域水文模型[M].北京:中国水利水电出版社,2004.

[15] Shaman J, Stieglitz M, Engel V, et al. Representation of subsurface storm flow and a more responsive water table in a TPMODEL-based hydrology model[J]. Water Resources Research ,2002,38(8):31-1-31-16.

[16] Halwatura D, Najim M M M. Application of the HEC-HMS model for runoff simulation in a tropical catchment[J]. Environment modeling & software,2013,46:155-162.

[17] Gyawail Rabi, Watkins David W. Continuous Hydrologic Modeling of Snow-Affected Watersheds in the Great Lakes Basin Using HEC-HMS[J]. Journal of Hydrologic Enginneering ,2013,18(1):29-39.

[18] Sahoo G B, Ray C, De Carlo E H. Calibration and valoddation of a physically distributed hydrological model, MIKE SHE,to predict streamflow at high frequency in a flashy mountainous Hawaii Stream[J]. Journal of Hydrology,2006,327(1-2):94-109.

第四章　水库大坝安全监测系统开发

第一节　综　述

一、大坝安全监测发展

（一）国外

目前,很多国家的研究学者纷纷开展大坝渗流监测的研究与开发工作,通过采用先进的计算机技术、自动化技术以及信息技术等科学技术,结合现有科学、精准的测量仪器和设备来代替传统的人工操作测量的方式,达到大坝管理单位少人值班、无人值守的目的,实现水利自动化,从而节省人力、物力及财力。国外大多数大坝的渗流监测系统中都应用了这种较为成熟的技术,并且发挥了良好的作用及效果。目前,大多数国家均采用分布式监测系统来进行大坝的渗流监测,运行方式为:按照一定的面积将水库划分为不同的区域,然后以这些区域为单位来布设监测仪器、设备,实现所需数据信息的采集和记录,最后将采集到的数据信息传输到远程计算机进行收集、汇总,从而完成大坝的渗流监测。Geomation 公司开发的 2300 系统是目前市场上具有代表性的分布式监测系统,该系统是由所配套控制器、硬件设备以及一些相关的仪器,再加用户设定的监测参数组成的。采用在各个区域布设单片机(MCU)的方式进行监测,每个单片机(MCU)是数据采集、传输、处理的多功能模块。再利用传输技术传到计算机中央处理器。国外较为成熟的系统都采用有线传输,这种方式可以较为安全、稳定地进行信息的传输,以保证数据的准确性。

（二）国内

近几年来,我国的大坝渗流监测自动化系统在总体结构设计以及实际应用效果等方面与国外比较还有很大的差距。具体来说,一方面大坝渗流监测系统整体的网络结构还不十分完善,无法十分有效地应用到实际发展当中,在传输方式上仍存在一定的问题,尚不能完全实现计算机远程控制,因此在实际工作中,虽然部分操作可以实现自动化,但还有大量仍需人工现场操作、处理的工作,远远不能满足实现自动化的要求,也因此造成了人力、物力及财力的浪费。另一方面由于生产技术不够发达,生产流程不够规范,使得我国的传感器及微电子设备存在很多问题,例如,数据采集的速度较慢,而且很容易出现失真的现象,使得采集的数据不准确。另外,这些仪器设备的使用寿命也很短,难以满足大坝渗流监测系统的设计要求,从而使得信息采集工作出现许多问题,严重制约了自动化监控系统的发展。因此,为进一步开发、发展我国的自动化渗流监测系统,仍需攻克各类技术难题,以推动我国水利自动化的快速发展。

二、本章案例分析主要思路

分析大坝的具体情况,优化测压管管线布置,对大坝测压管进行冲洗处理,通过测试表明其灵敏度合格,实现监测数据的即时采集、分析、传输、展示和应用。通过统计回归模型对采集回来的数据进行分析,以判别大坝的安全性。

第二节　子洪水库大坝安全监测软件系统

一、子洪水库大坝安全监测测压管布置情况

(一)渗流监测系统所采集的数据

渗流监测系统采集层采集的信息主要包括两方面:一方面,主要是三角量水堰所提供的渗流数据及大坝各个地方的测压管所提供的渗压数据;另一方面,数据是为大坝渗流预测系统服务而采集的库水位、温度、降雨量等数据。

库水位、降雨量和温度这三种数据是能够影响大坝渗流场稳定的主要因素。库水位骤升会引起坝体孔隙水压力升高,从而反过来压低了坝体材料的抗剪强度,引起渗流不稳。相反,如果库水位骤降,那么库水位就会低于大坝坝体内的自由水面水位,这就会导致坝体内部的孔隙水压力不能在可接受时间内及时消散,从而形成非稳定渗流场。温度场严重影响渗流场的边界条件,并且在不同水头压力下对所对应的温度特征值差异较大,而水体和土体的物理及化学参数又会在温度的影响下发生变化,从而进一步影响渗流场在坝体内部的分布,渗流场和温度场两者之间就这样既密切相关又相互作用。与此同时,持续的降雨带来的大量雨水不断入渗,这就会引起负孔隙水压力的持续升高,从而降低上下游坝坡的非饱和带土体基质的吸力,致使土粒间胶结逐渐软化,同时导致吸附凝聚力、非饱和土内负孔隙水压力两者也随之减小,最终会引起非饱和土体的抗剪强度不断下降。

(二)信息采集硬件

1. 测压管数据监测

岩土工程或混凝土建筑的渗透水压力的测量通常使用的是一种名为振弦式渗压计的仪器,这种测压计方便埋设于建筑物内部或基础,也可以设置于测压管内,用于测量其所在位置的渗透水压力和温度。此外,振弦式渗压计也可用于库水位或边坡地下水位监测。

2. 信息收集及传输硬件

现场智能测控单元(MCU)是在线采集系统中的节点装置,用于对大坝上的各类传感器所收集的数据进行采集、分析、处理、存储和传输等。它直接与现场传感器通过电缆连接,接受来自传感器的频率信号、电流信号或电压信号等,因此要有很好的兼容性,见图4-1。

远程终端单元(Remote terminal unit,RTU)的主要功能是监控现场的各类信号和设备。RTU的一般构成设备有5部分,分别是输入/输出模块、微处理器、有线/无线通信设备、电源和外壳,它能够支持网络系统,并且由微处理器控制着整个装置的运转,见图4-2。

图4-1　现场智能测控单元(MCU)

图4-2　远程终端单元(RTU)

(三)子洪水库测压管管线布置

根据《土石坝安全监测技术规范》(SL 551—2012)所规定的标准,大坝渗流监测的内容有渗流压力、渗流量、水质分析及压力有关的孔隙水压力监测。在对已经建好的大坝工程进行有关渗流项目的改造时应避免渗流所带来的危害,有关不易在完工后进行的工程措施,应在施工期完成。

根据《土石坝安全监测技术规范》(SL 551—2012)中规定的关于大坝渗流压力观测断面选择和测点布置的相关要求,结合原测压管位置附近进行布设,原测压管经过修复整定后测值作为补充布设。改进布设:浸润线观测在 0 + 070,0 + 096,0 + 160,0 + 250,0 + 350 五个断面布置 16 支,坝基渗流观测在 0 + 080,0 + 086,0 + 150,0 + 300,0 + 450 五个断面布置 12 支,绕坝渗流观测在 0 + 046,0 + 286 两个断面布置 4 支(见图4-3)。

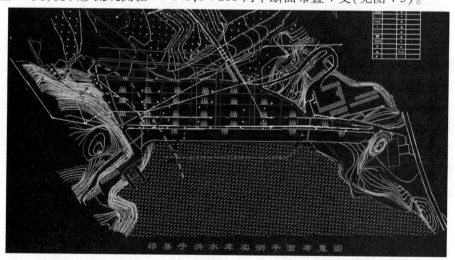

图4-3　子洪水库测压管平面布置图

(四)子洪水库测压管优化设计

1. 测压管选材优化

测压管有两种,分别是敞开式与封闭式。前者一般用于土石坝的渗流动水压力观测,后者一般用于水闸和混凝土坝的扬压力观测。本章针对敞开式测压管结构进行优化。

一般测压管多采用镀锌钢管,凌云秀提出双面镀锌钢管的想法。随着科技水平的不断发展,聚乙烯管逐渐被用来制作输水管材。现对 2 种管材进行综合比较(见表 4-1),以确定推荐管材。

表 4-1　大坝观测测压管道管材技术性能比较

项目	钢管(SP)	聚乙烯塑料管(PE)
单节管长(m)	8 ~ 20	12
糙率 n	0.009 3 ~ 0.011 4	0.008 5 ~ 0.010 0
输水能力	高	高
抗内压	强	强
抗地基沉陷	柔性管,抗沉陷能力强	柔性管,对地基及回填要求高
抗腐性	需防腐	防腐能力卓越
接头密封	接头安装复杂,焊接较多,抗渗好	分柔性接头、刚性接头,抗渗较好
水质	食品级内衬无毒	满足水质卫生要求
快速检修	进行局部修复时间较短	替换整节管子时间较长
耐久性	一般 30 年	一般 50 年
价格	高	低

由比较可知,在满足测压管要求的情况下,钢管与聚乙烯塑料管都具备高输水能力和强抗内压能力,均有较低糙率且抗渗较好。钢管进行局部修复时间较短,优于聚乙烯塑料管,但由于测压管是竖直完全地埋在大坝内部,修补方式基本是整管修复或者另选点埋入新管,故此优点在测压管方面没有很大的意义,且接头安装复杂,焊接较多,故不推荐使用。聚乙烯塑料管不仅具有与钢管相同的优势,而且防腐蚀能力卓越、接口稳定可靠、耐久性好、价格低,因此推荐使用聚乙烯塑料管。

测压管首先要保证坝体与管内的渗透水能够顺畅做水交换运动,并通过仪器迅速精确反映出测压管的渗流水头,其开孔率与过滤层的工艺是重要因素。在进水管的管壁上应钻有足够数量的进水孔,在实际生产中其面积开孔率为 10% ~ 20%,而开孔率往往与测压管进水段所在位置土的透水性等有关。因此,应针对工程具体情况,经过严谨试验确定开孔率,从而保证测压管有良好的灵敏度。

2. 测压管花管部分过滤层优化处理

土工织物具有经久耐用、不易腐烂变质、造价低且可以根据大坝坝体本身的材质确定其透水性等优点。现代工程中,土工布已成为测压管过滤层的主要材料。此次设计经过反复试验决定采用透水性为 10^{-2} cm/s 左右的土工织物作为滤层材料,同时测压管花管外部应填充反滤层。由于施工时反滤层材料往往就近取材或者根本不设反滤层,所以这样的反滤层和坝体中包含的各种矿物质与测压管过滤层直接并紧密接触,这种接触直接增加了对过滤层的腐蚀作用,导致测压管寿命减少。本案例优化方案为:在反滤层与测压管之间充填隔离层,以此隔绝反滤层与测压管土工布的直接接触,大大减少对土工布的腐蚀性,防止其失去透水性,达到延长其使用寿命的目的。隔离层与测压管直接接触,应选用较反滤层更密实的颗粒级配,保证反滤层不会透过隔离层侵蚀到土工布。反滤料、隔离层、土工布都具有一定的透水性,从而保证了三个过滤层之间有且只做水交换运动。这三个过滤层同时还相当于构成了测压管进水管段的系统反滤层。此次采用砂层作为隔离材料。若测压管没有设计反滤层,加设隔离层也可发挥作用,可减少甚至隔绝大坝坝体与土工布的接触,阻碍坝体矿物质对土工布的腐蚀,达到延长测压管寿命的目的。加设隔离层虽会增加在测压管方面的施工与技术成本,但从实用性考虑,此方法有效增加了测压管的使用寿命,减少了因换管、管阻塞而引起不必要的人力、物力、财力的反复浪费,可让测压管稳定而持续地发挥作用,为大坝安全监测提供有效数据。具体方法如表4-2、图4-4、图4-5所示。

表4-2 测压管材料名称

编号	名称	材料	编号	名称	材料
1	导管	聚乙烯管	6	封闭地板	钢板
2	第二层过滤网	土工布	7	封底	黏土
3	花管	聚乙烯管	8	反滤料	
4	第一层过滤网	玻璃网	9	隔离层	
5	沉淀管	钢管			

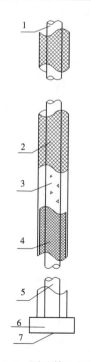

图4-4 测压管正视图

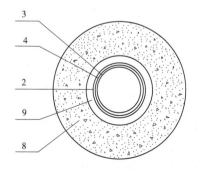

图4-5 测压管截面图

（五）子洪水库测压管灵敏度测试

为延长观测仪器设备的使用年限和保证观测资料的准确性，必须对观测仪器设备进行定期检查和经常性的养护修理，对观测仪器应妥加保管，定期检查和率定。对测压管进行检查的主要内容为定期检查测压管进水段内是否有淤积物，管身是否被人堵塞或腐烂并做注水试验；定期检查测压管管口是否封闭，或附近有无漏水现象；管口高程应每年测定一次，管口保护设备损坏后应及时修复，并对测压管管口保护设施改造，有效地起到防雨作用；若测压管因布设不合理导致淹没，应另选点换管；测压管内有淤积物，其外因不外乎管外滤层级配不良和进水段外包铜丝布和棕皮腐烂这两种，此外也可能是测压管本身腐烂所致。若取样查明，确系坝料土进入测压管内，则应将原管废去不用，另埋新管。表 4-3 为子洪水库测压管清洗处理前后对比。

表 4-3　子洪水库各测压管清洗处理前后对比　　　　　　　　　（单位：m）

名称	桩号	编号	处理前实测管深	原管内静水位	处理后实测管深	处理后静水位	灵敏度试验	偏差
坝体浸润线管	.0+070	V_1	33.38	860.814	33.38	862.201	合格	0
		V_2	36.18	856.02	36.37	859.027	合格	0.19
		V_3	25.88	855.32	26.89	854.833	合格	1.01
		V_4	13.94	853.09	13.94	853.173	合格	0
	0+096	I_3	29.19	853.459	29.19	852.608	合格	0
	0+160	VI_1	33.03	861.146	32.3	861.102	合格	0
		VI_2	34.52	855.29	34.52	856.261	合格	0
		VI_3	27.81	853.758	28.52	853.088	合格	0.71
		VI_4	8.8	858.02	8.8	858.215	合格	0
	0+250	VII_1	28.84	865.244	30.26	864.643	合格	1.42
		VII_2	35.35	857.085	36.4	856.019	合格	1.05
		VII_3	27.88	860.43	27.95	855.995	合格	0.07
		VII_4	5.2	867.816	5.2	867.992	合格	0
	0+350	VIII_1	9.43	885.159	9.55	885.653	合格	0.12
		VIII_2	6.4	885.587	6.4	885.728	合格	0
		VIII_3	2.551	880.201	2.6	880.465	合格	0.049
坝基渗流管	0+080	IX_1	44.4	851.158	44.57	850.547	合格	0.17
		IX_2	27.48	849.308	27.53	848.397	合格	0.05
		IX_3	7.23	849.316	7.6	848.95	合格	0.37
	0+086	III_2	36.78	849.63	36.78	848.442	合格	0

续表 4-3

名称	桩号	编号	处理前实测管深	原管内静水位	处理后实测管深	处理后静水位	灵敏度试验	偏差
坝基渗流管	0+150	X_1	41.75	855.727	42.14	855.985	合格	0.39
		X_2	24.42	851.915	24.5	853.046	合格	0.08
		X_3	4.46	850.565	4.8	850.831	合格	0.34
	0+300	XI_1	33.63	861.22	33.63	861.614	合格	0
		XI_2	15.44	861.48	15.46	861.811	合格	0.02
		XI_3	7.18	858.141	8.49	858.23	合格	1.31
	0+450	XII_1	14.16	881.752	14.2	881.822	合格	0.04
		XII_2	4.74	882.795	4.8	882.914	合格	0.06
绕渗管	0+046	IV_5	34.25	857.27	34.38	857.934	合格	0.13
		IV_6	26.02	856.62	26.9	854.798	合格	0.88
	0+286	IV_8	28.48	862.82	28.54	862.462	合格	0.06
		IV_9	19.36	866.965	19.46	862.329	合格	0.1

二、渗流压力数据合理性分析

（一）测压管数据分析

测压管采集数据见表 4-4、表 4-5，通过 IX_1、IX_3 支渗压计，由于上游过渡层渗透系数较大，观测的渗透压力值应该与库水位基本一致。这 4 支渗压计的测值，通过分析能判断渗压计观测的可靠性。

表 4-4　测压管采集数据（一）　　　　（单位：m）

编号	管口高程	管底高程	4月19日 水位872.86 m		5月10日 水位872.36 m		5月22日 水位872.20 m		6月2日 水位871.99 m	
			管中水深	管中水位	管中水深	管中水位	管中水深	管中水位	管中水深	管中水位
IX_3	852.84	845.240	1.520	851.097	2.013	847.253	1.976	847.216	1.845	847.085
IX_1	984.14	849.577	2.375	847.615	1.819	851.396	1.864	851.441	1.780	851.357

表 4-5　测压管采集数据（二）　　　　（单位：m）

编号	管口高程	管底高程	6月12日 水位871.93 m		6月22日 水位871.67 m		7月2日 水位871.67 m		7月12日 水位871.16 m	
			管中水深	管中水位	管中水深	管中水位	管中水深	管中水位	管中水深	管中水位
IX_3	852.84	845.240	1.941	847.181	1.873	847.113	1.853	847.093	1.714	846.954
IX_1	984.14	849.577	1.791	851.368	1.737	851.314	1.676	851.253	1.77	851.347

通过渗压计观测可得到孔隙水压力值,按式(4-1)换算成水头高程值,即

$$h = h_0 + \frac{\Delta U}{\gamma_w g} \tag{4-1}$$

式中:h 为渗透水头高程,m;h_0 为仪器埋设高程,m;ΔU 为渗压计实测的孔隙水压力,kPa;$\gamma_w g$ 为水的重度,kN/m^3。

通过各个渗压计观测得出渗透水头高程值与库水位的关系,如图 4-6 和图 4-7 所示。

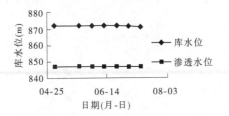

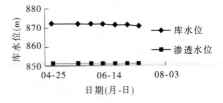

图 4-6　IX_3 渗透水头、库水位过程曲线　　　图 4-7　IX_1 渗透水头、库水位过程曲线

0+080 断面上的渗压计监测得出的渗透水头高程与库水位基本是一致的,水头与水库库水位的变化是相应变化的,可以说明监测数据是可靠的,能够正常反映坝体的渗透情况。

(二)大坝渗流压力统计模型分析

统计模型是利用实测原始数据进行统计回归,找出了渗压的主要影响因素,来分析渗压的变化规律,预测渗压发展趋势的有力手段。本次采用逐步回归分析坝基渗流一个测点统计回归分析模型。

根据影响因素分析,渗压值主要受库水位、温度和时效三个因素影响,即可以表示为

$$P_i = P_H + P_T + P_\theta \tag{4-2}$$

式中:P_i 为坝内任一点的总渗透压力;P_θ 为由渗透压力传递和消散引起的时效分量;P_T 为由温度变化引起的渗透压力分量;P_H 为由库水位变化引起的渗透压力分量。

取至渗透压力与库水位二次式,最终得到渗透压力的统计模型一般表达式为

$$P = a_0 + \sum_{i=1}^{2} a_i H_i + \sum_{i=1}^{2} b_i \overline{H}_{50}^2 + c_1 T + d_1 \theta + d_2 \ln\theta \tag{4-3}$$

式中:H_i 为观测日当天的上游水位,即库水位与坝底高程之差;$\overline{H}_{50}$ 为距观测日前 50 d 的上游水位平均值;θ 为监测日至始测日的累积天数除以 100,每增加一天,增加 0.01;T 为监测仪器温度;a,b,c,d 为常参数项。

根据仪器从观测数据,对 0+080 的 IX_3 进行了逐步回归分析,得到了坝体渗压测点的回归方程和相关系数:

$$2.876 + 2.994H - 1.012\overline{H}_{50} + 21.955\theta - 106.954\ln\theta \tag{4-4}$$

相关系数为 0.995,典型实测与回归后渗压时程变化曲线如图 4-8 所示,从图中看出回归效果良好。

从式(4-4)和图 4-8 可以得出以下结论:

(1)从各测点的回归方程可以看出,渗压计测值主要受库水位的影响较大。

(2)时效分量的回归系数大部分是正值,表明渗压会随着时间的推移不断增大。以

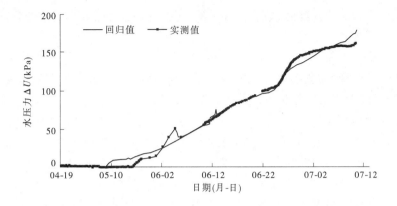

图 4-8　典型实测与回归后渗压时程变化曲线对比

上情况反映了在库水位不变的情况下,坝体在外荷载作用下产生的应力、土体固结、坝前淤积,以及下游水位的变化等因素对坝体渗流状态的影响。

(3)温度的标准系数绝对值相比其他分量的值小得多,这表明温度对坝基渗压的影响非常小,可以忽略。

第三节　信息管理中心系统

信息管理中心是整个水库综合自动化系统的"神经中枢",也是综合自动化系统实现自动化调度决策的"指挥部",所有分中心的图形、图像及数据全部在此进行交换、分析和处理,因此该中心的设备、网络、软件、安全及功能开发研究至关重要,必须认真地进行研究和可靠地实施。

一、信息管理中心的功能结构

水库管理信息中心的开发主要包括信息中心网络建设、数据库系统建设、信息服务系统建设、防汛会商系统以及大屏幕显示系统建设等内容。

二、信息管理中心开发研究的目标

(一)系统总体功能设计

根据水库建设的现状和实际要求,水库信息管理中心开发主要功能如下:

(1)计算机网络功能:水库的各类信息只有通过计算机网络系统才能够收集到一起,并进行整合和应用。另外,计算机广域网还是保证水库与外界联系的纽带,所以建立完善的计算机网络系统是水库信息化建设的基础和必要条件。

(2)大屏幕显示系统功能:水库防洪、供水决策等功能决定了水库综合自动化系统开发研究的必要性和重要性,而信息化建设的目标就是要为科学决策、群体决策提供良好的平台。大屏幕显示系统作为一种群体决策的重要方式,也是水库进行各种重大决策的主要方式。

(3)数据的综合管理功能:信息管理中心的设计还必须建立统一的数据管理系统,提供数据的综合管理功能。此外,数据管理系统还要提供数据交换功能、数据管理与维护功能等。

(4)与外部相关系统的接口功能:包括与其他专业系统如视频图像监控系统、水情自动测报系统、水质自动监测系统、大坝安全监测系统和闸门自动监测系统的接口,与水文部门、气象部门及上级防汛指挥系统的接口等。

(二)总体结构设计

在水库信息管理中心内部,主要建设会商系统和软件系统两个部分。会商系统主要包括中心的网络建设、中控系统建设、会议系统建设和基础设施的建设。软件系统主要包括综合数据库的建设和信息服务系统的建设,中心的软件可以分为三个层次:数据层、应用层和人机交互层。数据层负责将应用系统涉及的所有数据收集到数据库中进行存储,并向各种应用层面快速提供相关的数据;应用层是整个软件系统的核心,它以业务应用为目标,通过数据层的数据支持,将业务应用生成业务应用逻辑;在应用层之上是人机交互层,人机交互层提供人机交互界面,人机交互界面主要包括基于浏览器的交互和基于客户端软件下的交互。人机交互层通过向会商系统提供 RGB 信号实现与会商系统的集成、整合。

最后,在整个系统的外部,信息管理中心须和上级防汛指挥系统、气象部门、水文部门进行交互。信息管理中心需要建立相应的数据接口接收气象部门提供的相关的气象信息、水文部门提供的相关的水文信息以及上级防汛指挥系统会向信息管理中心下达调度指令。系统总体结构见图4-9。

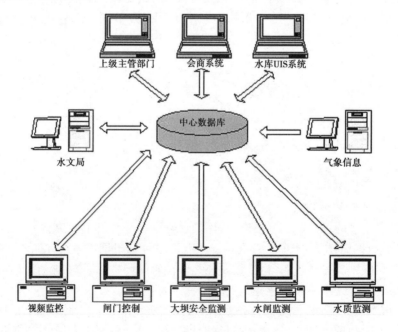

图 4-9　系统总体结构

三、网络设计

(一)电源系统设计

水库办公楼机房内将安装大量计算机、通信以及网络设备。计算机设备、网络设备等均为精密电子设备,对电源的质量要求较高。为保证机房设备的正常运行,需保证机房具备良好的供电条件。机房设备电源应使用单独的供电线路供电。机房供电线路引入机房后接到大功率稳压电源上,而后提供给不间断电源(UPS)。机房内所有设备工作电源均由 UPS 提供。

(二)办公楼布线

理想的方案是建设水库办公楼时一并进行水库办公楼综合布线工程,在水库办公楼各个布设位置均预留语音线路以及网络数据线路。采用综合布线方式可灵活使用线路资源,方便地进行设备类型与设备位置的调整,在设备、人员数量与位置变动时无须重新敷设语音线路和数据线路。

在办公楼每个房间安装两个双口信息插座,每个信息插座具有一个语音线路接口和一个数据线路接口,在办公人数较多或面积较大的房间可适当增加信息插座的数量。所有线路均采用超五类网线以保证将来在线路不变的情况下可达到千兆的网络速度。所有线路均引至机房配线架,而后根据每条线路的实际使用目的将其跳接到电话交换机或者网络交换机上。

(三)机房建设

为保证机房内良好的工作环境,在机房内铺设防静电地板,并使用钢制防盗门作为机房大门。机房内配备取暖、降温以及通风设施,保证机房处于合适的温度和湿度范围。

在机房内安装机柜,将网络设备、计算机设备安装在机柜内。使用标准机柜,将综合布线配线架、网络交换机、电话交换机等设备安装在机柜内;各个自动化子系统所用服务器均采用机架式服务器,将所有服务器安装在机柜内部,这样除节省机房空间和便于设备的集中管理外,也使得机房内部整齐、美观。所有服务器安装在机柜内后,可以使用 KVM 切换器让所有服务器共用一套显示器、键盘、鼠标,既节省空间也节省资金。

机房应具有单独的接地设施,以保证机房设备的防雷安全。

第四节　子洪水库综合自动化系统开发

一、系统软件体系结构

系统主要利用光纤网络、GPRS 网络、SQL Server 数据库技术和预报模型,实现大坝安全监测、短信预警、统计报表等功能。

系统采用面向对象程序设计,采用现在普遍应用的 B/S 体系结构,划分为 4 个层次,分别是数据库层、业务逻辑层、Web 服务层和客户端表示层,如图 4-10 所示。

二、系统设计目标

为了充分考虑水库在运行管理中的特色需求,做到功能齐备完整,要求系统在操作过

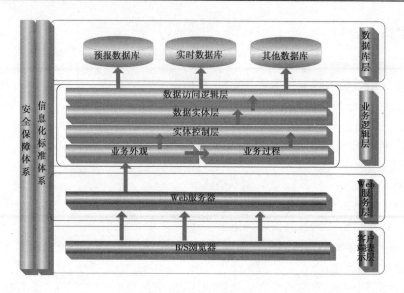

图 4-10　体系结构图

程中性能优越、快捷方便,具有较强的易用性;系统杜绝非法入侵,着重强调安全性;系统具备清晰的风格和完整的文档,具有很好的可维护性。

系统响应时间要求:一般控制在 5 s 以内,数据的转换和传送时间一般在 5 s 以内。设定标准:在人的感觉和视觉事件范围内。页面刷新时间:一般 <5 s,大数据量处理时间 <10 s。数据查询时间:一般 <5 s,大数据量查询时间 <10 s。信息提交时间:一般 <5 s,大数据量提交时间 <10 s。导入导出时间:一般 <10 s,大数据量处理时间 <30 s。参数率定计算时间:一般 <300 s,大数据量处理时间 <600 s。洪水调度计算时间:一般 <30 s,大数据量处理时间 <60 s。

三、系统总体设计

功能结构图见图 4-11。

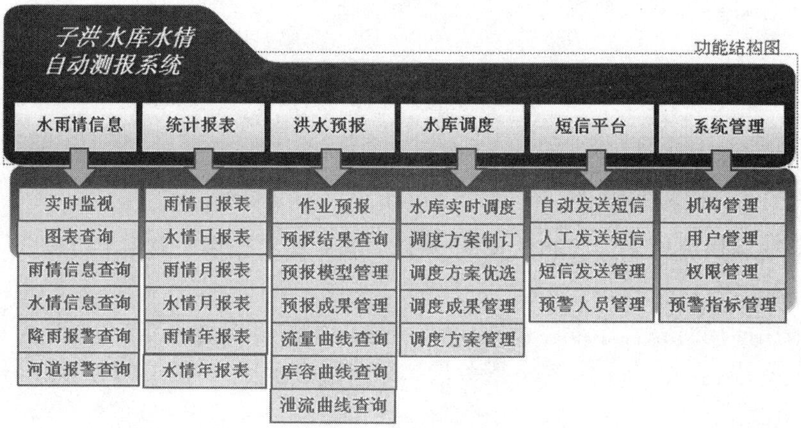

图 4-11　功能结构图

四、系统模块设计

(一)大坝安全监测数据

通过 VB 平台控制数据库中子洪水库大坝安全监测系统的实测数据表、历史数据表等数据资料进行调用、删改等动作(见图 4-12)。

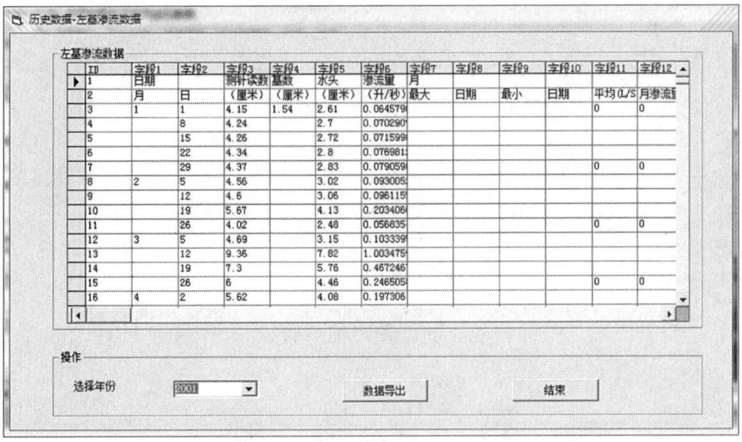

图 4-12　大坝安全监测数据

(二)报警平台

用户启用自动发送功能后,当有超警戒降雨或超警戒水位产生时,系统通过短信方式将自动发送相关站点的信息到指定预警人员手机上,如图 4-13 所示。用户也可查看指定时间段的已发信息,关闭自动发送功能后,系统产生的预警信息不再通过短信发送。

图 4-13　自动发送短信

(三)系统管理

该功能用于系统管理员新增、修改、删除、查询系统用户信息,对不同的用户授予不同的角色和功能权限,如图 4-14 所示。

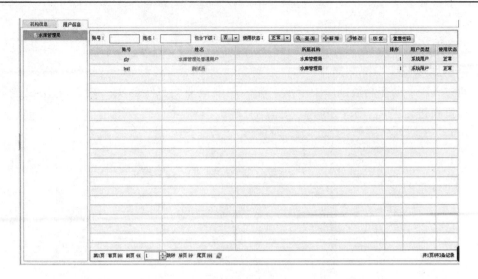

图 4-14　用户信息管理

第五节　结　论

本章案例在分析国内外大坝安全监测的基础上,结合子洪水库现状,根据《土石坝安全监测技术规范》(SL 551—2012)中对于大坝渗流压力观测断面选择和测点布控的相关规定,对其进行布控。同时对测压管进行优化处理。最后进行注水试验,可看出在修复后的测压管具有较好的灵敏度。对于大坝安全监测而言,测压管进行优化处理非常重要。

本章案例建立了子洪水库大坝安全监测平台,对其测压管数据进行了分析,证明其测压管数据可靠。通过回归模型分析可知渗压计测值主要受库水位的影响较大。

课后思考题

1.简述洪水预报主要模型及其相应的模型推导。

2.简述水库综合自动化系统开发主要内容及意义。

参考文献

[1] 蒋桂芹.水资源对区域经济生产贡献的能值分析研究[D].郑州:郑州大学,2010.

[2] 郭林涛,冯春久."一号文件"的政策信号[J].决策探索,2015(5):13.

[3] 刘志雨.我国洪水预报技术的发展与展望[J].中国防汛抗旱,2009(5):13-16.

[4] 刘金平,张建云.中国水文预报技术发展与展望[J].水文,2005(6):1-4.

[5] 梁佳志,刘志雨.中国水文情报预报现状及展望[J].水文,2006(3):57-58.

[6] 张神茗.洪水资源化利用探讨[J].河南科技,2010,6:79-82.

[7] 张云祥,张代臣.如何有效利用过境洪水资源[J].吉林水利,2004,11:5-6.

[8] 胡宇丰.黄龙滩水库洪水预报调度研究[D].南京:河海大学,2006.

［9］ Sherman L K. Stream flow from rainfall by the unit hydrograph method［J］. Engineering News Records, 1993,14:446-460.

［10］ Horton R E. The role of infiltration in the hydrological cycle［J］. Trans. AGU,1933:189-202.

［11］ Penman H L. Natural evaporation from open water. Bare Soil and Grass［R］. Proceedings of the Royal Meteorological Society（series A）,Londn,1948,193:120-145.

［12］ Burnash R J C, Ferral R L, McGuire R A. A generalized streamflow simulation system: Conceptual modeling for digital computers［J］. 1973.

［13］ Finnerty B D, Smith M B, Seo D J, et al. Space-time scale sensitivity of the Sacramento to radar-gage precipitation inputs［J］. Journal of Hydrology,2003(1):21-38.

［14］ Gan T Y, Burges S J. Assessment of soil-based and calibrated parameters of the Scramento model and parameter transferability［J］. Journal of Hydrology,2006,320(1):117-131.

［15］ Sittner W T, Cchanss C E, Monro J C. Continuous Hydrograph Synthesis with an API-Type Hydrologic Model［J］. Water Resour. Res. ,1969,5(5):1007-1022.

［16］ Sugawara M, et al. Research Note, National Research Center for Disaster Prevention［J］. Kyoto, Japan, 1974,11:1-64.

［17］ Sugawara M. "Chapter 6:Tank model."［C］// Computer models of watershed hydrology. V. P. Singh, ed. :Water Resources Publications,Littleton,Colo. USA,1995.

［18］ 郭生练. 水库调度综合自动化系统［M］. 武汉:武汉水利电力大学出版社,2000.

［19］ Beven K J, Kirkby M J. A physically based variable contributing area model of basin hydrology［J］. Hydrological Bulletin,1979,24(1):43-69.

［20］ Abbott M B, Bathurst J C, Cunge J A, et al. An introduction to the European Hydrological System. 1: history and philosophy of a physically-based, distributed modeling system［J］. Journal of Hydrol,1986,87(1):45-77.

［21］ Morris E M. Forecasting flood flows in grassy and forested basins using a deterministic distributed mathematical model［C］// Hydrological Forecasting. IASH Publication,1980,129:247-255.

［22］ Neitsch S L, Arnold J G, Kiniry J R, et al. Soil and Water Assessment Tool Theoretical Documentation Version 2000［M］. Temple,Texas:Texas Wter Resource Institute,College Station,2002.

［23］ 曹飞凤. 基于 MCMC 方法的流域水文模型参数优选及不确定性研究［D］. 杭州:浙江大学,2010.

［24］ Todini E. The ARNO rainfall-runoff model［J］. Journal of hydrology,1996,175:339-382.

［25］ Natale L, Todeni E. A stable estimator for large models 1:Theoretical development and Monte Carlo experiments［J］. Water Research,1976,12(4):667-671.

［26］ Bergstrom S. Chapter 13:The HBV mode［M］. In Computer models of watershed hydrology, edited by Singh V P,Littleton,Colo:Water Resources Publications,1995.

［27］ Zhao R. The Xinanjiang model,proceedings Oxford Symposium［J］. IAHS Pub,1992,129:351-356.

［28］ Zhao R. The Xinanjiang model applied in china［J］. J. Hydrol. ,1980,135:371-381.

第五章　面向大水网复杂输水系统水力仿真及运行控制系统开发

第一节　绪　论

一、本章案例背景和意义

（一）本章案例背景

2011 年山西省开始"山西大水网建设"，大水网建设工程涉及泵站输水、重力流输水、泵站—重力流混合输水等多种方式。泵站输水是由低处向高处输水的一种重要输调水方式，而且大部分供水泵站具有输水流量大、扬程高、距离长、输水情况复杂、耗电量大等特点。因此，如何保证供水泵站安全、经济运行就成为一项重要的研究课题。

（二）本章案例研究的意义

研究不同工况下水泵的稳态运行特性，建立不同工况下水泵稳态运行的数学模型，并在此基础上研究泵站的优化调度，以实现泵站工程的经济运行；研究不同工况下泵站的水力过渡过程及水锤的防护措施，建立相应的数学模型及边界条件，通过软件编程，实现对水力过渡过程的准确模拟，并寻找切实可行的水锤防护措施，以确保供水泵站的安全运行。研究成果不仅为山西大水网供水泵站目前的建设及今后的运行提供了可靠的依据，而且对全国供水泵站的安全、经济运行及自动化系统的开发也具有重要的参考价值。

二、国内外研究现状及存在问题

从 18 世纪开始，国内外高等院校及科研学者们从泵站优化调度、泵站水锤计算、泵站水锤防护等方面，进行了深入的理论和试验研究，并取得了丰富的研究成果。

（一）泵站优化调度研究现状

1. 国外泵站优化调度研究现状

2003 年，Moradi-Jalal，Mahdi，Marino，A. Miguel，Afshar，Abbas 提出了一种基于求解大型非线性规划问题的泵站优化设计与运行的方法。2007 年，Prasad，T. Devi，López-Ibáñez，Manuel，Paechter，Ben 在解决复杂配水系统最佳调度问题的图解法的基础上，提出了泵站优化调度的蚁群算法。2009 年，Pasha，M. F. K.，Lansey，K. 提出了一种实现泵站优化调度线性规划方法。2010 年，Yang，Zhenyu，Borsting，Hakon 从节能角度出发，首先制定了基于模型的最优问题,然后转换为混合整数非线性规划问题,提出了一种适用于多泵系统优化调度和控制方法。2012 年,Al-Ani,Dhafar,Habibi,Saeid 提出了一种基于多粒子群优化方法(MOPSO),来自动确定泵站经济运行的调度方案。2015 年,Ghaddar,Bissan,Naoum-Sawaya,Joe,Kishimoto,Akihiro 提出了一个应用混合整数非线性规划法(MINLP)解决水泵优化调度问题的公式。2016 年,Menke,Ruben,Abraham,Edo,Stoianov,Ivan 对变速泵在泵站优化调度中的应用进行了研究。

2. 国内泵站优化调度研究现状

2005 年,夏龙兴、马细霞、吴蓉对复杂泵系统运行工况进行了研究,提出三点插值与搜索逼近法,为复杂供水系统的稳态求解奠定了基础。2006 年,段焕丰、俞国平对城市供水系统的优化调度模型进行了研究,同时提出了周期运行中的优化调度问题,并在仿真计算中充分验证了改进的混合遗传算法的有效性。李黎武、施周采用大系统分解、协调技术建立了二层分解 - 协调模型。2007 年,鄢碧鹏、杜晓雷、刘超对遗传算法和神经网络在泵站经济运行中的联合应用进行了研究。2009 年,黄良沛、成涛、罗忠诚以系统整体优化和供水费用最小为目标,结合复杂供水系统的特点,建立了相应的优化调度数学模型,并编写了软件程序。2011 年,宋春福、周卫东、汪雄海利用模糊控制思想,提出一种以流量进出平衡为基点的区域泵站调度优化策略,应用有色 Petri 网(CPN)理论,建立了 CPN 模型。2014 年,张文钢运用相似理论提出了确定调速泵最佳调速区域的一般方法,并根据泵站能耗的计算方法,提出了泵站年度成本最小准则的评价方法。2015 年,梁兴建立了以抽水电费最小和机组启动次数最少为优化目标、以调度周期不同时段下流量分配为决策变量的双目标优化调度模型。

(二)泵站水锤计算研究现状

1. 国外泵站水锤计算研究现状

1967 年,E. B. Wylie,V. L. Streeter 合著了《Hydraulic Transients》一书,并于 1978 年将书名更改为《Fluid Transients》,书中重点介绍了计算压力管道水锤的特征线法,该方法具有稳定性好、易于编程等特点,在实际水锤计算中应用广泛。1972 年,秋元德三详细介绍了水锤的基本概念、计算理论以及不同边界条件下的水锤计算方法。1979 年,M. H. Chaudhry 对水力过渡过程的基本理论、数学模型以及计算方法进行了详细的介绍。1995 年,A. Vardy,J. Brown 研究了非稳定流态下管道摩阻,并运用加权函数法计算了管道瞬态湍流摩阻。2002 年,J. Izquierdo,P. L. Iglesias 在水锤弹性理论的基础上,建立了简单管路系统水力过渡过程数学模型。

2. 国内泵站水锤计算研究现状

2006 年,陈辉提出利用有限元的方法计算水锤方程的思想,对水锤方程的一系列反演理论做了研究。2009 年,王勇将 Brunone 附加摩阻模型与特征线法相结合,建立了该模型的特征方程。研究表明,该模型不仅能准确预测水锤压力波动的峰值,还能精确反映水锤波的衰减过程。2013年,王博对无断流、定点断流和全线断流三种水锤计算模型的精度问题进行了分析研究,综合比较说明,有断流的水锤计算模型更符合水锤的实际情况、计算精度更高、结果更精确。2014年,赵修龙、张健、俞晓东基于有限体积法对水锤方程进行了空间和时间尺度上的积分,并采用隐式的Crank-Nicolson格式对偏微分项进行处理,得到了具有二阶精度和无条件稳定的水锤方程离散格式。2015年,杨帅提出了一种基于一维特征线法和三维计算流体动力学的水锤耦合分析方法。

(三)泵站水锤防护措施研究现状

1.国外泵站水锤防护措施研究现状

1974年,Driels提出了两阶段关阀的调节模式。1987年,M. H. Chaudhry对单向调压塔在水锤防护中的应用进行了研究。1993年,Wylie,Streeter针对单双向调压塔、水锤消除器、气压罐、空气阀、止回阀等水锤防护装置进行了研究。1997年,Stephenson对空气阀在水锤防护中的效果进行了研究。1999年,Lee对气穴泵系统、水力控制阀及空气阀对水锤压力波动的影响进行了研究。

2.国内泵站水锤防护措施研究现状

2011年,林琦、刘志勇、刘梅清对空气阀、单向调压塔联合防护作用进行了研究,研究表明,单纯采用空气阀进行水锤防护,管路正压仍超出规范要求,采用空气阀与单向调压塔联合防护时取得了良好的水锤防护效果。2012年,高将对超压泄压阀和调压塔两种水锤防护措施的结构、工作原理、技术要点、边界条件以及两者的区别进行了分析研究,研究表明,超压泄压阀是防止管道压力过大的有效措施,调压塔既能降低压力管路正压又能消除管路负压。2014年,程谟凯对空气阀与超压泄压阀联合水锤防护作用进行了研究,研究表明,该方法可以有效地防止水锤事故的发生。2015年,周广钰、吴辉明、金喜来等对停泵水锤防护措施进行了研究,研究表明,采用空气阀、两阶段缓闭蝶阀联合防护效果较好。成一雄对水锤防护的工程类和非工程类措施进行了研究,并主要分析了两阶段液控止回阀与进排气阀的水锤防护效果。

三、本章案例主要内容

如何保证供水泵站的安全、经济运行及实现供水泵站的自动化监控已经成为系统运行中的关键性技术问题。本章案例主要内容以辛安泉供水系统中的韩家园泵站为例,应用开发软件对泵站稳态及水力过渡过程进行数值模拟、分析,为实现供水泵站的优化调度、安全运行及自动化系统的开发提供技术支持。

四、本章案例技术路线

技术路线如图5-1所示。

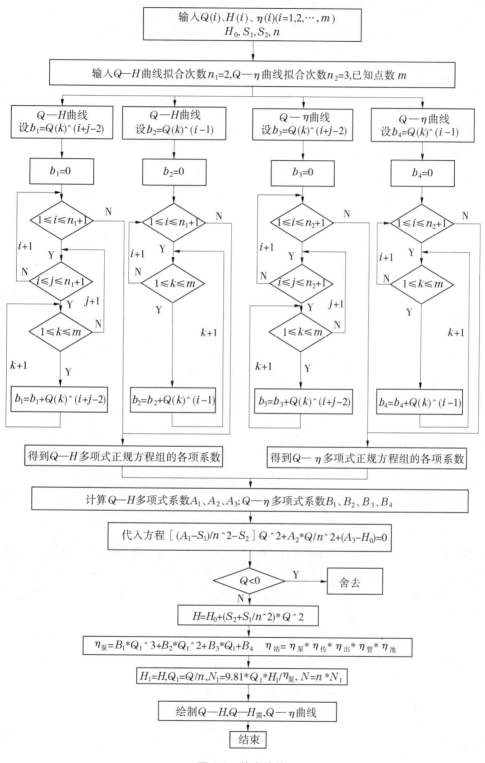

图 5-1 技术路线

第二节　泵站稳态运行数学模型

一、稳态运行概述

(一)稳态概述

稳态,即在一定电力作用下,由电动机带动,水泵以一定的流量、扬程稳定运行的状态。稳态计算的目的是确定水泵稳定运行时的流量、扬程,即水泵的工作点。通过对水泵工作点的分析,可以校核水泵、电机、泵站的运行情况。

(二)水泵工作点调节

泵在实际运行中,为满足供水流量和经济运行要求,需要改变流量、扬程而使水泵工作点发生变化,通常采用的调节方式有节流调节、分流调节、变速调节等五种。

(三)水泵变速调节特性

变速调节时水泵工作点确定示意图如图 5-2 所示。

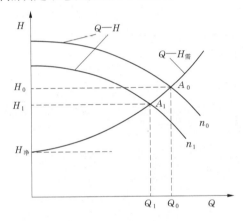

图 5-2　变速调节时水泵工作点确定示意图

变速前水泵转速(额定转速)为 n_0,水泵工作点在点 $A_0(Q_0,H_0)$ 处,变速后水泵转速为 n_1,水泵工作点调节到点 $A_1(Q_1,H_1)$ 处。由图 5-2 可知,变速调节后,若水泵转速大于原转速,则水泵工作点向原工作点的右上方移动;若水泵转速小于原转速,则水泵工作点向原工作点的左下方移动。

在此引入变速比 k ($k=n_1/n_0$,其中:n_1 为变速后水泵的转速;n_0 为变速前水泵的转速,一般为额定转速),根据比利律公式可知:

$$\frac{Q_1}{Q_0} = \frac{n_1}{n_0} = k \tag{5-1}$$

$$\frac{H_1}{H_0} = \left(\frac{n_1}{n_0}\right)^2 = k^2 \tag{5-2}$$

$$\frac{N_1}{N_0} = \left(\frac{n_1}{n_0}\right)^3 = k^3 \tag{5-3}$$

式中：Q_0、H_0、N_0、n_0为变速前（额定状态下）水泵的流量、扬程、有效功率、转速；Q_1、H_1、N_1、n_1为变速后水泵的流量、扬程、有效功率、转速。

二、稳态运行数学模型

复杂水泵运行一般包括水泵向不同出水池供水、进水池水位不同时水泵并联、多台水泵串联、管路中增设加压水泵等工况。

（一）水泵向不同出水池供水运行

以单台水泵定速同时向两个不同水位的出水池运行工况为例，相应工作点确定示意图如图5-3所示。

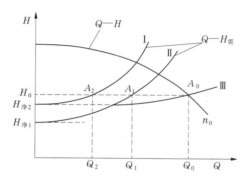

图5-3　向不同水位的出水池供水时水泵工作点确定示意图

如图5-3所示，曲线Ⅰ、Ⅱ分别为不同出水池对应的管路特性曲线，曲线Ⅲ是向两个出水池同时供水的管路特性曲线。曲线Ⅲ是将两条不同出水池对应的特性曲线的横坐标相加，纵坐标保持不变而得到的。从图5-3中可知，向两个出水池同时供水时并联工作点在点 $A_0(Q_0,H_0)$ 处，向水位低的出水池供水的工作点在点 $A_1(Q_1,H_0)$ 处，向水位高的出水池供水的工作点在点 $A_2(Q_2,H_0)$ 处，此时 $Q_0 = Q_1 + Q_2$。

管路特性曲线：

$$H = (h_{出1} - h_{进}) + S_1 Q^2 \tag{5-4}$$

$$H = (h_{出2} - h_{进}) + S_2 Q^2 \tag{5-5}$$

同时，将向不同水位出水池供水的管路特性曲线公式与水泵特性曲线公式联立求解，即可得出水泵运行的工作点 Q_0、H_0。根据 Q_0、H_0，利用式（5-4）、式（5-5），即可求出水泵向不同出水池的供水流量 Q_1、Q_2。

管路效率：

$$\eta_{管i} = (h_{出i} - h_{进})/H_0 \tag{5-6}$$

并联管路的平均效率：

$$\eta_{平均管} = \sum Q_i / \sum Q_i / \eta_{管i} \tag{5-7}$$

泵站效率：

$$\eta_{站} = \eta_{传} \times \eta_{机} \times \eta_{池} \times \eta_{泵} \times \eta_{平均管} \tag{5-8}$$

（二）进水池水位不同时水泵并联运行

以两台同型号水泵定速同时从两个不同水位的进水池向一个出水池供水的运行工况

为例,相应工作点确定示意图如图5-4所示。

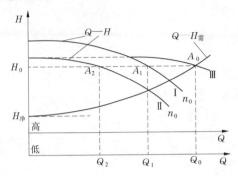

图 5-4　进水池水位不同时水泵工作点确定示意图

如图 5-4 所示,曲线Ⅰ、Ⅱ分别为以不同进水池水位为基线绘出的水泵特性曲线,曲线Ⅲ是向两个进水池同时供水的水泵特性曲线。曲线Ⅲ是将两条不同进水池对应的特性曲线的横坐标相加,纵坐标保持不变而得到的。从图 5-4 中可知,从两个不同水位的进水池同时向一个出水池供水时工作点在点 $A_0(Q_0,H_0)$ 处,进水池水位高的泵工作点在点 $A_1(Q_1,H_0)$ 处,进水池水位低的泵工作点在点 $A_2(Q_2,H_0)$ 处,此时 $Q_0 = Q_1 + Q_2$,相应工作点的求解及泵站相关参数的计算原理同上。

第三节　泵站水力过渡过程数学模型

一、水锤概述

在压力管路中因流速剧烈变化,而在管路中产生一系列剧烈的压力交替变化的水力撞击现象,称为水锤现象。水锤也称为水击或水力过渡过程,现在国内外普遍将泵站管路系统中所发生的多种多样的水锤现象称为泵站管路系统水力过渡过程。

(一)停泵水锤计算的基本理论

本章案例中采用特征线法,对停泵水锤进行数值模拟计算。特征线的原理见图5-5和图5-6。停泵水锤计算的基本理论见水泵及泵站教材。

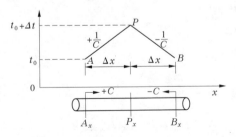

图 5-5　x—t 坐标系中的水锤特征线

假如已知管路上 A 点和 B 点 t_0 时的流量、扬程 Q_A、H_A、Q_B、H_B,则可以求出 $t_0 + \Delta t$ 时的管路 P 点的流量、扬程 Q_P、H_P 值为

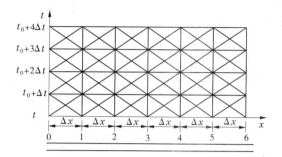

图 5-6　特征线解法网络图

$$Q_P = \frac{1}{2}(C_P + C_n) \tag{5-9}$$

$$H_P = (C_P - Q_P)/C_\alpha = (Q_P - C_n)/C_\alpha$$

其中
$$C_P = Q_A - C_\alpha H_A - C_f Q_A |Q_A| \tag{5-10}$$

$$C_n = Q_B - C_\alpha H_B - C_f Q_B |Q_B| \tag{5-11}$$

而
$$C_\alpha = \frac{gA}{c} \tag{5-12}$$

$$C_f = \frac{f \cdot \Delta t}{2DA} \tag{5-13}$$

由此可知,将整个管路等分为若干段,如图 5-6 所示,当已知各个点的初始状态时的流量、扬程时,可利用式(5-10)、式(5-11)求出后一时段 $t_0 + \Delta t$ 时的流量、扬程。需要注意的是边界点 0 点和 6 点。边界点 0 点需要通过 1 点的负特征方程和边界条件方程联立求解;同理,对边界点 6 点需要通过 5 点的正特征方程和下游的边界条件方程联立求解。求出 0 点和 6 点的流量、扬程,就可以根据特征线法求出管路各点在各个时段的流量、扬程值。

(二)单泵边界条件

水头平衡方程、水泵机组惯性方程等构成了水泵的边界条件。

1. 水泵的全特性曲线

假设这样的方程式:

$$a = \frac{N}{N_R} \quad v = \frac{Q}{Q_R} \quad h = \frac{H}{H_R} \quad m = \frac{M}{M_R} \quad \theta = \arctan\frac{a}{v}$$

式中:下标 R 表示水泵的额定工况。

则可用全特性曲线 $\theta - h/(a^2 + v^2)$ 和 $\theta - m/(a^2 + v^2)$ 来表示水泵的 Q、H、n 和 M 之间的关系,如图 5-7 所示。

现等分 $\theta = 0°$ 到 $\theta = 360°$ 间的曲线,使等分 $\Delta\theta$ 足够小(如 $\Delta\theta = 5°$),此时两点间的曲线就可看成是一条直线,该直线的方程为

$$\frac{h_P}{a_P^2 + v_P^2} = a_1 + a_2 \arctan\frac{a_P}{v_P} \tag{5-14}$$

$$\frac{m_P}{a_P^2 + v_P^2} = a_3 + a_4 \arctan\frac{a_P}{v_P} \tag{5-15}$$

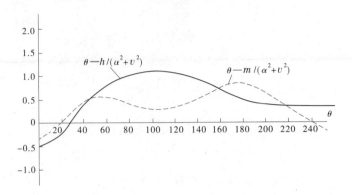

图 5-7 水泵 $n_s = 90\ r/min$ 时的全面特性曲线示意图

式中：a_1, a_2 为扬程特性直线方程中的常数；a_3, a_4 为转矩特性直线方程中的常数。

2. 水泵机组惯性方程

事故停泵后，减速转矩为

$$M = -J\frac{d\omega}{dt} = -\frac{2\pi WR^2}{60g}\frac{dn}{dt} = -\frac{\pi GD^2}{120g}\frac{dn}{dt} \tag{5-16}$$

式中：J 为水泵的惯性矩；ω 为水泵转动的角速度；$WR^2(GD^2)$ 为水泵机组的转动惯量。

将转速 n 和转矩 M 分别用相对值 a 和 m 代替，m 值采用时段 Δt 的平均值，则式(5-16)可转变为有限差微分形式：

$$\frac{a_P - a}{\Delta t} = \frac{-120gM_g}{\pi GD^2 n_g} \tag{5-17}$$

简写式(5-17)得

$$a_P = a + C_6(m_P + m) \tag{5-18}$$

而

$$C_6 = -187.2\frac{M_g\Delta t}{GD^2 n_g} \tag{5-19}$$

注意 GD^2 的单位是 $kg \cdot m^2$，公式中带有下标 P 的字母表示 Δt 时段末的未知值，没有下标的表示前一时段的已知值。

3. 水泵出口处特性方程式

水泵出口处方程为负水锤特征方程：

$$Q_P = C_n + C_\alpha H_P \tag{5-20}$$

对式(5-17)~式(5-20)四个公式进行联立求解，经过整理变换后，可消去两个未知数，从而推导出下列两个方程式（以下水面为基线）：

$$F_1 = C_\alpha a_1 H_R(a_P^2 + v_P^2) + C_\alpha a_2 H_R(a_P^2 + v_P^2)\arctan\frac{a_P}{v_P} - Q_R v_P + C_n = 0 \tag{5-21}$$

$$F_2 = a_P - C_6 a_3(a_P^2 + v_P^2) - C_6 a_4(a_P^2 + v_P^2)\arctan\frac{a_P}{v_P} - a - C_6 m = 0 \tag{5-22}$$

对式(5-21)、式(5-22)进行联合求解，可得到 a_P, H_P 值。求解方法采用迭代法，即先假定两个初始值 a_P^0, v_P^0 为近似解，可知精确解可写为

$$\left.\begin{aligned} a_P^{(1)} &= a_P^0 + da_P \\ v_P^{(1)} &= v_P^0 + dv_P \end{aligned}\right\} \tag{5-23}$$

式(5-23)中 da_P, dv_P 可用多元的泰勒级数展开,并取其线形项求得,即

$$da_P = \frac{F_2 \dfrac{\partial F_1}{\partial v_P} - F_1 \dfrac{\partial F_2}{\partial v_P}}{\dfrac{\partial F_1}{\partial a_P} \cdot \dfrac{\partial F_2}{\partial v_P} - \dfrac{\partial F_1}{\partial v_P} \cdot \dfrac{\partial F_2}{\partial a_P}} \tag{5-24}$$

$$dv_P = \frac{F_1 \dfrac{\partial F_2}{\partial a_P} - F_2 \dfrac{\partial F_1}{\partial a_P}}{\dfrac{\partial F_1}{\partial a_P} \cdot \dfrac{\partial F_2}{\partial v_P} - \dfrac{\partial F_1}{\partial v_P} \cdot \dfrac{\partial F_2}{\partial a_P}} \tag{5-25}$$

　　求解出来的 da_P、dv_P 如果小于规定的精度值如 0.001,那么可以认为 $a_P^{(1)}$, $v_P^{(1)}$ 是方程组的精确解;如果求出的数值大于精度值,则还要继续计算,可令 $a_P^{(1)}$, $v_P^{(1)}$ 为初始值,重新进行迭代计算,即

$$\left.\begin{aligned} a_P^{(2)} &= a_P^{(1)} + da_P \\ a_P^{(2)} &= v_P^{(1)} + dv_P \end{aligned}\right\} \tag{5-26}$$

如此反复迭代计算,直至求出 da_P, dv_P 小于规定的精度值。

　　求解出 a_P, v_P 值后,就可以求出泵出口处在各个时段的 H_P, Q_P 值,然后利用特征线法就可以求出管道中其他断面的流量和扬程。

二、不同型号泵并联时的边界条件

　　随着科学技术的进步,供水工程中越来越多地出现不同型号水泵并联运行供水的现象。在计算不同型号泵并联运行工况时水锤的过程中,边界条件可采用与单泵工况时类似的确定方法。需要注意的是,对于不同型号泵并联运行工况,每一条并联管道都有一个相对应的水头平衡方程,事故停泵后每一台水泵都有一个相应的惯性方程。因此,未知量的个数可由并联水泵的台数和事故停泵的台数来确定。

　　如图 5-8 所示,1#泵为大泵,2#泵为小泵。水泵出口处的边界条件由各水泵的水头平衡方程、惯性方程组成。然后和负特征方程以及水流的连续方程联立求解,可求出事故停泵管道中的流量扬程变化值。

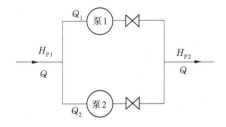

图 5-8　不同型号水泵并联示意图

(一)水头平衡方程

各台水泵的水头平衡方程如下:

$$1^{\#}、2^{\#} 泵 \qquad \left.\begin{array}{l} H_1 = H_{P1} - H_S + \Delta H_{v1} \\ H_2 = H_{P1} - H_S + \Delta H_{v2} \end{array}\right\} \tag{5-27}$$

式中:H_1 为 $1^{\#}$ 泵的工作扬程;H_2 为 $2^{\#}$ 泵的工作扬程;H_{P1} 为管路并联处水头;H_S 为进水池水位在基准面以上高度;ΔH_{v1} 为 $1^{\#}$ 蝶阀水头损失;ΔH_{v2} 为 $2^{\#}$ 蝶阀水头损失。

蝶阀的水头损失计算公式为

$$\left.\begin{array}{l} \Delta H_{v1} = C_{v1} Q_{R1}^2 v_{P1} \left| v_{P1} \right| \\ \Delta H_{v2} = C_{v2} Q_{R2}^2 v_{P2} \left| v_{P2} \right| \end{array}\right\} \tag{5-28}$$

式中:C_{v1} 为 $1^{\#}$ 阀门的水头损失系数;Q_{R1} 为 $1^{\#}$ 水泵的额定流量;C_{v2} 为 $2^{\#}$ 阀门的水头损失系数;Q_{R2} 为 $2^{\#}$ 水泵的额定流量。

(二)水泵机组的惯性方程

事故停泵后,由于惯性的作用水泵机组会继续旋转,惯性方程为

$$M = -\frac{\overline{G}D^2}{375} \frac{\mathrm{d}n}{\mathrm{d}t} \tag{5-29}$$

式中:$\overline{G}D^2$ 为水泵机组的转动惯量。

引入无量纲转矩 $\beta = M/M_R$,M_R 为额定转矩,取微小的时间间隔积分 Δt 和无量纲转速 a,可以得到以下形式的有限差分方程:

$$a_P = a + C_6(\beta_P + \beta) \tag{5-30}$$

其中

$$C_6 = -\frac{15M_R \Delta t}{\pi \overline{W}R^2 n_R} \quad (\overline{W}R^2 = \overline{G}D^2/4) \tag{5-31}$$

将全特性曲线转矩方程式,可得到 $1^{\#}$、$2^{\#}$ 泵的惯性方程式:

$$1^{\#} 泵: \quad F_3 = a_{P1} - C_1 \left[a_{13} + a_{14} \operatorname{arccot}\left(\frac{a_{P1}}{v_{P1}}\right) \right] (a_{P1}^2 + v_{P1}^2) - C_1 \beta_2 - a_1 = 0 \tag{5-32}$$

$$2^{\#} 泵: \quad F_4 = a_{P2} - C_2 \left[a_{23} + a_{24} \operatorname{arccot}\left(\frac{a_{P2}}{v_{P2}}\right) \right] (a_{P2}^2 + v_{P2}^2) - C_2 \beta_2 - a_2 = 0 \tag{5-33}$$

式中:a_{13}、a_{14} 为 $1^{\#}$ 水泵转矩方程中的常数项;a_{23}、a_{24} 为 $2^{\#}$ 水泵转矩方程中的常数项。

(三)相连管道的负特征方程

$$Q_{P1} = C_n + C_a H_{P1} \tag{5-34}$$

(四)水流连续方程

引入无量纲流速 v,根据水流的连续性原理,可以得到:

$$Q_{P1} = Q_{R1} v_{P1} + Q_{R2} v_{P2} \tag{5-35}$$

根据水泵的瞬态扬程等于无量纲扬程与水泵额定扬程乘积,即 $H = H_R \cdot h$,可以用下式表示出水泵的瞬态工作扬程:

$$H_1 = \left[a_{11} + a_{12}\operatorname{arccot}\left(\frac{a_{P1}}{v_{P1}}\right) \right](a_{P1}^2 + v_{P1}^2)H_{R1}$$

$$H_2 = \left[a_{21} + a_{22}\operatorname{arccot}\left(\frac{a_{P2}}{v_{P2}}\right) \right](a_{P2}^2 + v_{P2}^2)H_{R2}$$

$$(5\text{-}36)$$

可以得到下列各水泵的水头平衡方程：

1# 泵：
$$F_1 = Q_{R1}v_{P1} + Q_{R2}v_{P2} + C_a C_{v1} Q_{R1}^2 v_{P1} \mid v_{P1} \mid -$$
$$C_a H_{R1}\left[a_{11} + a_{12}\operatorname{arccot}\left(\frac{a_{P1}}{v_{P1}}\right) \right](a_{P1}^2 + v_{P1}^2) - C_a H_S - C_n = 0 \quad (5\text{-}37)$$

2# 泵：
$$F_2 = Q_{R1}v_{P1} + Q_{R2}v_{P2} + C_a C_{v2} Q_{R2}^2 v_{P2} \mid v_{P2} \mid -$$
$$C_a H_{R2}\left[a_{21} + a_{22}\operatorname{arccot}\left(\frac{a_{P2}}{v_{P2}}\right) \right](a_{P2}^2 + v_{P2}^2) - C_a H_S - C_n = 0 \quad (5\text{-}38)$$

式中：a_{11}、a_{12} 为 1# 泵扬程直线方程中的常数；a_{21}、a_{22} 为 2# 泵扬程直线方程中的常数；a_{P1}、v_{P1} 为 1# 泵转速和流量相对值；a_{P2}、v_{P2} 为 2# 泵转速和流量相对值。

式（5-37）、式（5-38）是一组关于的 a,v 的非线性方程组。

（五）并联边界条件方程求解

如果两台水泵同时事故停泵，联立求解方程式（5-32）、式（5-33）、式（5-37）、式（5-38），方程组有四个未知量 a_{P1}、v_{P1}、a_{P2}、v_{P2}，可求出唯一确定的解。下面用牛顿－莱福笙迭代法求解。将上述四个方程写成以下迭代求解的矩阵形式：

$$\begin{bmatrix} \frac{\partial F_1}{\partial a_{P1}} & \frac{\partial F_1}{\partial a_{P2}} & \frac{\partial F_1}{\partial v_{P1}} & \frac{\partial F_1}{\partial v_{P2}} \\ \frac{\partial F_2}{\partial a_{P1}} & \frac{\partial F_2}{\partial a_{P2}} & \frac{\partial F_2}{\partial v_{P1}} & \frac{\partial F_2}{\partial v_{P2}} \\ \frac{\partial F_3}{\partial a_{P1}} & \frac{\partial F_3}{\partial a_{P2}} & \frac{\partial F_3}{\partial v_{P1}} & \frac{\partial F_3}{\partial v_{P2}} \\ \frac{\partial F_4}{\partial a_{P1}} & \frac{\partial F_4}{\partial a_{P2}} & \frac{\partial F_4}{\partial v_{P1}} & \frac{\partial F_4}{\partial v_{P2}} \end{bmatrix} \begin{bmatrix} \mathrm{d}a_{P1} \\ \mathrm{d}a_{P2} \\ \mathrm{d}v_{P1} \\ \mathrm{d}v_{P2} \end{bmatrix} = \begin{bmatrix} -F_1 \\ -F_2 \\ -F_3 \\ -F_4 \end{bmatrix} \quad (5\text{-}39)$$

其中：

$$\frac{\partial F_1}{\partial a_{P1}} = -2C_a H_{R1}\left[a_{11} + a_{12}\operatorname{arccot}\left(\frac{a_{P1}}{v_{P1}}\right) \right]a_{P1} - C_a H_{R1} a_{12} v_{P1}$$

$$\frac{\partial F_1}{\partial a_{P2}} = 0$$

$$\frac{\partial F_1}{\partial v_{P1}} = Q_{R1} - 2C_a H_{R1}\left[a_{11} + a_{12}\operatorname{arccot}\left(\frac{a_{P1}}{v_{P1}}\right) \right]v_{P1} +$$
$$C_a a_{12} H_{R1} a_{P1} + 2C_a C_{v1} Q_{R1}^2 \mid v_{P1} \mid$$

$$\frac{\partial F_1}{\partial v_{P2}} = Q_{R2}$$

$$(5\text{-}40)$$

$$\frac{\partial F_2}{\partial a_{P1}} = 0$$

$$\frac{\partial F_2}{\partial a_{P2}} = -2C_a H_{R2} \left[a_{21} + a_{22} \operatorname{arccot}(\frac{a_{P2}}{v_{P2}}) \right] a_{P2} - C_a H_{R2} a_{22} v_{P2}$$

$$\frac{\partial F_2}{\partial v_{P1}} = Q_{R1} \tag{5-41}$$

$$\frac{\partial F_2}{\partial v_{P2}} = Q_{R2} - 2C_a H_{R2} \left[a_{21} + a_{22} \operatorname{arccot}(\frac{a_{P2}}{v_{P2}}) \right] v_{P2} +$$

$$\qquad C_a a_{22} H_{R2} a_{P2} + 2C_a C_{v2} Q_{R2}^2 |v_{P2}|$$

$$\frac{\partial F_3}{\partial a_{P1}} = 1 - 2C_{61} \left[a_{13} + a_{14} \operatorname{arccot}(\frac{a_{P1}}{v_{P1}}) \right] a_{P1} - C_{61} a_{14} v_{P1}$$

$$\frac{\partial F_3}{\partial a_{P2}} = 0$$

$$\frac{\partial F_3}{\partial v_{P1}} = -2C_{61} \left[a_{13} + a_{14} \operatorname{arccot}(\frac{a_{P1}}{v_{P1}}) \right] v_{P1} + C_{61} a_{14} a_{P1} \tag{5-42}$$

$$\frac{\partial F_3}{\partial v_{P2}} = 0$$

$$\frac{\partial F_4}{\partial a_{P1}} = 0$$

$$\frac{\partial F_4}{\partial a_{P2}} = 1 - 2C_{62} \left[a_{23} + a_{24} \operatorname{arccot}(\frac{a_{P2}}{v_{P2}}) \right] a_{P1} - C_{62} a_{24} v_{P2}$$

$$\frac{\partial F_4}{\partial v_{P1}} = 0 \tag{5-43}$$

$$\frac{\partial F_4}{\partial v_{P2}} = -2C_{62} \left[a_{23} + a_{24} \operatorname{arccot}(\frac{a_{P2}}{v_{P2}}) \right] v_{P2} + C_{62} a_{24} a_{P2}$$

求解步骤如下所示：

（1）假设初始值 da_{P2}、da_{P2}、dv_{P1}、dv_{P2}，除稳态开始的第一时段外，每一时段的初值等于前一时段的值加上该时段的增值。

（2）计算出方程中的常数项。

（3）由假设的初始值确定 $\theta(\theta = \operatorname{arccot}\frac{a_P}{v_P})$，求扬程和转矩直线方程中的常数项。

（4）将假设的瞬态值代入式（5-32）、式（5-33）、式（5-37）、式（5-38），求出 F_1、F_2、F_3、F_4 以及式（5-39）中的各个系数项 $\frac{\partial F_1}{\partial a_{P1}}$、$\frac{\partial F_1}{\partial a_{P2}}$、$\frac{\partial F_1}{\partial v_{P1}}$、$\frac{\partial F_1}{\partial v_{P2}}$ …。

（5）采用高斯列主元素消去法求式（5-39）中 da_{P1}、da_{P2}、dv_{P1}、dv_{P2} 各增量。

（6）将设定瞬态参量与求得的各瞬态增量相加求其代数和，得到更逼近于方程解的各瞬态参量，转向步骤（3）开始重新迭代计算，直到 $|da_{P1}| \leqslant \varepsilon$、$|da_{P2}| \leqslant \varepsilon$、$|dv_{P1}| \leqslant \varepsilon$、$|dv_{P2}| \leqslant \varepsilon$（$\varepsilon$ 为允许的计算误差），这时所求的 da_{P1}、da_{P2}、dv_{P1}、dv_{P2} 一定满足要求的精确

度,从而可以解出各水泵的流量和扬程值。

第四节　供水系统水锤数值模拟初始条件及边界条件的建立

一、初始条件

同型号水泵定速运行时初始条件包括水泵的流量 Q、扬程 H、效率 η、台数 $N_台$ 等水力要素。同型号水泵变速运行时初始条件包括在不同变速比下不同水泵的流量 Q_{ki}、扬程 H_{kj}、效率 η_{kj}、台数 $N_{台ki}$ 等水力要素。

二、水泵边界条件

本章案例主要研究同型号水泵定速及不同型号水泵定速运行工况下的停泵水锤计算。根据本章第三节的论述可知,利用水泵的边界条件和水泵出口(0 断面)的负特征线方程即可求解水泵出口(0 断面)的水力参数值,如图 5-9 所示。边界条件论述如下。

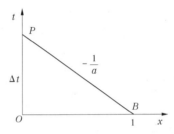

图 5-9　断面水锤求解示意图

(一)水泵无量纲相似特性

泵的特性包括流量 Q、扬程 H、转速 N、轴力矩 M。在流量 Q、转速 N 一定的情况下,扬程 H、轴力矩 M 可以由水泵特性求出。泵的轴力矩 M、轴功率 $N_轴$、角速度 ω 存在以下关系:

$$M = \frac{N_轴}{\omega} = \frac{N_轴}{\pi N/30} \qquad (5\text{-}44)$$

再根据水泵的变速特性可以推出以下相似关系:

$$\frac{Q_1}{Q_2} = \frac{n_1}{n_2} \qquad \frac{H_1}{H_2} = \left(\frac{n_1}{n_2}\right)^2 \qquad \frac{M_1}{M_2} = \left(\frac{n_1}{n_2}\right)^2 \qquad (5\text{-}45)$$

无量纲形式:

$$q = \frac{Q}{Q_0} \qquad h = \frac{H}{H_0} \qquad m = \frac{M}{M_0} \qquad n = \frac{N}{N_0} \qquad (5\text{-}46)$$

则式(5-45)可转化为

$$\frac{q}{n} = C_1 \qquad \frac{h}{n^2} = C_2 \qquad \frac{m}{n^2} = C_3 \qquad (5\text{-}47)$$

以 C_1 为横坐标,C_2、C_3 分别为纵坐标,绘制曲线即可得到不同转速下 $H—Q$ 的关系曲线以及 $M—Q$ 的关系曲线。但由于在水锤发生过程中存在 $q = 0$ 或 $n = 0$ 的情况,Suter、Marchal、Flesh 提出了相应的变换,即

$$WH(x) = \frac{h}{q^2 + n^2} \qquad (5\text{-}48)$$

$$WB(x) = \frac{m}{q^2 + n^2} \qquad (5\text{-}49)$$

将水泵全特性曲线的四个象限每隔一定角度进行等分,则每条分角射线上各点均满足 $\tan x = \dfrac{q}{n} = \text{const}$,即

$$x = \pi + \arctan \frac{n}{q} \tag{5-50}$$

式(5-48)～式(5-50)对除 $q = n = 0$ 外的实数都成立,以 x 为横坐标,WH、WB 为纵坐标,在 $x = 0 \sim 2\pi$ 范围内即可绘出水泵的无量纲全特性曲线。

根据已知两点 x_i、x_{i+1} 的 $WH(x_i)$、$WH(x_{i+1})$、$WB(x_i)$、$WB(x_{i+1})$,用线性插值法求中间某点 x 对应的 $WH(x)$、$WB(x)$。

$$WH(x) = \frac{WH(x_{i+1}) - WH(x_i)}{x_{i+1} - x_i}(x - x_i) + WH(x_i) \tag{5-51}$$

$$WB(x) = \frac{WB(x_{i+1}) - WB(x_i)}{x_{i+1} - x_i}(x - x_i) + WB(x_i) \tag{5-52}$$

则

$$h_{\text{P}} = (q_{\text{P}}^2 + n_{\text{P}}^2)WH(x_{\text{P}}) \tag{5-53}$$

$$m_{\text{P}} = (q_{\text{P}}^2 + n_{\text{P}}^2)WB(x_{\text{P}}) \tag{5-54}$$

$$x_{\text{P}} = \pi + \arctan \frac{n_{\text{P}}}{q_{\text{P}}} \tag{5-55}$$

(二)机组转动方程

机组转动方程为

$$J\frac{\mathrm{d}\omega}{\mathrm{d}t} = Mg - M \tag{5-56}$$

停泵水锤发生时,电机转矩 $Mg = 0$,则式(5-56)化简为

$$J\frac{\mathrm{d}\omega}{\mathrm{d}t} = -M \tag{5-57}$$

$$J\frac{\omega_0^2}{N_{\text{轴}}}\frac{\mathrm{d}n}{\mathrm{d}t} = -m \tag{5-58}$$

对式(5-58)进行积分,化简得:

$$n = n_{t0} - \frac{N_{\text{轴}}}{J\omega_0^2}\int_{t0}^{t} m\mathrm{d}t \tag{5-59}$$

将 m 在 $t = t_0$($\Delta t = t - t_0$)时用泰勒级数展开,并代入式(5-59)且采用二阶近似得

$$n = n_{t0} - \frac{N_{\text{轴}}\Delta t}{J\omega_0^2}\left(m_{t0} + \frac{m_{t0}}{2}\Delta t\right) \tag{5-60}$$

$$n = n_{t0} - \frac{N_{\text{轴}}\Delta t}{J\omega_0^2}(m_{t0} + m) \tag{5-61}$$

式中:J 为机组转动惯量,kg·m²;ω_0 为水泵额定状态下的角速度,rad/s;n_{t0}、m_{t0} 为 t_0 时刻的 n、m 值。

式(5-61)即为机组转动基本方程。

$$n_{\text{P}} = n_{t0} - \frac{N_{\text{轴}}\Delta t}{2J\omega_0^2}(m_{t0} + m_{\text{P}}) \tag{5-62}$$

(三)水泵出口负特征线方程

水泵出口负特征线方程为

$$Q_P - \frac{gA}{a}H_P = Q_1 - \frac{gA}{a}H_1 - \frac{fQ_1|Q_1|}{2DA}\Delta t \tag{5-63}$$

$$n_P Q_0 - \frac{gA}{a}h_P H_0 = Q_1 - \frac{gA}{a}H_1 - \frac{fQ_1|Q_1|}{2DA}\Delta t \tag{5-64}$$

式中:Q_1、H_1 为 t_0 时刻 1 断面的水力参数值。

(四)水力参数求解

联立式(5-52)、式(5-54)、式(5-64)并化简得:

$$R_1 = n_P Q_0 - \frac{gA}{a}(q_P^2 + n_P^2)WH\left(\pi + \arctan\frac{n_P}{q_P}\right)H_0 - Q_1 + \frac{gA}{a}H_1 + \frac{fQ_1|Q_1|}{2DA}\Delta t = 0 \tag{5-65}$$

联立式(5-53)、式(5-54)、式(5-61)并化简得:

$$R_2 = n_P - n_{t0} + \frac{N_{轴}\Delta t}{2J\omega_0^2}\left[m_{t0} + (q_P^2 + n_P^2)WB\left(\pi + \arctan\frac{n_P}{q_P}\right)\right] = 0 \tag{5-66}$$

在式(5-65)、式(5-66)中只有 n_P、q_P 两个未知数,联立式(5-65)、式(5-66)即可求出 n_P、q_P,然后可求出 N_P、Q_P、H_P(无阀情况下水泵流量、扬程即为 0 断面流量、扬程,下同)。依次将不同时刻的 N_P、Q_P、H_P 代入特征线方程即可求出不同断面在不同时刻的 Q、H 值。

(五)出水池边界条件

利用出水池的边界条件和管路出口断面(末断面)的正特征线方程即可求解管路出口断面(末断面)的水力参数值,如图 5-10 所示。

出水池水位作为一个固定值来考虑,因此出水池边界条件为

$$H_P = H_{出} \tag{5-67}$$

$n+1$ 断面正特征线方程为

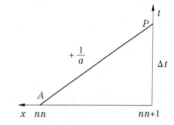

图 5-10　末断面水锤求解示意图

$$Q_P + \frac{gA}{a}H_P = Q_A + \frac{gA}{a}H_A - \frac{fQ_A|Q_A|}{2DA}\Delta t \tag{5-68}$$

将式(5-67)代入式(5-68)可求得:

$$Q_P = -\frac{gA}{a}H_{出} + Q_A + \frac{gA}{a}H_A - \frac{fQ_A|Q_A|}{2DA}\Delta t \tag{5-69}$$

由式(5-67)、式(5-69)可求得不同时刻时末断面的水力参数 Q、H。

三、不同水锤防护措施的边界条件及数学模型

对于已建成的供水泵站工程,采用工程类措施进行水锤防护往往由于场地限制、技术难度高、费用昂贵等而搁浅,采用非工程类措施防护水锤具有很多优势。目前,常用的非工程类防护措施有水锤消除器、液控蝶阀、缓闭止回阀、自闭式阀门、超压泄压阀、防爆膜、进排气阀、空气罐等。本章主要探讨液控蝶阀、超压泄压阀、进排气阀三种水锤防护措施。

（一）液控蝶阀边界条件及数学模型

蝶阀又称翻板阀,是一种结构简单的调节阀,一般安装在水泵出口处。在停泵水锤发生时,通过调节蝶阀快关、慢关的关闭规律,来避免或减少水倒流、水泵倒转以及防止产生过大水锤压力。蝶阀的口径一般为水泵出口直径,液控蝶阀是蝶阀的一种。液控蝶阀通过液压系统控制阀门的关闭规律,并以可控性好、调节范围大、适应性强、水锤防护效果好等优点,在实际工程中得到广泛应用。

1.液控蝶阀关闭特性

液控蝶阀两阶段关闭示意图如图 5-11 所示。液控蝶阀第一阶段关闭时间为 T_1,第一阶段关闭角度为 θ_1;液控蝶阀第二阶段关闭时间为 T_2,第二阶段关闭角度为 θ_2。液控蝶阀两阶段关闭特性如下:

$$\theta = \begin{cases} \dfrac{\theta_1}{T_1} \times t & (0 \leqslant t \leqslant T_1) \\ \theta_1 + \dfrac{\theta_2}{T_2} \times (t - T_1) & (T_1 < t \leqslant T_1 + T_2) \\ \theta_1 + \theta_2 = 90° & (t > T_1 + T_2) \end{cases} \tag{5-70}$$

液控蝶阀三阶段关闭示意图如图 5-12 所示。液控蝶阀第一阶段关闭时间为 T_1,第一阶段关闭角度为 θ_1;液控蝶阀第二阶段关闭时间为 T_2,第二阶段关闭角度为 θ_2;液控蝶阀第三阶段关闭时间为 T_3,第三阶段关闭角度为 θ_3。液控蝶阀三阶段关闭特性如下:

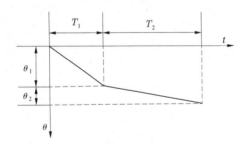

图 5-11　液控蝶阀两阶段关闭示意图　　　　图 5-12　液控蝶阀三阶段关闭示意图

$$\theta = \begin{cases} \dfrac{\theta_1}{T_1} \times t & (0 \leqslant t \leqslant T_1) \\ \theta_1 + \dfrac{\theta_2}{T_2} \times (t - T_1) & (T_1 < t \leqslant T_1 + T_2) \\ \theta_1 + \theta_2 + \dfrac{\theta_3}{T_3} \times (t - T_1 - T_2) & (T_1 + T_2 < t \leqslant T_1 + T_2 + T_3) \\ \theta_1 + \theta_2 + \theta_3 = 90° & (t > T_1 + T_2 + T_3) \end{cases} \tag{5-71}$$

2.液控蝶阀阻力系数及水头损失

液控蝶阀在不同关闭角度下都对应一个阻力系数,根据已知三组数据 $(\theta_{i-1}, \zeta_{i-1})$、$(\theta_i, \zeta_i)$、$(\theta_{i+1}, \zeta_{i+1})$,利用二次插值法可求区间 $[\theta_{i-1}, \theta_{i+1}]$ $(i \geqslant 1)$ 中任意关闭角度 θ 下的阻力系数 $\zeta_2(\theta)$。

$$l_{\zeta i-1}(\theta) = \frac{(\theta - \theta_i)(\theta - \theta_{i+1})}{(\theta_{i-1} - \theta_i)(\theta_{i-1} - \theta_{i+1})} \tag{5-72}$$

$$\zeta_2(\theta) = \sum_{i=1}^{3} \zeta_{i-1} l_{\zeta i-1}(\theta) \tag{5-73}$$

同理,可求得任意关闭角度 θ 下的阀门断面面积 $A_2(\theta)$。

$$A_2(\theta) = \sum_{i=1}^{3} A_{i-1} l_{Ai-1}(\theta) \tag{5-74}$$

不同关闭角度下蝶阀的水头损失为

$$\Delta H_{\mathrm{P}} = \zeta_2(\theta) \frac{vP^2}{2g} = \zeta_2(\theta) \frac{|Q_{\mathrm{P}}|Q_{\mathrm{P}}}{2gA_2(\theta)^2} \tag{5-75}$$

式中:ΔH_{P} 为液控蝶阀的水头损失,m。

3. 水泵水头平衡方程

$$H_{\mathrm{P0}} = H_{\mathrm{S}} + H_{\mathrm{P}} - \Delta H_{\mathrm{P}} = H_{\mathrm{S}} + H_{\mathrm{P}} - \zeta_2(\theta) \frac{|Q_{\mathrm{P}}|Q_{\mathrm{P}}}{2gA_2(\theta)^2} \tag{5-76}$$

$$Q_{\mathrm{P0}} = Q_{\mathrm{P}} \tag{5-77}$$

式中:H_{P0} 为该时刻末 0 断面扬程,m;Q_{P0} 为该时刻末 0 断面流量,m^3/s;H_{S} 为进水池水面在基准面以上高度,m;H_{P} 为该时刻末水泵扬程,m。

4. 负特征线方程及求解

0 断面负特征线方程:

$$Q_{\mathrm{P0}} - \frac{gA}{a} H_{\mathrm{P0}} = Q_1 - \frac{gA}{a} H_1 - \frac{fQ_1|Q_1|}{2DA} \Delta t \tag{5-78}$$

将式(5-53)、式(5-55)、式(5-56)、式(5-76)、式(5-77)、式(5-78)联立可求得 n_{P}、q_{P},进而可求得 Q_{P}、H_{P}、N_{P}、Q_{P0}、H_{P0}。

5. 液控蝶阀完全关闭状态

当液控蝶阀完全关闭后,$\theta = 90°$,水泵 $q_{\mathrm{P}} = 0$,则 $x_{\mathrm{P}} = \pi + \mathrm{arccot}\dfrac{q_{\mathrm{P}}}{n_{\mathrm{P}}} = 90°$ 或 $207°$。若 $n_{\mathrm{P}} > 0$,则 $x_{\mathrm{P}} = 90°$;若 $n_{\mathrm{P}} < 0$,则 $x_{\mathrm{P}} = 270°$。

联立式(5-33)、式(5-54)、式(5-62)化简求得 n_{P}、h_{P}、m_{P}:

$$n_{\mathrm{P}} = \frac{-1 + \sqrt{1 - \dfrac{2N_{\text{轴}}\Delta t}{j\omega_0} WB(x_{\mathrm{P}}) \left(\dfrac{N_{\text{轴}}\Delta t}{2J\omega_0}\right) m_{t0} - n_{t0}}}{\dfrac{N_{\text{轴}}\Delta t}{J\omega_0} WB(x_{\mathrm{P}})} \tag{5-79}$$

$$h_{\mathrm{P}} = WH(x_{\mathrm{P}}) n_{\mathrm{P}}^2 \tag{5-80}$$

$$m_{\mathrm{P}} = WB(x_{\mathrm{P}}) n_{\mathrm{P}}^2 \tag{5-81}$$

(二)进排气阀边界条件及数学模型

1. 进排气阀工作特点及原理

进排气阀是防止水锤发生时产生负压的阀门,当管道内压力低于大气压时,进行补气;当管道内压力高于大气压时,进行排气。按照功能和运行方式可以分为高压微量排气阀、低压高速进排气阀以及复合式进排气阀。进排气阀的选型应遵循"三点三线、区别选型、科学定量、控制流速"的原则,进排气阀安装的位置、口径也需要相应的水力计算。启动水泵时通过进排气阀排出管道原有的气体及液体在流动过程中析出的气体;系统检修或排水时通过进排气阀进行补气;正常运行及水锤发生时进排气阀根据压力、温度变化进行补气、排气。进排气阀工作时一般不允许液体外漏。

2.进排气阀边界条件及数学模型

沿用由 Wylie 和 Streeter 等提出的进排气阀数学模型,该模型有如下假设:①空气是理想气体且等熵地流进流出阀门;②管内空气的变化遵循等温规律;③进入管内的空气留在可以排出的阀附近;④流体表面高度基本不变。

(1)空气以亚声速流入(0.528 3 < $\dfrac{P}{P_a}$ < 1)($\rho_a = P_a/RT_a$)

$$\dot{m} = C_{in}A_{in}\sqrt{7P_a\rho_a\Big[\Big(\dfrac{P}{P_a}\Big)^{1.428\,6} - \Big(\dfrac{P}{P_a}\Big)^{1.714\,3}\Big]} \tag{5-82}$$

(2)空气以临界速度流入($\dfrac{P}{P_a}$ ≤ 0.528 3)

$$\dot{m} = 0.686C_{in}A_{in}\sqrt{P_a\rho_a} \tag{5-83}$$

(3)空气以亚声速流出(1 < $\dfrac{P}{P_a}$ < 1.894)($\rho = P/RT$)

$$\dot{m} = - C_{out}A_{out}\sqrt{7P\rho\Big[\Big(\dfrac{P_a}{P}\Big)^{1.428\,6} - \Big(\dfrac{P_a}{P}\Big)^{1.714\,3}\Big]} \tag{5-84}$$

(4)空气以临界速度流出($\dfrac{P}{P_a}$ ≥ 1.894)

$$\dot{m} = - 0.686C_{out}A_{out}\sqrt{P\rho} \tag{5-85}$$

式中:$\dot{m}$ 为空气质量流量,kg/s;C_{in}、C_{out} 为进气、排气流量系数;A_{in}、A_{out} 为进气、排气面积,m^2;ρ_a、ρ 为大气密度、空穴气体密度,kg/m^3;P_a、P 为管外大气压力、管内绝对压力,Pa;R 为气体常数,取 287.1 J/(kg · K);T_a、T 为管外大气、管内液体(气体)绝对温度,K。

第五节　供水泵站水力特性分析系统软件的开发

根据已建立的相关数学模型及边界条件,利用 Visual Basic 6.0 开发语言、Microsoft SQL Server 2000 数据库,开发供水泵站水力特性分析系统软件,为供水泵站的安全、经济运行及自动化系统的开发提供技术支持。

一、软件功能及主界面

该软件功能主要包括泵站同型号、不同型号水泵在定速或变速工况下的稳态计算,同型号、不同型号水泵在无阀以及液控蝶阀、进排气阀、超压泄压阀等不同水锤防护措施下的水力过渡过程计算,以及数据库的数据连接、备份、还原等。系统主界面及数据库系统界面如图 5-13、图 5-14 所示。

图 5-13　供水泵站水力特性分析
系统主界面

图 5-14　Microsoft SQL Server 2000
数据库系统界面

二、稳态计算模块

稳态计算界面主要包括水泵特性参数录入、水头损失计算、各种工况下稳态计算、各种工况稳态计算结果等。稳态计算界面如图 5-15 所示。

水头损失计算主要是通过录入水泵、管路参数计算各段的沿程水头损失、局部水头损失、进出水支管及出水总管的损失系数 S 的。水头损失计算界面如图 5-16 所示。

图 5-15　稳态计算界面

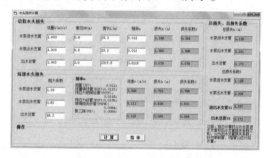

图 5-16　水头损失计算界面

稳态计算时首先选择水泵参数、录入泵站相关参数，然后点击"计算"按钮键进行水泵工作点计算，即可计算出单泵、泵站的水力参数及扬程与流量、效率与流量的拟合系数。同型号水泵定速、同型号水泵变速、不同型号水泵定速、不同型号水泵变速运行等工况稳态计算界面如图 5-17 ~ 图 5-20 所示。软件还可实现计算数据的保存、图形绘制、图形导出等功能，如图 5-21、图 5-22 所示。

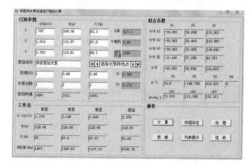

图 5-17　同型号水泵定速运行稳态计算界面　　　图 5-18　同型号水泵变速运行稳态计算界面

同型号水泵变速运行稳态计算可以计算同型号水泵分别在三种、两种、一种变速比下的水泵工作点。

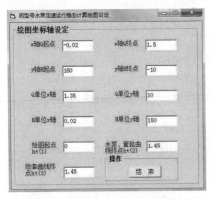

图 5-19　不同型号水泵定速运行稳态计算界面　　　图 5-20　不同型号水泵变速运行稳态计算界面

不同型号水泵变速运行稳态计算可以计算不同型号水泵分别在两种、一种变速比下的水泵工作点。

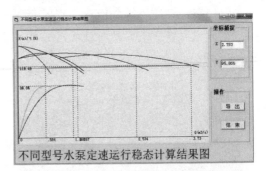

图 5-21　同型号水泵定速绘图设定　　　　　图 5-22　不同型号水泵定速运行
　　　　　　　　　　　　　　　　　　　　　　　　　　　　稳态计算结果图

水力过渡过程计算时首先选择阀门曲线等分点数、水泵比转速，录入泵站管道特性参数、液控蝶阀的关闭时间、关闭角度、进排气阀的进排气系数和超压泄压阀口径、泄压临界值等参数，然后点击"计算"按钮键进行不同水锤防护措施下的水力过渡过程计算，即可求出各水力参数。同/不同型号水泵定速无阀、同/不同型号水泵定速液控蝶阀、同/不同型号水泵定速进排气阀（液控蝶阀加进排气阀）、同/不同型号水泵定速超压泄压阀（液控蝶阀加进排气阀加超压泄压阀）运行等工况的水力过渡过程计算界面如图 5-23 ~ 图 5-30 所示。

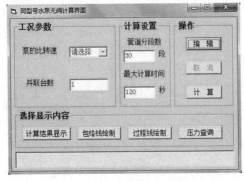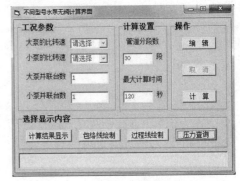

图 5-23　同型号水泵定速无阀运行　　　　　图 5-24　不同型号水泵定速无阀运行
　　　　　水锤计算界面　　　　　　　　　　　　　　　　水锤计算界面

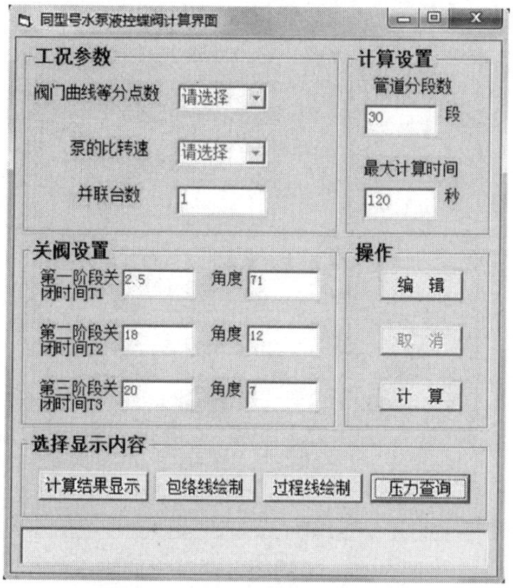

图 5-25　同型号水泵定速液控蝶阀
运行水锤计算界面

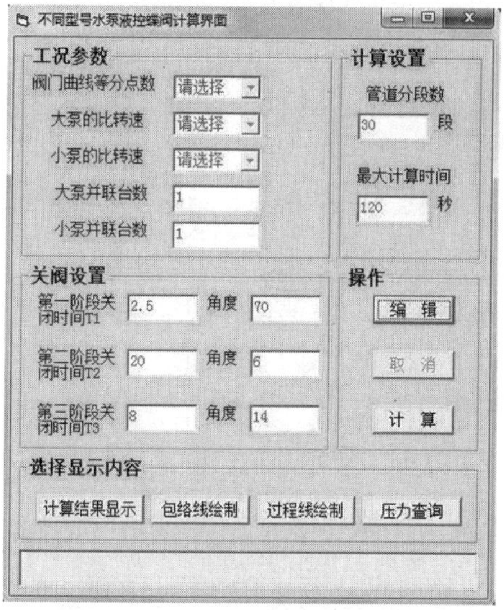

图 5-26　不同型号水泵定速液控蝶阀
运行水锤计算界面

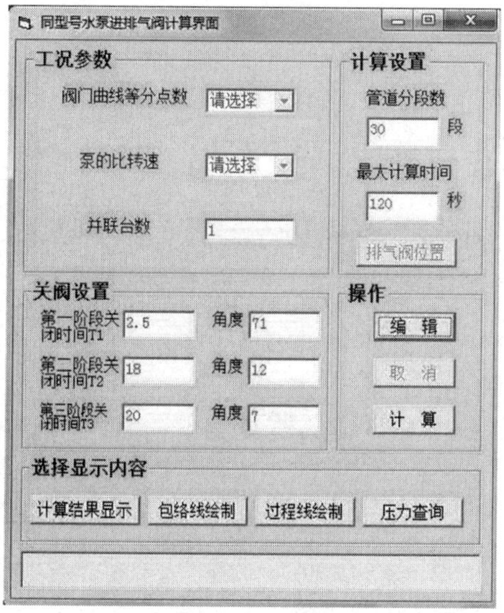

图 5-27　同型号水泵定速进排气阀
运行水锤计算界面

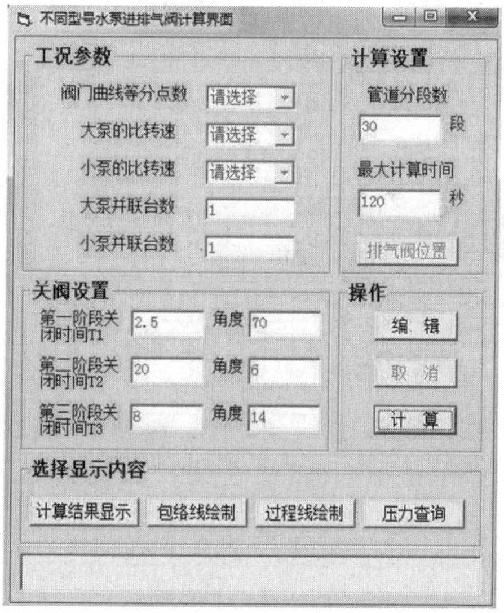

图 5-28　不同型号水泵定速进排气阀
运行水锤计算界面

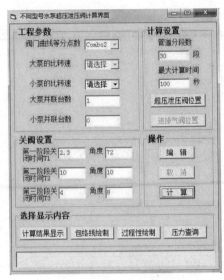

图 5-29　同型号水泵定速超压泄压阀　　　　图 5-30　不同型号水泵定速超压
运行水锤计算界面　　　　　　　　　泄压阀运行水锤计算界面

　　软件在不同计算工况下还可实现计算结果显示、包络线绘制、过程线绘制、压力查询等功能,相应界面如图 5-31 ~ 图 5-34 所示。

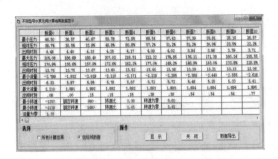

图 5-31　水锤计算结果显示界面

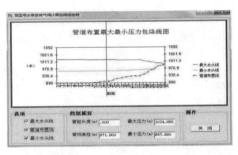

图 5-32　水锤包络线绘制界面

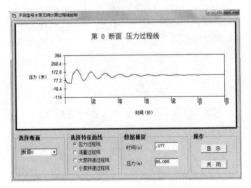

图 5-33　水锤过程线绘制界面

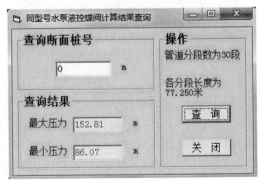

图 5-34　水锤压力查询结果界面

第六节　辛安泉供水系统水力特性分析

一、辛安泉供水系统工程概况

工程的水源位于平顺县北耽车上游的辛安泉水。工程任务是为受水区提供城乡生活、工业和农业灌溉用水。工程输水线路总长约 152.2 km(隧洞长约 18.5 km),主要建筑物有取水建筑物、泵站、隧洞、输水管线、调蓄池、流量调节阀室等。供水系统总干线主要有北耽车、辛安、庄头、韩家园等泵站,供水支线主要有漳泽、天脚、北甘泉等泵站。工程设计引水流量为 5.0 m³/s,年供水量为 1.58 亿 m³,工程等别为Ⅲ等。辛安泉供水系统工程布置示意图如图 5-35 所示。

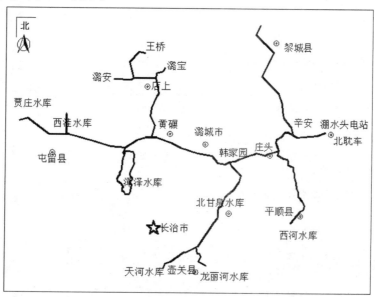

图 5-35　辛安泉供水系统工程布置示意图

限于篇幅,本章案例仅以辛安泉供水系统中的韩家园泵站为例,应用供水泵站水力特性分析系统软件,对其进行数值模拟,为供水泵站的优化调度、水锤防护及自动化系统的开发提供参考。

二、韩家园泵站水力特性分析主要参数

(一)泵站设计参数

韩家园泵站共有 8 台水泵,其中 SLOW300－710BT 型 3 台、SLOW500－1050AT 型 5台,采用单管输水方式,泵站设计参数如下。

1. 泵站主要设备参数

泵站主要设备参数包括电机、水泵、管路、进出水池等参数,如表 5-1 所示。

表 5-1　泵站主要设备参数

项目		小机组(3 台)	大机组(2 + 3 台)	
电机部分	电动机型号	YPT500 – 4 (变频)	YPT710 – 6 (变频)	YKK710 – 6 (工频)
	电动机转动惯量 GD^2 (kg·m²)	60	240	260
	功率(kW)	900	1 800	1 800
	效率(%)	95.2	94.9	94.9
泵站 工程 部分	水泵型号	SLOW300 – 710BT	SLOW500 – 1050 AT	
	额定扬程(m)	127.91	132.57	
	额定流量(m³/s)	0.503(1 810.8 m³/h)	1.003(3 610.8 m³/h)	
	额定转速(r/min)	1 480	980	
	设计净扬程(m)	117.1		
	水泵转动惯量 GD^2 (kg·m²)	6.346	24.43	
	水泵的台数(台)	3	5	
	水泵安装高程(m)	871.90	871.90	
	水泵吸水高度(m)	– 2.3	– 2.3	
	水泵进水支管管材	SP	SP	
	水泵进水支管长度(m)	12.5(2#泵)、16.5(1#、3#泵)	12.0(4#、6#、8#泵)、 15.5(5#、7#泵)	
	水泵进水支管管径(mm)	DN600	DN900	
	水泵出水支管管材	SP	SP	
	水泵出水支管长度(m)	20.1(1#泵)、26.2(2#泵)、 23.4(3#泵)	58.8(4#泵)、46.8(5#泵)、 40.0(6#泵)、28.5(7#泵)、 22.8(8#泵)	
	水泵出水支管管径(mm)	DN500	DN700	
	出水总管管材	PCCP(预应力钢筒混凝土管)		
	出水总管管径(mm)	DN2 000		
	出水总管厚度(mm)	162		
	出水总管长度(m)	2 317.5		
	进水池设计水位(m)	874.2		
	进水池最高水位(m)	875.6		
	出水池最高水位(m)	996.0		
	出水池设计水位(m)	991.3		
	管材糙率	SP:0.012、PCCP: 0.011 5		

2. 水泵特性曲线

泵站共有两种型号水泵,水泵特性曲线如表5-2、表5-3所示。

表 5-2 SLOW300 - 710BT 型水泵特性曲线

流量(m³/s)	扬程(m)	效率(%)	NPSH(m)	转速(r/min)
0.391	136.57	81.1	5.4	
0.503	127.91	86.2	5.8	1 480
0.771	100.82	82.7	6.2	

表 5-3 SLOW500 - 1050AT 型水泵特性曲线

流量(m³/s)	扬程(m)	效率(%)	NPSH(m)	转速(r/min)
0.747	139.36	82.2	5.8	
1.003	132.57	87.6	6.3	980
1.352	115.91	86.2	6.9	

(二)泵站水力特性分析的主要内容

对泵站稳态及水力过渡过程数值模拟、分析的主要工况为:两台小泵、两台大泵和两台小泵、一台大泵和一台小泵等九种工况。

三、韩家园泵站稳态运行数值模拟及分析

(一)泵站稳态运行数值模拟

根据已知泵站相关参数计算泵站进出水支管、出水总管损失系数,大泵进出水支管损失系数 $S_1 = 0.795$,小泵进出水支管损失系数 $S_2 = 3.337$,出水总管损失系数 $S_3 = 0.172$。

(1)四台大泵稳态数值模拟结果见表5-4、图5-36、图5-37。

表 5-4 四台大泵稳态数值模拟结果

特征值	$H_{净1} = 117.1$ m		$H_{净2} = 115.7$ m	
	单泵	泵站	单泵	泵站
流量 Q(m³/s)	1.234	4.936	1.257	5.027
扬程 H(m)	121.29	121.29	120.05	120.05
效率 η(%)	87.34	79.23	87.15	78.89
功率 N(kW)	1 466.74	7 404.70	1 478.55	7 496.81
特征值	$H_{净3} = 120.4$ m		$H_{净4} = 121.8$ m	
	单泵	泵站	单泵	泵站
流量 Q(m³/s)	1.177	4.709	1.152	4.608
扬程 H(m)	124.21	124.21	125.46	125.45
效率 η(%)	87.71	79.97	87.82	80.24
功率 N(kW)	1 433.15	7 168.57	1 416.18	7 059.84

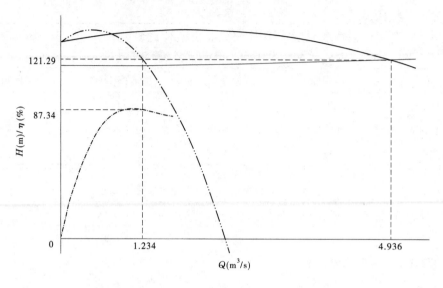

图 5-36　四台大泵在扬程为 117.1 m 时的工作点

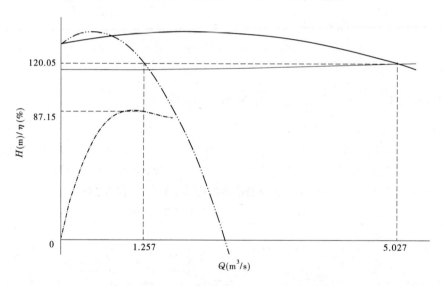

图 5-37　四台大泵在扬程为 115.7 m 时的工作点

（2）四台大泵、两台小泵稳态数值模拟结果见表 5-5、图 5-38、图 5-39。

表 5-5　四台大泵、两台小泵稳态数值模拟结果

特征值	$H_{净1}=117.1$ m			$H_{净2}=115.7$ m		
	大单泵	小单泵	泵站	大单泵	小单泵	泵站
流量 $Q(\text{m}^3/\text{s})$	1.198	0.546	5.935	1.221	0.559	6.043
扬程 $H(\text{m})$	123.16	123.16	123.16	121.98	121.98	121.98
效率 $\eta(\%)$	87.59	86.81	77.08	87.44	86.86	76.58
功率 $N(\text{kW})$	1 446.28	659.00	9 293.12	1 459.56	667.83	9 434.08

续表 5-5

特征值	$H_{净3} = 120.4$ m			$H_{净4} = 121.8$ m		
	大单泵	小单泵	泵站	大单泵	小单泵	泵站
流量 $Q(\text{m}^3/\text{s})$	1.142	0.516	5.665	1.117	0.503	5.543
扬程 $H(\text{m})$	125.92	125.92	125.92	127.08	127.08	127.08
效率 $\eta(\%)$	87.85	86.45	78.16	87.91	86.20	78.55
功率 $N(\text{kW})$	1 409.29	636.68	8 943.83	1 390.90	626.19	8 787.95

由表 5-5 可知不同型号水泵定速运行时由于水泵特性曲线拟合系数保留小数位数、参数迭代等误差累计,导致泵站流量计算存在误差,下同。

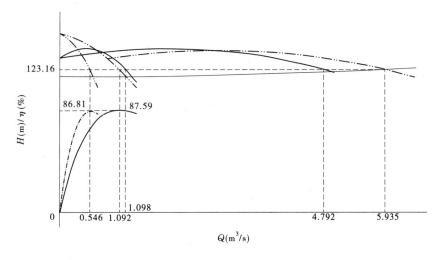

图 5-38　四台大泵、两台小泵在扬程为 117.1 m 时的工作点

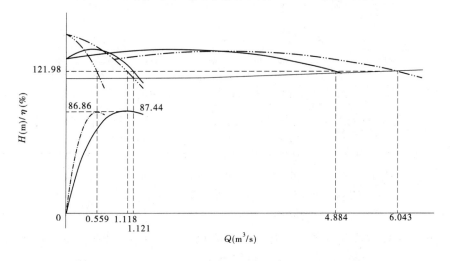

图 5-39　四台大泵、两台小泵在扬程为 115.7 m 时的工作点

（3）两台大泵、两台小泵稳态数值模拟结果见表5-6、图5-40、图5-41。

表 5-6　两台大泵、两台小泵稳态数值模拟结果

特征值	$H_{净1} = 117.1$ m			$H_{净2} = 115.7$ m		
	大单泵	小单泵	泵站	大单泵	小单泵	泵站
流量 $Q(\text{m}^3/\text{s})$	1.267	0.584	3.730	1.290	0.598	3.793
扬程 $H(\text{m})$	119.49	119.49	119.49	118.17	118.17	118.17
效率 $\eta(\%)$	87.07	86.84	75.41	86.85	86.76	74.88
功率 $N(\text{kW})$	1 483.39	684.34	5 792.33	1 493.88	692.18	5 866.32
特征值	$H_{净3} = 120.4$ m			$H_{净4} = 121.8$ m		
	大单泵	小单泵	泵站	大单泵	小单泵	泵站
流量 $Q(\text{m}^3/\text{s})$	1.209	0.552	3.572	1.183	0.538	3.501
扬程 $H(\text{m})$	122.59	122.59	122.59	123.91	123.91	123.91
效率 $\eta(\%)$	87.52	86.84	76.57	87.67	86.74	77.01
功率 $N(\text{kW})$	1 452.81	663.40	5 605.05	1 437.08	653.40	5 519.93

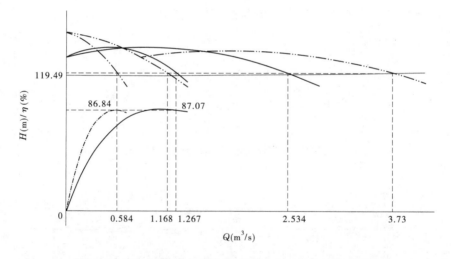

图 5-40　两台大泵、两台小泵在扬程为 117.1 m 时的工作点

（二）泵站稳态运行分析

（1）四台大泵与两台小泵、两台大泵与两台小泵、一台大泵与一台小泵运行时大泵效率不低于85%，小泵效率不低于85%，泵站效率不低于70%。

（2）三台大泵变速运行时水泵效率不低于85%，泵站效率不低于75%。

（3）大泵与小泵变速运行时水泵效率不低于85%，泵站效率不低于80%。

（4）不同运行工况下水泵及泵站效率均较高，泵站效率满足《泵站设计规范》（GB 50265—2010）中泵站效率不低于54.4%的要求。

（5）采用变速调节方式时大泵水泵效率提高1%～2%，小泵水泵效率提高1%～

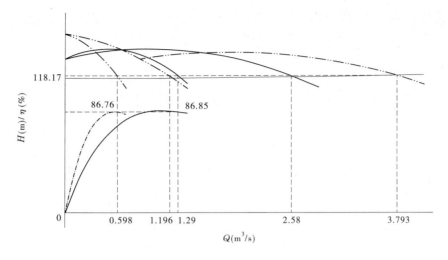

图 5-41 两台大泵、两台小泵在扬程为 115.7 m 时的工作点

2%,泵站效率提高 4% ~6%,因此表明采用变速调节可实现供水泵站的经济运行。

四、韩家园泵站水力过渡过程数值模拟及分析

本章以一台大泵和一台小泵工况下的水力过渡过程数值模拟及结果为例介绍模拟及分析方法。

(一)泵站水力过渡过程数值模拟

1. 泵站水泵出口无阀防护时停泵水锤水力参数数值模拟

泵站水泵出口无阀防护时停泵水锤水力参数数值模拟结果如表 5-7 所示。

表 5-7 一台大泵、一台小泵无阀防护时停泵水锤水力参数数值模拟结果

最大压力 $H_{最大}$(m)	218.51	相对压力		1.71		
最小压力 $H_{最小}$(m)	-10	相对压力		0.08		
大泵最大倒转转速(r/min)	-1 357	相对转速	1.38	转速为零时刻(s)	5.6
小泵最大倒转转速(r/min)	-2 139	相对转速	1.45	转速为零时刻(s)	5.45
最大倒转流量(m³/s)	-3.128	出现时刻(s)	6.88	流量为零时刻(s)	1.35

由表 5-7 可知,无阀防护时,停泵水锤发生 5.6 s 后大泵开始倒转,5.45 s 后小泵开始倒转,最大倒转流量为 3.128 m³/s,最大压力[0 断面(X0 + 000.00)、3 断面(X0 + 231.75)、4 断面(X0 + 309.00)、5 断面(X0 + 386.25)最大压力偏大]为 218.51 m,为额定压力的 1.71 倍,最小 6 压力[28 断面(X2 + 163.00)、29 断面(X2 + 240.25)]为 -10 m,大泵最大倒转转速为 -1 357 r/min,相对转速为 1.38;小泵最大倒转转速为 -2 139 r/min,相对转速为 1.45。因此,管路最大压力、最小压力、大泵最大倒转转速、小泵最大倒转转速均不满足规范要求。压力包络线图如图 5-42 所示。

2. 泵站水泵出口液控蝶阀防护时停泵水锤水力参数数值模拟

泵站水泵出口液控蝶阀防护时停泵水锤水力参数数值模拟结果如表 5-8 所示。

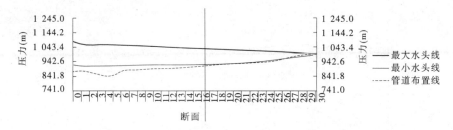

图 5-42　一台大泵、一台小泵无阀防护时压力包络线图

表 5-8　一台大泵、一台小泵液控蝶阀防护时停泵水锤水力参数数值模拟结果

液控蝶阀第一阶段 2.3 s 关闭 72°,第二阶段 18 s 关闭 4°,第三阶段 5 s 关闭 14°					
最大压力 $H_{最大}$(m)	204.45	相对压力	1.60		
最小压力 $H_{最小}$(m)	-10	相对压力	0.08		
大泵最大倒转转速(r/min)	-460	相对转速	0.47	转速为零时刻(s)	6.76
小泵最大倒转转速(r/min)	-1 449	相对转速	0.98	转速为零时刻(s)	6.45
最大倒转流量(m³/s)	-2.535	出现时刻(s)	11.36	流量为零时刻(s)	1.35

由表 5-8 可知,采用液控蝶阀防护时,停泵水锤发生 6.76 s 后大泵开始倒转,6.45 s 后小泵开始倒转,最大倒转流量为 2.535 m³/s,最大压力[3 断面(X0 + 231.75)、4 断面 (X0 + 309.00)、5 断面(X0 + 386.25)最大压力偏大]为 204.45 m,为额定压力的 1.60 倍,最小压力[28 断面(X2 + 163.00)、29 断面(X2 + 240.25)]为 - 10 m,大泵最大倒转转速为 - 460 r/min,相对转速为 0.47;小泵最大倒转转速为 - 1 449 r/min,相对转速为 0.98。由此可知,液控蝶阀能有效改善水泵的倒转现象,对最大压力也有所改善。但最大压力、最小压力仍不满足规范要求。压力包络线图如图 5-43 所示。

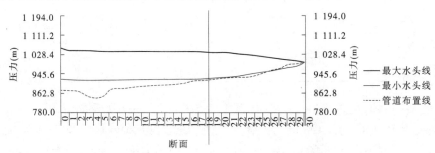

图 5-43　一台大泵、一台小泵液控蝶阀防护时压力包络线图

3. 泵站水泵出口液控蝶阀加进排气阀联合防护时停泵水锤水力参数数值模拟

在 26 断面(X2 + 008.50)安装口径为 DN200,进气系数为 0.14,排气系数为 0.07 的进排气阀;在 27 断面(X2 + 085.75)安装口径为 DN200,进气系数为 0.15,排气系数为 0.06 的进排气阀;在 28 断面(X2 + 163.00)安装口径为 DN200,进气系数为 0.18,排气系数为 0.06 的进排气阀;在 29 断面(X2 + 240.25)安装口径为 DN200,进气系数为 0.21,排

气系数为 0.06 的进排气阀。泵站水泵出口液控蝶阀加进排气阀防护时停泵水锤水力参数数值模拟结果如表 5-9 所示。

表 5-9　一台大泵、一台小泵液控蝶阀加进排气阀防护时停泵水锤水力参数数值模拟结果

液控蝶阀第一阶段 2.5 s 关闭 70°,第二阶段 20 s 关闭 6°,第三阶段 8 s 关闭 14°					
最大压力 $H_{最大}$(m)	207.96	相对压力	1.63		
最小压力 $H_{最小}$(m)	-2.89	相对压力	0.02		
大泵最大倒转转速(r/min)	-603	相对转速	0.62	转速为零时刻(s)	6.76
小泵最大倒转转速(r/min)	-1 678	相对转速	1.13	转速为零时刻(s)	6.06
最大倒转流量(m³/s)	-2.797	出现时刻(s)	11.51	流量为零时刻(s)	1.35

由表 5-9 可知,采用液控蝶阀加进排气阀联合防护时,停泵水锤发生 6.76 s 后大泵开始倒转,6.06 s 后小泵开始倒转,最大倒转流量为 2.797 m³/s,最大压力[0 断面(X0 + 000.00)、3 断面(X0 + 231.75)、4 断面(X0 + 309.00)、5 断面(X0 + 386.25)最大压力偏大]为 207.96 m,为额定压力的 1.63 倍,最小压力为 -2.89 m;大泵最大倒转转速为 -603 r/min,相对转速为 0.62;小泵最大倒转转速为 -1 678 r/min,相对转速为 1.13。因此,管路最小压力、大泵最大倒转转速、小泵最大倒转转速均满足规范要求,管路最大压力不满足规范要求。压力包络线图如图 5-44 所示。

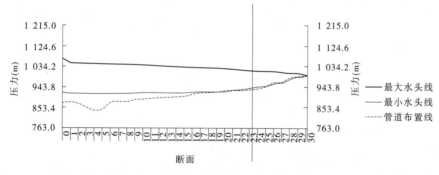

图 5-44　一台大泵、一台小泵液控蝶阀加进排气阀防护时压力包络线图

4. 泵站水泵出口液控蝶阀加进排气阀加超压泄压阀联合防护时停泵水锤水力参数数值模拟

在 4 断面(X2 + 008.50)安装一台口径为 DN200 的超压泄压阀,在 26 断面(X2 + 008.50)安装口径为 DN200,进气系数为 0.14,排气系数为 0.07 的进排气阀;在 27 断面(X2 + 085.75)安装口径为 DN200,进气系数为 0.15,排气系数为 0.06 的进排气阀;在 28 断面(X2 + 163.00)安装口径为 DN200,进气系数为 0.18,排气系数为 0.06 的进排气阀;在 29 断面(X2 + 240.25)安装口径为 DN200,进气系数为 0.21,排气系数为 0.06 的进排气阀。泵站水泵出口液控蝶阀加进排气阀加超压泄压阀联合防护时停泵水锤水力参数数值模拟结果如表 5-10 所示。

表 5-10　一台大泵、一台小泵液控蝶阀加进排气阀加超压泄压阀
防护时停泵水锤水力参数数值模拟结果

液控蝶阀第一阶段 2.5 s 关闭 70°,第二阶段 20 s 关闭 6°,第三阶段 8 s 关闭 14°					
最大压力 $H_{最大}$(m)	175.89	相对压力	1.38		
最小压力 $H_{最小}$(m)	-2.89	相对压力	0.02		
大泵最大倒转转速(r/min)	-642	相对转速	0.66	转速为零时刻(s)	6.76
小泵最大倒转转速(r/min)	-1 685	相对转速	1.14	转速为零时刻(s)	6.06
最大倒转流量(m³/s)	-2.797	出现时刻(s)	11.51	流量为零时刻(s)	1.35

由表 5-10 可知,采用液控蝶阀加进排气阀加超压泄压阀联合防护时,停泵水锤发生 6.76 s 后大泵开始倒转,6.06 s 后小泵开始倒转,最大倒转流量为 2.797 m³/s,最大压力为 175.89 m,为额定压力的 1.38 倍,最小压力为 -2.89 m;大泵最大倒转转速为 -642 r/min,相对转速为 0.66;小泵最大倒转转速为 -1 685 r/min,相对转速为 1.14。因此,管路最大压力、最小压力、大泵最大倒转转速、小泵最大倒转转速满足规范要求,系统运行安全。压力包络线图如图 5-45 所示。

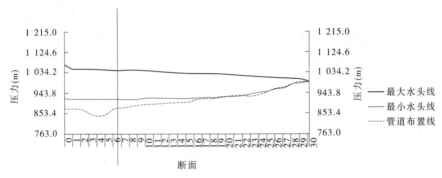

图 5-45　一台大泵、一台小泵液控蝶阀加进排气阀加超压泄压阀防护时压力包络线图

(二)泵站水力过渡过程分析

(1)无阀防护时,一台小泵,一台大泵,一台大泵和一台小泵并联三种工况下压力管路最大压力、最小压力、水泵最大倒转转速均不满足《泵站设计规范》(GB 50265—2010)要求。

(2)液控蝶阀三阶段关闭(第一阶段 2.5 s 关闭 71°,第二阶段 15 s 关闭 12°,第三阶段 20 s 关闭 7°)防护时,一台小泵运行工况下压力管路最大压力、水泵最大倒转转速均满足规范要求,但压力管路最小压力不满足规范要求。

(3)液控蝶阀三阶段关闭(第一阶段 2.5 s 关闭 71°,第二阶段 18 s 关闭 6°,第三阶段 5 s 关闭 13°)防护时,一台大泵运行工况下压力管路最大压力、水泵最大倒转转速均满足规范要求,但压力管路最小压力不满足规范要求。

(4)液控蝶阀三阶段关闭(第一阶段 2.3 s 关闭 72°,第二阶段 18 s 关闭 4°,第三阶段 5 s 关闭 13°)防护时,一台小泵和一台大泵并联运行工况下水泵最大倒转转速均满足规

范要求,但压力管路最大压力、最小压力不满足规范要求。

(5)液控蝶阀(第一阶段 2.5 s 关闭 71°,第二阶段 15 s 关闭 12°,第三阶段 20 s 关闭 7°)加进排气阀(28 断面(X2 +163.00)安装一个口径为 DN200,进气系数为 0.95,排气系数为 0.45 的进排气阀)联合防护时,一台小泵运行工况下压力管路最大压力、最小压力、水泵最大倒转转速均满足规范要求,系统运行安全。

(6)液控蝶阀(第一阶段 2.5 s 关闭 71°,第二阶段 18 s 关闭 6°,第三阶段 5 s 关闭 13°)加进排气阀[26 断面(X2 +008.50)、28 断面(X2 +163.00)分别安装一个口径为 DN200,进气系数为 0.5,排气系数为 0.35 的进排气阀;在 29 断面(X2 +240.25)安装一个口径为 DN200,进气系数为 0.56,排气系数为 0.35 的进排气阀]联合防护时,一台大泵运行工况下压力管路最小压力、水泵最大倒转转速均满足规范要求,但管路最大压力不满足规范要求。

(7)液控蝶阀(第一阶段 2.5 s 关闭 70°,第二阶段 20 s 关闭 6°,第三阶段 8 s 关闭 14°)加进排气阀[26 断面(X2 +008.50)安装一个口径为 DN200,进气系数为 0.14,排气系数为 0.07 的进排气阀;在 27 断面(X2 +085.75)安装口径为 DN200,进气系数为 0.15,排气系数为 0.06 的进排气阀;在 28 断面(X2 +163.00)安装口径为 DN200,进气系数为 0.18,排气系数为 0.06 的进排气阀;在 29 断面(X2 +240.25)安装口径为 DN200,进气系数为 0.21,排气系数为 0.06 的进排气阀]联合防护时,一台大泵和一台小泵并联运行工况下压力管路最小压力、水泵最大倒转转速均满足规范要求,但管路最大压力不满足规范要求。

(8)液控蝶阀(第一阶段 2.5 s 关闭 71°,第二阶段 18 s 关闭 6°,第三阶段 5 s 关闭 13°)加进排气阀[在 26 断面(X2 +008.50)、28 断面(X2 +163.00)分别安装一个口径为 DN200,进气系数为 0.5,排气系数为 0.35 的进排气阀;在 29 断面(X2 +240.25)安装一个口径为 DN200,进气系数为 0.56,排气系数为 0.35 的进排气阀]加超压泄压阀[在 4 断面(X2 +008.50)安装一台口径为 DN200 的超压泄压阀]联合防护时,一台大泵运行工况下压力管路最大压力、最小压力、水泵最大倒转转速均满足规范要求,系统运行安全。

(9)液控蝶阀(第一阶段 2.5 s 关闭 70°,第二阶段 20 s 关闭 6°,第三阶段 8 s 关闭 14°)加进排气阀[在 26 断面(X2 +008.50)安装口径为 DN200,进气系数为 0.14,排气系数为 0.07 的进排气阀;在 27 断面(X2 +085.75)安装口径为 DN200,进气系数为 0.15,排气系数为 0.06 的进排气阀;在 28 断面(X2 +163.00)安装口径为 DN200,进气系数为 0.18,排气系数为 0.06 的进排气阀;在 29 断面(X2 +240.25)安装口径为 DN200,进气系数为 0.21,排气系数为 0.06 的进排气阀]加超压泄压阀[在 4 断面(X2 +008.50)安装口径为 DN200 的超压泄压阀]联合防护时,一台大泵和一台小泵并联运行工况下压力管路最大压力、最小压力、水泵最大倒转转速均满足规范要求,系统运行安全。

第七节　结　论

一、泵站稳态运行数值模拟基本结论

(1)韩家园泵站在不同运行工况下水泵及泵站效率均较高,满足《泵站设计规范》

（GB 50265—2010）中泵站效率不低于 54.4% 的要求，且满足供水要求，表明该工程设计基本合理。

（2）韩家园泵站在设计时考虑了变频装置，由数值模拟可知采用变频（变速）调节方式时水泵效率提高 1% ~2% ，泵站效率提高 4% ~6% 。

（3）韩家园泵站在设计时考虑高扬程（额定扬程）泵、低扬程（额定扬程）泵并联运行方式，因此不同型号水泵的启动方式至关重要。建议先启动高扬程泵，当在某一流量情况下其扬程小于或等于低扬程泵时再启动低扬程泵。

二、泵站水力过渡过程数值模拟基本结论

（1）研究成果表明，液控蝶阀的关闭规律对停泵水锤计算结果影响很大，本研究采用设计单位提供的液控蝶阀的关闭规律进行了数值模拟，如果能够提供液控蝶阀实际量测的动态关闭规律对研究成果的合理性更加重要。

（2）进排气阀口径的确定、进排气系数的准确及合理性，是供水系统水力过渡过程数值模拟及水锤防护措施选择的关键环节。

课后思考题

1. 水泵工作点调节的方式有哪些？
2. 供水系统水锤模拟的边界条件有哪些？

参考文献

[1] 冯晓莉,仇宝云,黄海田.大型泵站经济运行研究进展[J].流体机械,2006,34(04):32-37.

[2] 王立.我国泵系统节能的现状及发展前景[J].水泵技术,2012,(01):28-30.

[3] 张玉胜,吴建华,李雪转,等.夹马口取水泵站节能运行优化设计研究[J].人民黄河,2016,38(07):142-145.

[4] 王立辉,单长清.供水系统停泵水锤防止措施的探讨[J].冶金动力,2000,(02):34-35.

[5] 朱满林.泵供水系统水锤防护及节能研究[D].西安:西安理工大学,2007.

[6] 雷雨.张峰水库七坡泵站供水工程安全运行模式分析研究[D].太原:太原理工大学,2012.

[7] 宋思怡.长距离大管径输水管道水锤防护研究[D].西安:长安大学,2015.

[8] 李强.基于遗传算法的梯级泵站优化运行研究[D].武汉:武汉大学,2005.

[9] Hughes, Trevor C. Optimal capacity of municipal water supply pumps[J]. Journal of the Water Resources Planning and Management Division,1979,105(2):317-328.

[10] Callahan T F,Astill K A. Computer analysis to compare the energy consumption of variable and constant speed pumps for agricultural irrigation[J]. ASAE Publication,1981,2:472-478.

[11] Coulbeck B,Orr C H. Optimized pumping in water supply systems[C]. Budapest, Hung,Bridge Between Control Science and Technology,1985:3175-3180.

[12] Jowitt Paul W,Germanopoulos,George. Optimal pump scheduling in water-supply networks[J]. Journal of Water Resources Planning and Management,1992,118(4):406-422.

[13] Brdys M A. Algorithm for optimal scheduling of a class of cascade water supply systems [J]. Optimal Control Applications and Methods,1992,13(4):265-287.

[14] Sousa J, Da Conceição Cunha M, Sá Marques A. Optimal pumping scheduling model for energy cost minimization: Two different resolution methods [C]. Haldiki, Greece, First International Conference on Water Resources Management,2001:25-34.

[15] Moradi-Jalal, Mahdi, Marino, Miguel A., Afshar, Abbas. Optimal design and operation of irrigation pumping stations [J]. Journal of Irrigation and Drainage Engineering,2003,129(3):149-154.

[16] Prasad T Devi,Lopez-Ibanez Manuel,Paechter Ben. Ant-colony optimization for optimal pump scheduling [C]. Cincinnati, OH, United states,8th Annual Water Distribution Systems Analysis Symposium 2006.2007: 77.

[17] Pasha M F K,Lansey K. Optimal pump scheduling by linear programming [C]. Kansas City, MO, USA, Proceedings of World Environmental and Water Resources Congress American Society of Civil Engineers, 2009:395-404.

[18] Yang Zhenyu, Børsting, Hakon. Optimal scheduling and control of a multi-pump boosting system [C]. Yokohama, Japan, Proceedings of the IEEE International Conference on Control Applications,2010: 2071-2076.

[19] Al-Ani,Dhafar,Habibi,Saeid. Optimal pump operation for water distribution systems using a new multi-agent Particle Swarm Optimization technique with EPANET [C]. Montreal,QC,Canada,2012 25th IEEE Canadian Conference on Electrical and Computer Engineering,2012.

[20] Ghaddar Bissan,Naoum-Sawaya Joe,Kishimoto Akihiro,et al. A Lagrangian decomposition approach for the pump scheduling problem in water networks [J]. European Journal of Operational Research,2015,241 (02):490-501.

[21] Menke Ruben,Abraham Edo,Stoianov Ivan. Modeling variable speed pumps for optimal pump scheduling [C]. West Palm Beach, FL, United states,16th World Environmental and Water Resources Congress,2016: 199-209.

[22] 高占义,窦以松,黄林泉. 大禹渡梯级泵站优化调度研究[J]. 水利学报,1990,(5):1-11.

[23] 李继珊,刘光临,潘为平. 多级泵站的优化调度及经济运行研究[J]. 水利学报,1992(12):18-26.

[24] 张亚新,李桦. 离心泵在复杂管网中工作点的解析计算[J]. 新疆工学院学报,1997,18(1):5-9.

[25] 贾仁甫,门春华,王红. 启发式搜索算法在泵站优化调度中的应用研究[J]. 江苏农业研究,2000,21 (4):63-65.

[26] 杨鹏,纪晓华,史旺旺. 考虑变频调速时泵站优化调度的改进遗传算法[J]. 扬州大学学报(自然科学版),2002,5(1):67-70.

[27] 徐青,金明宇,吴玉明. 泵站经济运行中机组投入顺序的模糊优选[J]. 中国农村水利水电,2004 (9):95-97.

[28] 鄢碧鹏,刘超. 混沌优化算法在泵站经济运行中的应用[J]. 灌溉排水学报,2004,23(3):38-40.

[29] 夏龙兴,马细霞,吴蓉. 三点插值与搜索逼近法确定复杂泵系统运行工况[J]. 中国农村水利水电, 2005(4):27-28.

[30] Duan Huanfeng, Yu Guoping. Improved hybrid genetic algorithms for optimal scheduling model of urban water-supply system [J]. Journal of Tongji University,2006,34(4):377-381.

第六章　供水系统流量平衡及运行分析

第一节　绪　论

一、泵站级间流量平衡的若干技术问题

（一）本章案例背景和意义

由多级泵站和输水系统组成的调水工程是一个系统工程，各组成部分通过水力关系紧密地联系在一起。在规划设计阶段，通常根据规范和经验设计调水工程的各个元件，虽然各组成部分的设计符合要求，然而当所有元件组成一个系统后，由于输水系统的调蓄能力一般较小，沿线区间分水工况复杂，各站之间流量、扬程联系紧密，而泵站的装机功率大、装机台数多，在实际运行中往往由于调度决策不当，使得泵站之间流量配合不当造成水泵开停机操作频繁、渠道发生漫顶或水位波动过大，而造成能源浪费，设备使用寿命降低，甚至出现工程安全问题，影响工程的正常高效运行。因此，有必要通过科学合理的调度，实现梯级提水泵站调水工程的安全稳定和高效经济运行。

（二）梯级泵站级间流量不平衡的影响

对于梯级泵站，在实际运行中，出现流量不稳定会对泵站的安全高效造成影响。

（1）开停机频繁：泵站进水池水位的稳定性是泵站机组安全安稳运行的基础，对于梯级泵站，任一级进水池水位不稳定，都会使该泵站或者上、下级泵站机组进行开停机调节，因泵站的进水池池容量是有限的，进行开停机调节的过程中会迅速影响下一级泵站的前池水位，这样开开停停，自然造成了泵站开停机频繁的状况。

（2）增加能量损耗：如果前级泵站的出水量大于后级泵站的需水量，级间就会产生壅水，严重情况下造成弃水；反之，形成缺水甚至会使后一级泵站因前池水位低而无法继续运行。在这种情况下，就会增加电能损耗，提高能源单耗，增大水的成本。

（3）影响灌溉或供水：泵站级间流量不稳定，影响上、下级泵站之间的供水或灌溉流量。虽然通过级间泄水渠道加以调节泵站前池水位，但却影响了泄流渠道供水的稳定性和连续性，同时，对该泄水渠道的利用率影响更大，对灌溉造成一定的经济损失。

（4）引发泵站机电设备故障较多：由于级间的流量不稳定，利用机组开停调节级间流量，造成了泵站机电设备故障率的升高，缩短了机电设备的使用寿命，更严重的是使部分机电设备工作在非安全的情况下，给安全生产造成了一定的威胁。

（三）梯级泵站级间流量平衡的方式

（1）梯级泵站机组开启组合：梯级泵站运行要求上、下级泵站间满足流量平衡，如果有分水，上级泵站还需满足分水需要。所以，梯级泵站要满足各种不同的流量要求。对梯级泵站来说，如何选择合理的机组组合方案以满足设计运行需要是很重要的。

(2)水泵的工况调节:机组调节方式的选择直接关系到节能的情况,因此分析并研究水泵的调节方式,从而选用最合理的调节方式是很有必要的。

水泵工况的调节方式可分为变角调节、节流调节、车削调节和变速调节。变角调节是一种用改变叶片安装角度来改变水泵性能的方法,一般只适用于可调节叶片的轴流泵和导叶混流泵。对半调节泵要停机拆泵进行调节。全调节泵可采用机械液压调节机构改变叶片角度,不需要拆泵即可完成。节流调节是改变阀门的开度或者挡板的开度进行调节。节流调节虽然简单易行,但是能量损失较大。车削调节是将水泵叶轮外径车削减小,以改变水泵的工作点,该方法适用于泵站扬程变幅较小、流量偏离额定点不大的泵站。通过车削叶轮直径,使水泵运行工况移到高效区,并使梯级泵站级间流量达到匹配,从而提高泵站装置效率,但是这种调节是对某一确定工况点的调节,是不连续的,很难适应扬程、流量随机变化的要求。变速调节是改变水泵的转速,这种方法可以改变水泵本身的性能曲线,经济性较高。但考虑到变速装置的价格较贵,所以在中小型泵站中使用的较少,而广泛应用于现代高参数、大容量的泵站中,变速调节将是以后发展研究的方向。

本章案例以山西省禹门口东扩提水工程为背景,建立梯级泵站的流量平衡分析数值模型;建立无变速和有变速情况下的泵站流量计算模型,对禹门口东扩一、二、三级泵站进行数值模拟计算,为调水工程的优化运行提供技术支持。

二、国内外关于不同型号泵并联的水锤计算的若干问题

(一)研究的目的和意义

在供水工程中,由于压力管路中流速的突然变化,引起管路中水流压力急剧上升或降低的现象,称为泵站水锤或水力过渡过程。

泵站水锤对供水工程的正常运行影响很大,一般事故停泵所产生的水锤压力比正常压力高出 1.5~4 倍,当发生断流弥合水锤时产生的水锤压力更大,不少供水工程因事故停泵水锤而遭受严重破坏,造成很大的损失。因此,长距离、高扬程供水工程水力过渡过程的计算,已经成为供水工程安全运行的重要研究课题之一,只有对供水工程水力过渡过程进行精确、合理的数值模拟,并采取必要、可靠的水锤防护措施,才能确保供水工程的安全运行。

本章案例建立水泵、蝶阀和进排气阀的数学模型,结合禹门口东扩提水工程浍河支线工程实例,通过计算机对水力过渡过程进行数值模拟,确定蝶阀的最优关闭角度和时间以及进排气阀的安设位置和建设规模。从而采取合理的水锤防护技术措施,为禹门口东扩提水工程浍河支线泵站的安全运行提供必要的技术支持。

(二)国内外水锤研究的现状

国内外的水锤研究现状见第五章第三节泵站水力过渡过程数学模型。

三、本章案例研究的主要内容

(1)对禹门口一、二、三级梯级泵站的流量进行平衡分析,对各泵站在无变速情况下的流量进行计算,分析泵站级间流量匹配状况。同时,对水泵在变速工况下的数值计算进行模拟,建立水泵变速工况下运行的数值模型。

（2）结合禹门口东扩提水工程，在上述研究的基础上，提出水泵变速工况下流量、效率、功率的变化情况，结合泵站不同机组开启组合，为梯级泵站的流量调度优化提供支持，并提出供水系统经济合理的运行制度。

（3）进行不同型号泵并联时停泵水力过渡过程的数值模拟，建立水泵边界、蝶阀边界和进排气阀边界的数值模型，结合禹门口浍河支线工程实例，进行停泵水力过渡过程的数值模拟，优化两阶段关闭蝶阀的关闭角度和关闭时间，选择合适的进排气阀，确定其安放位置，为保证供水工程的安全运行提出合理经济的运行制度。

（4）编程语言采用 Visual Basic 6.0，同时结合 SQL Server 2000 数据库，开发出界面友善、功能齐全、操作简单、性能可靠的泵站流量平衡数值计算模拟系统和泵站水力过渡过程数值模拟系统。

第二节　梯级泵站的流量平衡分析数值模型的建立

梯级泵站是通过多个泵站的串联提水，把一个高扬程泵站转化为多个低扬程泵站。如图 6-1 所示，一级泵站 P_1 从进水池提水，流量为 Q_1，一级泵站至二级泵站的分水流量为 Q_1'；二级泵站 P_2 的流量为 Q_2，二级泵站至三级泵站的分水流量为 Q_2'；依此类推。

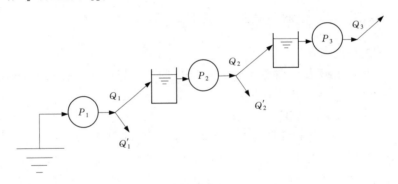

图 6-1　梯级泵站示意图

一、梯级泵站级间流量平衡的数值模型

梯级泵站系统中上、下级泵站的流量是呈线性关系的。前一级泵站的流量除要满足后一级泵站所需的流量外，还需满足这两个泵站之间的分流量。梯级泵站的流量关系见式（6-1）。

$$Q_i = Q_i' + Q_{i+1} \tag{6-1}$$

式中：Q_i 为第 i 级泵站的流量，$\mathrm{m^3/s}$；Q_i' 为第 i 级泵站至第 $i+1$ 级泵站的分水流量，$\mathrm{m^3/s}$；Q_{i+1} 为第 $i+1$ 级泵站的流量，$\mathrm{m^3/s}$。

并且有

$$Q_1 = Q_1' + Q_2' + \cdots + Q_i' + \cdots + Q_n \tag{6-2}$$

式中：Q_n 为最后一级泵站的流量，$\mathrm{m^3/s}$。

即在梯级提水系统中，第一级泵站的流量应等于各区间分流量之和加上最末一级泵站的流量。

　　如果梯级泵站系统中没有级间分流,即
$$Q'_1 = Q'_2 = \cdots = Q'_i = 0 \tag{6-3}$$
则有
$$Q_1 = Q_2 = \cdots = Q_i = \cdots = Q_n \tag{6-4}$$
　　式(6-4)表明如果上、下级泵站之间没有区间分流,那么各泵站的流量相等。

二、无变速情况下泵站流量计算模型

(一)泵站流量计算
泵站流量计算模型同第五章第二节内容。

(二)水泵与泵站的效率计算
　　求出定速泵与变速泵的工况点 D、E。同时,水泵的流量效率曲线根据厂家提供的数值点用最小二乘法进行曲线拟合,通常用三次多项式可以达到精度。表达式如下:
$$XL = aQ^3 + bQ^2 + cQ + d \tag{6-5}$$
　　此曲线见图6-2中的曲线3。所以,定速泵的效率即可由 D 点引直线与流量效率曲线作交点求出。

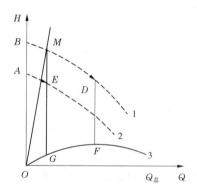

图6-2　水泵变速效率示意图

　　下面求变速泵的效率:由上知变速泵运行的工况点 $E(Q_0, H_0)$,可得到等效率曲线方程 $H = \dfrac{H_0}{Q_0^2}Q^2$,等效率曲线与定速泵的 Q—H 曲线的交点为 M。可知 E 点与 M 点的效率相等。因此,从 M 点作垂线与效率曲线交点求得的效率值即为变速泵工况点 E 的效率。

　　泵站的效率为
$$\eta_{泵站} = \left[\sum_{i=1}^{n} Q_i / \left(\sum_{i=1}^{n} Q_i / \eta_i \right) \right] \eta_{传}\, \eta_{池}\, \eta_{电}\, \eta_{管} \tag{6-6}$$
式中:η_i 为各水泵的效率;Q_i 为各水泵的流量;$\eta_{传}$ 为传动效率,一般取100%;$\eta_{池}$ 为进出水池效率,一般取100%;$\eta_{电}$ 为电动机效率;$\eta_{管}$ 为管路效率,按 $\eta_{管} = \dfrac{H_0}{H_0 + SQ^2}$ 计算,H_0 为泵站净扬程。

三、水泵变速调节时能耗的计算

泵的输出功率为

$$N_0 = \frac{\rho g H}{1\,000}\left(\frac{Q}{3\,600}\right) \tag{6-7}$$

式中:ρ 为水的密度,近似取 $\rho = 1\,000$ kg/m^3,$g = 9.8$ m/s^2,H 为扬程,m;Q 为流量,m^3/h。

泵的输入功率为

$$N_P = \frac{N_0}{\eta_P} \tag{6-8}$$

式中:η_P 为水泵的效率。

电机的功率为

$$N_m = \frac{N_P}{\eta_m} \tag{6-9}$$

式中:η_m 为电机效率。

$$\eta_m = 0.941\,87 \times \left[1 - e^{-9.04k}\right] \tag{6-10}$$

式中:k 为变化后转速与额定转速的比。

变速装置的输入功率为

$$N = \frac{N_m}{\eta_v} \tag{6-11}$$

式中:η_v 为变速装置效率。

$$\eta_v = 0.508\,7 + 1.283k - 1.42k^2 + 0.583\,4k^3 \tag{6-12}$$

综合式(6-9)~式(6-12),泵装置的能耗为

$$N = \frac{N_0}{\eta_P \eta_m \eta_v} = \frac{HQ}{367 \eta_P \eta_m \eta_v} \tag{6-13}$$

无变速装置时,显然 $\eta_v = 1$。

第三节　禹门口东扩提水工程泵站流量平衡分析

一、禹门口东扩提水工程泵站的技术资料

(一)禹门口东扩提水工程概要

禹门口东扩提水工程位于山西省中南部,沿着输水干线设了 3 座泵站,输水干线起点位于新绛县的禹门口提水工程二级干渠光马渡槽末端,终点位于西梁水库。通过已建三泉水库、西梁水库、浍河水库共 3 座水库来调蓄沿线工农业供水。其中,一级泵站至二级泵站的线路上设有四个分水口,分别为汾河分水口、侯马分水口、北庄分水口、曲沃分水口;二级泵站至三级泵站之间无分水口。供水流程见图 6-3。四个分水口的流量分别为汾河分水口 1.83 m^3/s,侯马分水口 0.93 m^3/s,北庄分水口 2.81 m^3/s,曲沃分水口 1.26 m^3/s,考虑到不可能同时开放,所以取其近似平均值 1.5 m^3/s 为一、二级泵站间分水

流量。

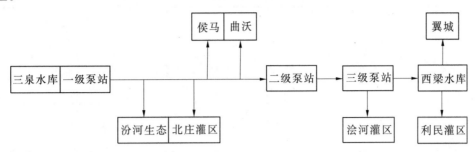

图 6-3　供水流程

（二）禹门口东扩提水工程一级泵站主要技术资料

一级泵站主线设在三泉水库左岸,共布置 6 台机组,其中 5 台工作、1 台备用,单机设计流量 1.08 m³/s。设计扬程 34 m。机组双排交错布置,总装机容量 3 624 kW。进水池正常水位 447.5 m,最低水位 441.5 m。出水池设计水位为 470.0 m(见图 6-4)。泵站进水管中心线高程 444.71 m,管径 0.9 m,出水管中心线高程 444.63 m,管径 0.7 m。

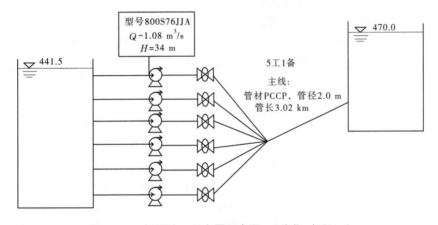

图 6-4　一级泵站工程布置示意图　（单位:高程,m）

（1）一级泵站水泵资料见表 6-1。

表 6-1　一级泵站水泵资料

800S76JJA 水泵特性曲线				
流量(m³/s)	扬程(m)	效率(%)	NPSH(m)	转速(r/min)
0.92	36	84	3.8	
1.08	34	86.5	3.6	495
1.44	30	86	4.7	

（2）一级泵站性能参数见表 6-2。

表6-2　一级泵站性能参数

	型号	800S76JJA
水泵性能参数	设计工作流量(m³/s)	1.08
	单泵工作扬程(m)	34
	单泵工作效率(%)	86.5
	汽蚀余量(m)	3.6
	台数(台)	6(1台备用)

（3）一级泵站输水管线系统参数见表6-3。

表6-3　一级泵站输水管线系统参数

项目	管道流量(m³/s)	长度(km)	管径(m)	管材
一级泵站主线	5.4	3.02	2.0	PCCP 管

（三）禹门口东扩提水工程二级泵站主要技术资料

二级泵站设在侯马北庄附近,布置5台机组,其中4台工作、1台备用。单机设计流量为1.013 m³/s。设计扬程81 m,总装机容量6 250 kW。泵站前池水位445.8 m。泵站进水管中心线高程442.3 m,管径0.9 m;出水管中心线高程441.73 m,管径0.7m。泵站的出水池设计水位为504.8 m(见图6-5)。

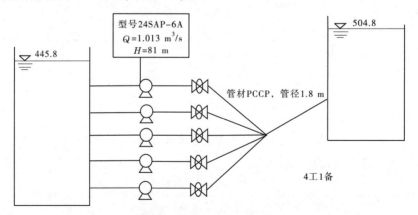

图6-5　二级泵站工程布置示意图　（单位:高程,m）

（1）二级泵站水泵资料见表6-4。

表6-4　二级泵站水泵资料

24SAP-6A 水泵特性曲线				
流量(m³/s)	扬程(m)	效率(%)	NPSH(m)	转速(r/min)
0.75	88	89	6.1	
0.85	85	88	6.2	980
1.013	81	87	6.6	

（2）二级泵站性能参数见表6-5。

表6-5　二级泵站性能参数

	型号	24SAP－6A
水泵性能参数	设计工作流量(m³/s)	1.013
	单泵工作扬程(m)	81
	单泵工作效率(%)	87
	汽蚀余量(m)	6.6
	台数(台)	5

（3）二级泵站输水管线系统参数见表6-6。

表6-6　二级泵站输水管线系统参数

项目	管道流量(m³/s)	长度(km)	管径(m)	管材
二级泵站	4.052	13.58	1.8	PCCP管

（四）禹门口东扩提水工程三级泵站主要技术资料

三级泵站设在曲沃县听城村附近,布置4台机组,其中3台工作、1台备用。单机设计流量为1.09 m³/s,设计扬程95 m;进水池设计水位504.8 m,进水管中心高程502.8 m,管径0.9 m,出水管中心线高程502.7 m,管径0.7 m。泵站的出水池设计水位588.8 m(见图6-6)。

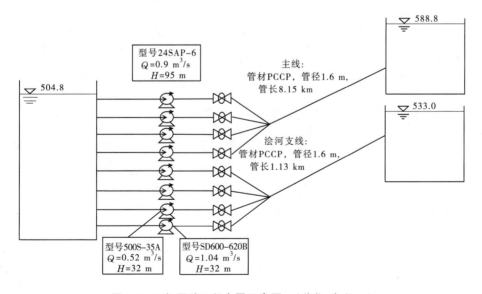

图6-6　三级泵站工程布置示意图　（单位:高程,m）

（1）三级泵站水泵资料见表6-7。

表 6-7　三级泵站水泵资料

24SAP – 6 水泵特性曲线				
流量(m³/s)	扬程(m)	效率(%)	NPSH(m)	转速(r/min)
0.8	98	86	6.2	
0.9	95	88	6.4	980
1.1	89	86	7.2	

(2)三级泵站性能参数见表 6-8。

表 6-8　三级泵站性能参数

	型号	24SAP – 6
水泵性能参数	设计工作流量(m³/s)	0.9
	单泵工作扬程(m)	95
	单泵工作效率(%)	88
	汽蚀余量(m)	6.4
	台数(台)	4

(3)三级泵站输水管线系统参数见表 6-9。

表 6-9　三级泵站主线输水管线系统参数

项目	管道流量(m³/s)	长度(km)	管径(m)	管材
三级泵站主线	3.6	8.15	1.8	PCCP 管

二、禹门口东扩提水工程梯级泵站流量平衡分析

根据本章第二节第二部分的内容,可以分别求出一、二、三级泵站的流量、扬程和效率等水力要素,从而可以进行禹门口东扩提水工程的流量平衡分析计算。

下面列出泵站流量计算时需要的水头损失的计算方法:

(1)沿程水头损失计算。

结合山西省水利勘测设计院提供的资料,对禹门口东扩提水工程泵站及管道的水头损失进行计算。泵站进、出水管路沿程水头损失计算公式如下:

$$h_f = 10.293\ 6\ L\ \frac{(n \times Q)^2}{D^{5.333}} \tag{6-14}$$

式中:h_f 为沿程水头损失,m;Q 为管道设计流量,m³/s;D 为计算管径,m;L 为计算长度,m;n 为糙率,PCCP 管取 0.012 5。

(2)局部水头损失计算。

$$h_j = \sum \zeta \times \frac{v^2}{2g} \qquad (6\text{-}15)$$

式中:h_j 为局部水头损失,m;v 为管内流速,m/s;ζ 为局部水头损失系数。

局部水头损失系数取值见表 6-10。

表 6-10 局部水头损失系数取值

名称	泵站进水口损失	泵前检修阀	多功能阀	泵后检修阀	出水口损失
ζ	1.00	0.23	0.39	0.23	1.00

(一)禹门口东扩提水工程一级泵站流量计算分析

(1)一级泵站地形扬程见表 6-11。

表 6-11 一级泵站地形扬程

名称	一级泵站主线进水池	一级泵站主线出水池
设计水位(m)	441.5	470.0

(2)一级泵站水头损失计算。

在泵站额定流量(5 台同型号并联)时,一级泵站水头损失计算成果见表 6-12。

表 6-12 一级泵站水头损失计算成果

	项目	管道流量 (m^3/s)	长度 (m)	管径 (mm)	沿程水头损失 (m)	局部水头损失 (m)
一级主线	水泵进口段	1.08	19.8	900	0.065	0.181
	水泵出口段	1.08	36.7	700	0.461	0.231
	出口段至出水池段	5.4	3 020	2 000	3.514	0.4

(3)一级泵站流量计算。

基于设计工况下,对一级泵站的流量计算成果分别见表 6-13 ~ 表 6-17、图 6-7 ~ 图 6-11。

表 6-13 一级泵站 5 台泵并联运行时计算成果

特征值	设计地形扬程 H(28.5 m)		最大地形扬程 H(29 m)		最小地形扬程 H(28.2 m)	
	单泵	泵站	单泵	泵站	单泵	泵站
工作扬程 H(m)	33.4	33.4	33.79	33.79	33.33	33.33
工作流量 Q(m^3/s)	1.13	5.65	1.10	5.50	1.14	5.71
效率 η(%)	86.94	70.37	86.69	70.68	87.01	69.94
功率 N(kW)	369.9	1 849.4	364.3	1 821.3	372.4	1 865.1

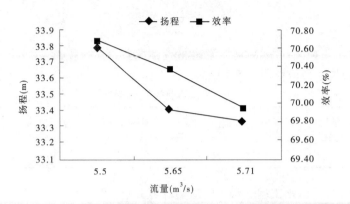

图 6-7　一级泵站 5 台泵并联运行时计算结果图

表 6-14　一级泵站 4 台泵并联运行时计算成果

特征值	设计地形扬程 H(28.5 m)		最大地形扬程 H(29 m)		最小地形扬程 H(28.2 m)	
	单泵	泵站	单泵	泵站	单泵	泵站
工作扬程 H(m)	32.5	32.5	32.78	32.78	32.27	32.27
工作流量 Q(m³/s)	1.22	4.90	1.19	4.77	1.24	4.97
效率 η(%)	87.31	72.82	87.25	73.31	87.32	72.49
功率 N(kW)	388.6	1 560.7	382.3	1 532.3	392.15	1 571.7

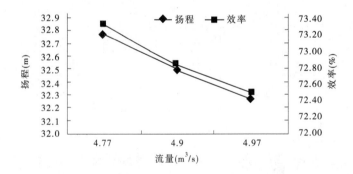

图 6-8　一级泵站 4 台泵并联运行时计算成果图

表 6-15　一级泵站 3 台泵并联运行时计算成果

特征值	设计地形扬程 H(28.5 m)		最大地形扬程 H(29 m)		最小地形扬程 H(28.2 m)	
	单泵	泵站	单泵	泵站	单泵	泵站
工作扬程 H(m)	30.9	30.9	31.4	31.4	30.6	30.6
工作流量 Q(m³/s)	1.32	3.96	1.29	3.86	1.34	4.02
效率 η(%)	87.1	74.03	87.25	75.57	86.98	74.67
功率 N(kW)	406.2	1 218.6	402.14	1 203.3	422.8	1 268.6

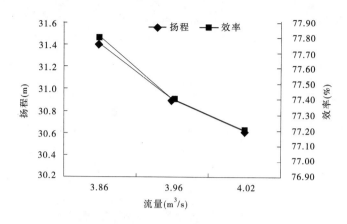

图 6-9　一级泵站 3 台泵并联运行时计算成果图

表 6-16　一级泵站 2 台泵并联运行时计算成果

特征值	设计地形扬程 H(28.5 m)		最大地形扬程 H(29 m)		最小地形扬程 H(28.2 m)	
	单泵	泵站	单泵	泵站	单泵	泵站
工作扬程 H(m)	31.45	30.45	30.88	30.88	30.19	30.19
工作流量 Q(m³/s)	1.40	2.81	1.37	2.73	1.42	2.84
效率 η(%)	86.42	76.84	86.77	77.41	86.19	76.46
功率 N(kW)	431.5	838.53	414.6	836.2	420.1	840.3

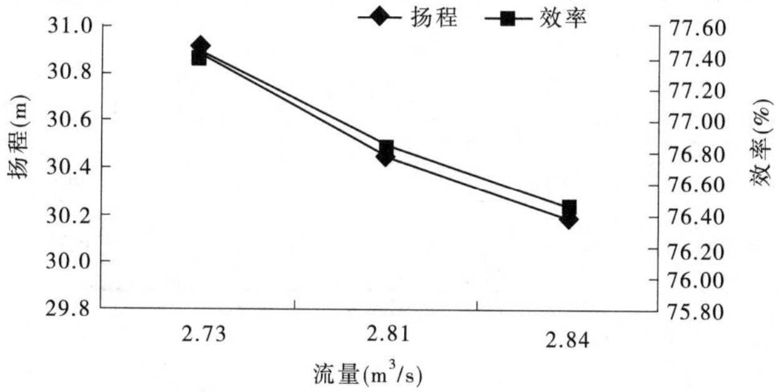

图 6-10　一级泵站 2 台泵并联运行时计算成果图

表 6-17　一级泵站 1 台泵运行时计算成果

特征值	设计地形扬程 H(28.5 m)		最大地形扬程 H(29 m)		最小地形扬程 H(28.2 m)	
	单泵	泵站	单泵	泵站	单泵	泵站
工作扬程 H(m)	29.6	29.6	30.20	30.20	29.1	29.1
工作流量 Q(m³/s)	1.46	1.46	1.42	1.42	1.48	1.48
效率 η(%)	85.72	76.80	86.17	78.63	85.41	77.69
功率 N(kW)	436.4	436.4	420.3	420.3	427.1	427.1

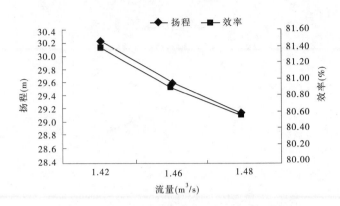

图6-11　一级泵站1台泵运行时计算成果图

(二)禹门口东扩提水工程二级泵站稳态分析

(1)二级泵站地形扬程见表6-18。

表6-18　二级泵站地形扬程

名称	二级进水池	二级出水池
设计水位(m)	445.8	504.8

(2)二级泵站水头损失计算。

在泵站额定流量时,二级泵站水头损失计算成果见表6-19。

表6-19　二级泵站水头损失计算成果

	项目	管道流量 (m^3/s)	长度 (m)	管径 (mm)	沿程水头损失 (m)	局部水头损失 (m)
二级 泵站	水泵进口段	1.013	18.5	900	0.054	0.161
	水泵出口段	1.013	42.2	700	0.467	0.214
	出口段至出水池段	4.052	13 580	1 800	15.605	0.263

(3)二级泵站流量计算。

基于设计工况下,对二级泵站的流量计算成果分别见表6-20 ~ 表6-23、图6-12 ~ 图6-15。

表6-20　二级泵站4台泵并联运行时计算成果

特征值	设计地形扬程 H(62.6 m)		最大地形扬程 H(63 m)		最小地形扬程 H(62.3 m)	
	单泵	泵站	单泵	泵站	单泵	泵站
工作扬程 H(m)	78.43	78.43	80.37	80.37	80.04	80.04
工作流量 Q(m^3/s)	1.097	4.39	1.04	4.14	1.05	4.19
效率 η(%)	85.86	61.36	86.8	64.6	86.63	64.05
功率 N(kW)	845.2	3 374.2	819.1	3 260.8	823.6	3 286.6

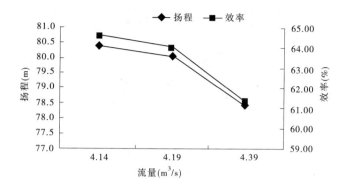

图 6-12　二级泵站 4 台泵并联运行时计算成果图

表 6-21　二级泵站 3 台泵并联运行时计算成果

特征值	设计地形扬程 H(62.6 m)		最大地形扬程 H(63 m)		最小地形扬程 H(62.3 m)	
	单泵	泵站	单泵	泵站	单泵	泵站
工作扬程 H(m)	75.39	75.39	75.66	75.66	75.18	75.18
工作流量 Q(m³/s)	1.17	3.52	1.67	3.50	1.18	3.53
效率 η(%)	84.08	66.27	84.19	66.59	83.87	66.02
功率 N(kW)	864.4	2 600.6	865.3	2 595.1	869.38	2 600.8

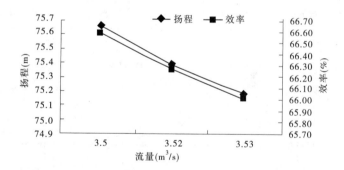

图 6-13　二级泵站 3 台泵并联运行时计算成果图

表 6-22　二级泵站 2 台泵并联运行时计算成果

特征值	设计地形扬程 H(62.6 m)		最大地形扬程 H(63 m)		最小地形扬程 H(62.3 m)	
	单泵	泵站	单泵	泵站	单泵	泵站
工作扬程 H(m)	69.73	69.73	70.07	70.07	69.46	69.46
工作流量 Q(m³/s)	1.27	2.54	1.26	2.53	1.28	2.55
效率 η(%)	79.81	68.07	80.08	68.4	79.6	67.82
功率 N(kW)	867.7	1 735.7	865.2	1 737.3	871.3	1 735.8

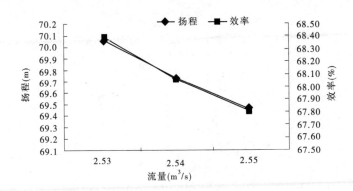

图6-14　二级泵站2台泵并联运行时计算成果图

表6-23　二级泵站1台泵运行时计算成果

特征值	设计地形扬程 H(62.6 m)		最大地形扬程 H(63 m)		最小地形扬程 H(62.3 m)	
	单泵	泵站	单泵	泵站	单泵	泵站
工作扬程 H(m)	65.2	65.2	65.62	65.62	64.94	64.94
工作流量 Q(m³/s)	1.33	1.33	1.32	1.32	1.33	1.33
效率 η(%)	76.12	69.40	76.47	69.73	75.87	69.15
功率 N(kW)	849.8	849.8	848.9	848.9	846.4	846.4

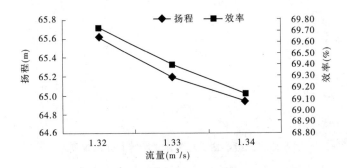

图6-15　二级泵站1台泵运行时计算成果图

(三)禹门口东扩提水工程三级泵站流量分析

(1)三级泵站地形扬程见表6-24。

表6-24　三级泵站地形扬程

名称	三级进水池	三级出水池
设计水位(m)	504.8	588.8

(2)三级泵站水头损失计算。

在泵站额定流量时,三级泵站水头损失计算成果见表6-25。

表6-25　三级泵站水头损失计算成果

	项目	管道流量 （m³/s）	长度 （m）	管径 （mm）	沿程水头损失 （m）	局部水头损失 （m）
三级 泵站	水泵进口段	0.9	15.3	900	0.035	0.123
	水泵出口段	0.9	31.1	700	0.210	0.062
	出口段至出水池段	3.6	8 150	1 800	3.993	0.115

（3）三级泵站流量计算。

基于设计工况下,对三级泵站的计算成果分别见表6-26 ~ 表6-28、图6-16 ~ 图6-18。

表6-26　三级泵站3台泵并联运行时计算成果

特征值	设计地形扬程 H(85.08 m)		最大地形扬程 H(85.4 m)		最小地形扬程 H(84.7 m)	
	单泵	泵站	单泵	泵站	单泵	泵站
工作扬程 H(m)	90.37	90.37	91.55	91.55	91.04	91.04
工作流量 Q(m³/s)	1.06	3.17	1.02	3.05	1.03	3.10
效率 η(%)	87.24	77.03	87.92	77.91	87.67	77.49
功率 N(kW)	890.1	2 803.0	915.1	2 736.4	919.0	2 765.8

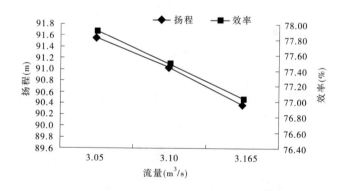

图6-16　三级泵站3台泵并联运行时计算成果图

表6-27　三级泵站2台泵并联运行时计算成果

特征值	设计地形扬程 H(85.08 m)		最大地形扬程 H(85.4 m)		最小地形扬程 H(84.7 m)	
	单泵	泵站	单泵	泵站	单泵	泵站
工作扬程 H(m)	88.72	88.72	88.99	88.99	88.40	88.40
工作流量 Q(m³/s)	1.11	2.22	1.10	2.20	1.12	2.24
效率 η(%)	85.68	78.06	85.99	78.39	85.30	77.65
功率 N(kW)	965.1	1 930.2	959.3	1 918.6	970.3	1 940.6

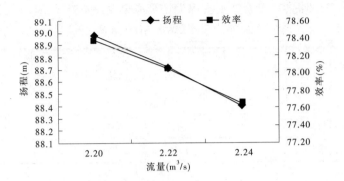

图 6-17　三级泵站 2 台泵并联运行时计算成果图

表 6-28　三级泵站 1 台泵运行时运行成果

特征值	设计地形扬程 H(85.08 m)		最大地形扬程 H(85.4 m)		最小地形扬程 H(84.7 m)	
	单泵	泵站	单泵	泵站	单泵	泵站
工作扬程 H(m)	86.67	86.67	86.97	86.97	86.31	86.31
工作流量 Q(m³/s)	1.17	1.17	1.27	1.27	1.19	1.19
效率 η(%)	82.80	77.22	83.80	77.70	82.18	76.62
功率 N(kW)	993.8	993.8	1 423.4	1 423.4	1 006.5	1 006.5

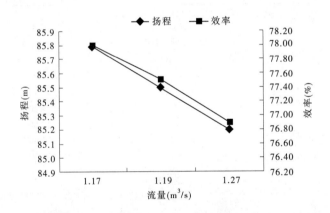

图 6-18　三级泵站 1 台泵运行时计算成果图

（四）禹门口东扩提水工程一、二、三级梯级泵站流量分析

从以上内容可知,一级、二级和三级泵站的流量调整范围见表 6-29。

表 6-29　一、二、三级泵站的流量调整范围　　　　（单位:m³/s）

扬程	一级泵站的流量调整范围	二级泵站的流量调整范围	三级泵站的流量调整范围
地形扬程	1.46 ~ 5.65	1.33 ~ 4.39	1.17 ~ 3.17
最大扬程	1.42 ~ 5.50	1.32 ~ 4.14	1.67 ~ 3.05
最小扬程	1.48 ~ 5.71	1.33 ~ 4.19	1.19 ~ 3.10

由于篇幅所限,本章中只针对各级泵站在地形扬程下的状况进行流量平衡分析。由前面的内容可知,为达到泵站级间流量平衡,二级泵站和三级泵站的流量应该相等,三级泵站的所需流量是不变的。所以,假设二级泵站的流量三级泵站的流量相等,然后作出一级泵站、二级泵站在不同开启台数下的泵站流量示意图,如图 6-19 所示。

由前可知,二级泵站和三级泵站达到流量平衡,即流量可分别为 1.17 m³/s、2.22 m³/s、3.17 m³/s,考虑到一、二级泵站间的分水流量 1.5 m³/s,所以一级泵站的流量应分别为 2.67 m³/s、3.72 m³/s、4.67 m³/s。由前述可知,一级泵站在开启 2 台水泵时,流量为 2.81 m³/s,对比 2.67 m³/s 仍然有 0.14 m³/s 的弃水;在开启 3 台泵时,流量为 3.96 m³/s,对比 3.72 m³/s 有 0.24 m³/s 的弃水;在开启 4 台泵时流量为 4.90 m³/s,对比 4.67 m³/s 仍然有 0.23 m³/s 的弃水。所以,有必要对一级泵站进行水泵的变速调节,使其达到泵站间的流量平衡要求。由以上基本资料可知,二、三级泵站之间无级间分流。再作出二级泵站和三级泵站在不同开启台数下的泵站流量示意图,如图 6-20 所示。

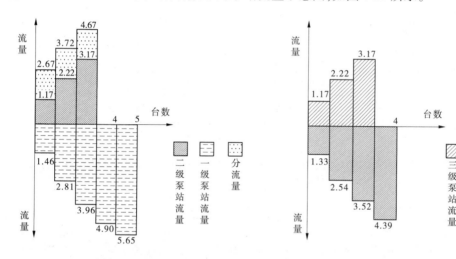

图 6-19　一级泵站、二级泵站在不同开启台数下的泵站流量示意图　(单位:m³/s)

图 6-20　二级泵站、三级泵站在不同开启台数下的泵站流量示意图　(单位:m³/s)

从表 6-29 可看出,在泵站净扬程都是地形扬程时,三级泵站所需最小流量即开启 1 台水泵时流量为 1.17 m³/s,二级泵站所能提供最小流量为 1.33 m³/s,造成 0.16 m³/s 的弃水;三级泵站开启水泵台数为 2 台时,泵站流量为 2.22 m³/s,二级泵站通过图 6-19 可看出开启 2 台水泵时流量较为匹配,为 2.54 m³/s,仍然有 0.32 m³/s 的弃水。三级泵站所需的最大流量即开启 3 台水泵时流量是 3.17 m³/s,而二级泵站经过机组组合调整得出开启 3 台泵时所提供流量较为满足要求,为 3.52 m³/s,仍然有 0.35 m³/s 的弃水。所以,应该对二级泵站的水泵进行变速调节,使其在三级泵站不同机组组合情况下能够达到二、三级泵站流量匹配,减少弃水,达到节能的效果。

三、禹门口东扩提水工程泵站变速调节的结果

变速调节计算是为了确定较为优化的工作方式——合理的转速及机组的合理组合。

本章的变速计算内容主要是在不同机组组合、不同变速台数情况下确定水泵的工作点,以及工作点对应的水力要素,分析一级泵站、二级泵站不同水泵台数组合和变速台数条件下,水泵的工作点和泵站的运行状况,以校核水泵、泵站的流量、扬程和效率等,根据泵站流量平衡原理确定合理的机组组合和变速台数及其转速变化情况。

下面分别列出一级泵站、二级泵站不同机组组合和不同变速泵台数时,水泵和泵站的工作点水力要素。由于变频器价格较高,本章只考虑最多 3 台水泵变速的情况。

(一)禹门口东扩提水工程一级泵站变速情况下流量计算分析

禹门口东扩提水工程一级泵站变速情况下流量计算分析分别见表 6-30 ~ 表 6-34、图 6-21 ~ 图 6-32。

表 6-30　一级泵站 1 台泵运行时变速成果

水泵运行台数		水泵工况点							泵站运行参量			变速时泵站功率（kW）
		定速泵			变速泵				流量（m^3/s）	扬程（m）	效率（%）	
总台数	变速台数	流量	扬程	效率	转速（r/min）	流量（m^3/s）	扬程（m）	效率（%）				
1	1	—	—	—	420	0.54	28.5	75.5	0.54	28.5	66.7	226.2
		—	—	—	430	0.66	28.6	79.8	0.66	28.6	70.7	260.0
		—	—	—	440	0.78	28.6	83.0	0.78	28.6	73.7	294.2
		—	—	—	450	0.90	28.6	85.3	0.90	28.6	75.8	329.5
		—	—	—	460	1.01	28.6	86.7	1.02	28.6	77.3	366.9
		—	—	—	470	1.14	28.7	87.3	1.14	28.7	78.0	406.8
		—	—	—	480	1.28	28.7	87.1	1.26	28.7	78.1	450.1

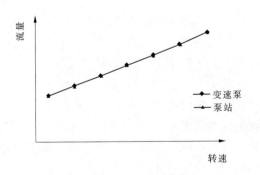

图 6-21　1 台泵运行情况下的流量—转速示意图

表 6-31 一级泵站 2 台泵并联运行时变速成果

水泵运行台数		水泵工况点							泵站运行参量			变速时泵站功率（kW）
总台数	变速台数	定速泵			变速泵				流量（m³/s）	扬程（m）	效率（%）	
		流量（m³/s）	扬程（m）	效率（%）	转速（r/min）	流量（m³/s）	扬程（m）	效率（%）				
2	1	1.37	28.9	86.2	420	0.51	28.9	73.9	1.93	28.9	76.4	698.6
		1.37	29.0	86.3	430	0.62	29.0	78.3	2.04	29.0	77.3	731.6
		1.36	29.1	86.3	440	0.74	29.1	81.8	2.15	29.1	78.1	764.7
		1.36	29.1	86.4	450	0.85	29.1	84.4	2.26	29.1	78.8	798.7
		1.35	29.2	86.5	460	0.97	29.2	86.1	2.37	29.2	79.2	834.4
		1.35	29.3	86.5	470	1.08	29.3	87.0	2.48	29.3	79.4	872.2
		1.34	29.4	86.6	480	1.20	29.4	87.3	2.59	29.4	79.4	913.0
	2	—	—	—	420	0.53	28.6	75.1	1.06	28.6	66.1	449.5
		—	—	—	430	0.65	28.7	79.3	1.29	28.7	69.9	516.0
		—	—	—	440	0.76	28.8	82.5	1.52	28.8	72.7	582.9
		—	—	—	450	0.87	28.9	84.8	1.74	28.9	74.7	651.9
		—	—	—	460	0.99	29.0	86.4	1.97	29.0	76.0	724.2
		—	—	—	470	1.10	29.1	87.2	2.20	29.1	76.7	800.7
		—	—	—	480	1.21	29.3	87.3	2.42	29.3	76.7	882.6

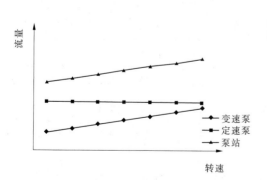

图 6-22 2 台泵运行,1 台泵变速
情况下的流量—转速示意图

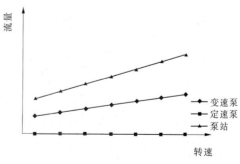

图 6-23 2 台泵运行,2 台泵变速
情况下的流量—转速示意图

表 6-32　一级泵站 3 台泵并联运行时变速成果

水泵运行台数		水泵工况点							泵站运行参量			变速时泵站功率（kW）
		定速泵			变速泵							
总台数	变速台数	流量（m³/s）	扬程（m）	效率（%）	转速（r/min）	流量（m³/s）	扬程（m）	效率（%）	流量（m³/s）	扬程（m）	效率（%）	
3	1	1.31	29.8	86.8	420	0.45	29.8	70.7	3.16	29.8	75.8	1 134.4
		1.30	29.9	86.9	430	0.56	29.9	75.7	3.25	29.9	76.1	1 166.6
		1.29	29.9	86.9	440	0.67	29.9	79.7	3.35	29.9	76.5	1 198.4
		1.29	30.0	87.0	450	0.78	30.0	82.7	3.45	30.0	76.8	1 230.6
		1.28	30.1	87.0	460	0.89	30.1	84.9	3.55	30.1	77.0	1 263.9
		1.27	30.2	87.1	470	1.01	30.2	86.4	3.65	30.2	77.2	1 298.9
		1.26	30.3	87.1	480	1.13	30.3	87.1	3.72	30.3	77.1	1 336.3
		1.26	30.4	87.2	485	1.18	30.4	87.3	3.80	30.4	77.1	1 356.1
	2	1.35	29.2	86.5	420	0.49	29.2	72.9	2.38	29.2	73.7	908.8
		1.34	29.4	86.6	430	0.60	29.4	77.4	2.58	29.4	74.9	973.3
		1.33	29.4	86.6	435	0.65	29.4	79.0	2.69	29.4	75.6	1 005.4
		1.33	29.5	86.7	440	0.70	29.5	80.8	2.78	29.5	76.0	1 037.6
		1.32	29.7	86.8	450	0.81	29.7	83.5	2.98	29.7	76.8	1 103.2
		1.30	29.8	86.9	460	0.92	29.8	85.4	3.19	29.8	77.4	1 171.3
		1.29	30.0	87.0	470	1.03	30.0	86.6	3.39	30.0	77.6	1 242.8
		1.27	30.2	87.1	480	1.14	30.2	87.2	3.60	30.2	77.5	1 318.8
	3	—	—	—	420	0.52	28.8	74.5	1.56	28.8	65.2	667.2
		—	—	—	430	0.63	28.9	78.6	1.88	28.9	68.6	764.7
		—	—	—	440	0.73	29.1	81.8	2.20	29.1	71.2	862.3
		—	—	—	450	0.84	29.3	84.1	2.51	29.3	73.0	962.2
		—	—	—	460	0.94	29.5	85.7	2.83	29.5	74.1	1 065.8
		—	—	—	470	1.05	29.8	86.8	3.14	29.8	74.6	1 174.5
		—	—	—	480	1.15	30.0	87.3	3.44	30.0	74.7	1 289.2

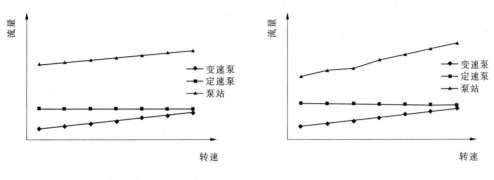

图 6-24　3 台泵运行,1 台泵变速
情况下的流量—转速示意图

图 6-25　3 台泵运行,2 台泵变速
情况下的流量—转速示意图

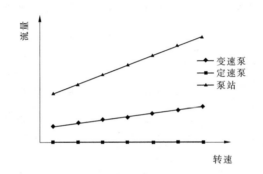

图 6-26　3 台泵运行,3 台泵变速情况下的流量—转速示意图

表 6-33　一级泵站 4 台泵并联运行时变速成果

水泵运行台数		水泵工况点							泵站运行参量			变速时泵站功率（kW）
		定速泵			变速泵				流量（m³/s）	扬程（m）	效率（%）	
总台数	变速台数	流量（m³/s）	扬程（m）	效率（%）	转速（r/min）	流量（m³/s）	扬程（m）	效率（%）				
4	1	1.23	30.8	87.3	420	0.37	30.8	66.4	4.20	30.8	73.9	1 531.4
		1.22	30.9	87.3	430	0.48	30.9	72.0	4.28	30.9	74.0	1 564.1
		1.21	31.0	87.3	440	0.59	31.0	76.6	4.37	31.0	74.2	1 595.3
		1.20	31.1	87.3	450	0.70	31.1	80.3	4.46	31.1	74.4	1 626.3
		1.19	31.2	87.3	460	0.82	31.2	83.1	4.55	31.2	74.5	1 657.9
		1.19	31.3	87.3	470	0.93	31.3	85.2	4.62	31.3	74.5	1 690.7
		1.18	31.3	87.3	475	0.99	31.3	85.9	4.68	31.3	74.5	1 707.7
		1.18	31.4	87.3	480	1.04	31.4	86.5	4.72	31.4	74.5	1 725.3

续表6-33

水泵运行台数		水泵工况点							泵站运行参量			变速时泵站功率（kW）
		定速泵			变速泵							
总台数	变速台数	流量（m³/s）	扬程（m）	效率（%）	转速（r/min）	流量（m³/s）	扬程（m）	效率（%）	流量（m³/s）	扬程（m）	效率（%）	
4	2	1.28	30.1	87.0	420	0.42	30.1	69.3	3.51	30.1	73.1	1 324.2
		1.27	30.3	87.1	430	0.53	30.3	74.3	3.69	30.3	73.6	1 387.4
		1.25	30.4	87.2	440	0.63	30.4	78.2	3.87	30.4	74.1	1 449.4
		1.24	30.6	87.2	450	0.74	30.6	81.4	4.05	30.6	74.5	1 511.6
		1.22	30.8	87.3	460	0.84	30.8	83.8	4.23	30.8	74.8	1 575.6
		1.21	31.0	87.3	470	0.95	31.0	85.5	4.41	31.0	74.9	1 642.1
		1.19	31.2	87.3	480	1.05	31.2	86.7	4.59	31.2	74.8	1 712.2
	3	1.33	29.5	86.7	420	0.47	29.5	71.8	2.78	29.5	71.4	1 110.1
		1.31	29.7	86.8	430	0.57	29.7	76.2	3.06	29.7	72.7	1 204.5
		1.29	30.0	86.9	440	0.67	30.0	79.7	3.35	30.0	73.8	1 298.0
		1.27	30.2	87.1	450	0.77	30.2	82.4	3.63	30.2	74.7	1 392.8
		1.25	30.5	87.2	460	0.87	30.5	84.4	3.91	30.5	75.1	1 490.9
		1.23	30.8	87.3	470	0.97	30.8	85.9	4.18	30.8	75.3	1 592.0
		1.20	31.1	87.3	480	1.07	31.1	86.8	4.45	31.1	75.0	1 698.6

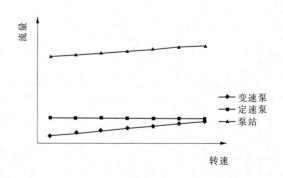

图6-27　4台泵运行,1台泵变速情况下的流量—转速示意图

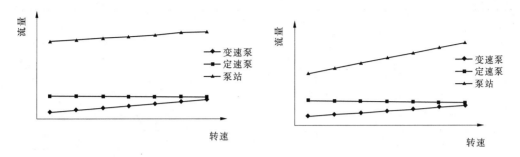

图 6-28　4 台泵运行,2 台泵变速　　　　图 6-29　4 台泵运行,3 台泵变速
情况下的流量—转速示意图　　　　　　情况下的流量—转速示意图

表 6-34　一级泵站 5 台泵并联运行时变速成果

水泵运行台数		水泵工况点							泵站运行参量			变速时泵站功率 (kW)
		定速泵			变速泵				流量 (m³/s)	扬程 (m)	效率 (%)	
总台数	变速台数	流量 (m³/s)	扬程 (m)	效率 (%)	转速 (r/min)	流量 (m³/s)	扬程 (m)	效率 (%)				
5	1	1.14	31.8	87.3	420	0.30	31.8	61.4	5.07	31.8	71.7	1 893.4
		1.14	31.9	87.2	430	0.40	31.9	67.7	5.14	31.9	71.7	1 928.2
		1.13	32.0	87.2	440	0.51	32.0	73.0	5.22	32.0	71.7	1 960.1
		1.12	32.1	87.2	450	0.62	32.1	77.4	5.30	32.1	71.7	1 990.8
		1.11	32.3	87.1	460	0.74	32.3	80.8	5.38	32.3	71.7	2 021.3
		1.10	32.4	87.0	470	0.85	32.4	83.5	5.45	32.4	71.7	2 052.6
		1.09	32.5	87.0	480	0.96	32.5	85.4	5.53	32.5	71.6	2 085.1
	2	1.20	31.1	87.3	420	0.35	31.1	65.0	4.46	31.1	71.5	1 699.5
		1.19	31.3	87.3	430	0.45	31.3	70.5	4.62	31.3	71.6	1 764.1
		1.17	31.5	87.3	440	0.56	31.5	75.1	4.78	31.5	71.7	1 825.5
		1.16	31.7	87.3	450	0.66	31.7	78.8	4.94	31.7	71.8	1 886.0
		1.14	31.9	87.2	460	0.76	31.9	81.7	5.09	31.9	72.0	1 947.2
		1.12	32.1	87.2	470	0.87	32.1	83.9	5.25	32.1	72.0	2 010.1
		1.11	32.3	87.1	480	0.97	32.3	85.6	5.41	32.3	71.9	2 075.8
	3	1.26	30.4	87.2	420	0.40	30.4	68.1	3.81	30.4	70.7	1 504.3
		1.24	30.6	87.3	430	0.50	30.6	72.8	4.07	30.6	71.2	1 597.4
		1.21	30.9	87.3	440	0.60	30.9	76.8	4.32	30.9	71.7	1 688.0
		1.19	31.2	87.3	450	0.69	31.2	79.9	4.56	31.2	72.1	1 778.7
		1.17	31.5	87.3	460	0.79	31.5	82.5	4.81	31.5	72.3	1 871.1
		1.14	31.8	87.3	470	0.89	31.8	84.4	5.05	31.8	72.3	1 966.5

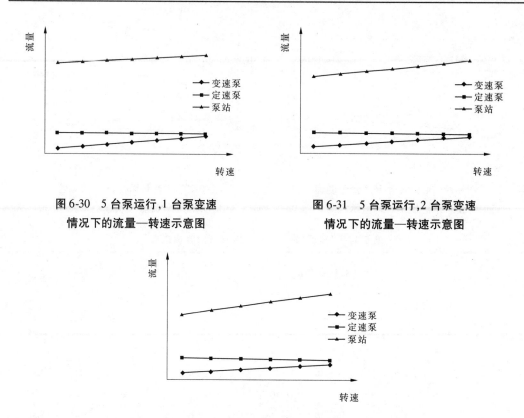

图6-30　5台泵运行,1台泵变速
情况下的流量—转速示意图

图6-31　5台泵运行,2台泵变速
情况下的流量—转速示意图

图6-32　5台泵运行,3台泵变速情况下的流量—转速示意图

(二)禹门口东扩提水工程二级泵站变速情况下流量计算分析

禹门口东扩提水工程二级泵站变速情况下流量计算分析分别见表6-35~表6-38、图6-33~图6-41。

表6-35　二级泵站1台泵运行时变速成果

水泵运行台数		水泵工况点							泵站运行参量			变速时泵站功率（kW）
		定速泵			变速泵				流量（m³/s）	扬程（m）	效率（%）	
总台数	变速台数	流量（m³/s）	扬程（m）	效率（%）	转速（r/min）	流量（m³/s）	扬程（m）	效率（%）				
1	1	—	—	—	880	1.04	60.0	55.1	1.04	60.0	50.4	817.8
		—	—	—	890	1.09	60.2	59.8	1.09	60.2	54.9	876.9
		—	—	—	900	1.15	60.3	64.2	1.14	60.3	59.1	942.3
		—	—	—	910	1.20	60.4	68.3	1.19	60.4	62.9	1 015.8
		—	—	—	920	1.25	60.5	71.9	1.25	60.5	66.5	1 099.5
		—	—	—	930	1.30	60.6	75.2	1.30	60.6	69.7	1 195.8

续表 6-35

水泵运行台数		水泵工况点							泵站运行参量			变速时泵站功率(kW)
		定速泵			变速泵				流量(m³/s)	扬程(m)	效率(%)	
总台数	变速台数	流量(m³/s)	扬程(m)	效率(%)	转速(r/min)	流量(m³/s)	扬程(m)	效率(%)				
1	1	—	—	—	940	1.35	60.8	78.0	1.35	60.8	72.4	1 308.3
		—	—	—	950	1.40	60.9	80.5	1.40	60.9	74.8	1 441.5
		—	—	—	960	1.44	61.0	82.6	1.44	61.0	76.9	1 601.8
		—	—	—	970	1.49	61.2	84.2	1.49	61.2	78.6	1 798.5

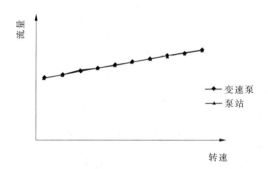

图 6-33　1 台泵运行情况下的流量—转速示意图

表 6-36　二级泵站 2 台泵并联运行时变速成果

水泵运行台数		水泵工况点							泵站运行参量			变速时泵站功率(kW)
		定速泵			变速泵				流量(m³/s)	扬程(m)	效率(%)	
总台数	变速台数	流量(m³/s)	扬程(m)	效率(%)	转速(r/min)	流量(m³/s)	扬程(m)	效率(%)				
2	1	1.41	64.3	79.2	880	0.90	64.3	72.8	2.35	64.3	53.0	1 427.1
		1.40	64.6	80.0	890	0.95	64.6	73.7	2.40	64.6	55.3	1 512.8
		1.39	64.8	82.4	900	1.00	64.8	74.6	2.44	64.8	57.9	1 626.6
		1.39	65.0	82.9	910	1.05	65.0	75.6	2.49	65.0	61.3	1 727.7
		1.38	65.2	83.3	920	1.10	65.2	76.2	2.53	65.2	62.6	1 843.4
		1.38	65.4	83.0	930	1.15	65.4	78.1	2.58	65.4	65.3	1 965.1
		1.37	65.6	83.1	940	1.20	65.6	79.5	2.62	65.6	67.1	2 091.3

续表 6-36

水泵运行台数		水泵工况点							泵站运行参量			变速时泵站功率（kW）
		定速泵			变速泵				流量（m³/s）	扬程（m）	效率（%）	
总台数	变速台数	流量（m³/s）	扬程（m）	效率（%）	转速（r/min）	流量（m³/s）	扬程（m）	效率（%）				
2	1	1.36	65.9	84.1	950	1.25	65.9	80.3	2.66	65.9	70.3	2 224.8
		1.36	66.0	84.3	960	1.30	66.0	82.2	2.71	66.0	71.0	2 401.7
		1.35	66.3	86.6	970	1.25	66.3	83.7	2.75	66.3	73.4	2 589.3
	2	—	—	—	880	0.96	62.5	72.3	1.92	62.5	52.5	1 528.1
		—	—	—	890	1.01	62.9	74.7	2.01	62.9	54.8	1 622.8
		—	—	—	900	1.05	63.3	76.9	2.10	63.3	56.4	1 722.6
		—	—	—	910	1.10	63.6	78.8	2.19	63.6	60.1	1 828.7
		—	—	—	920	1.14	64.0	80.6	2.28	64.0	61.4	1 942.4
		—	—	—	930	1.18	64.4	82.2	2.37	64.4	63.9	2 065.1
		—	—	—	940	1.23	64.8	83.5	2.45	64.8	65.2	2 198.3
		—	—	—	950	1.27	65.2	84.7	2.54	65.2	66.1	2 343.8
		—	—	—	960	1.32	65.6	85.6	2.62	65.6	68.2	2 503.7
		—	—	—	970	1.35	66.1	86.3	2.71	66.1	70.2	2 680.3

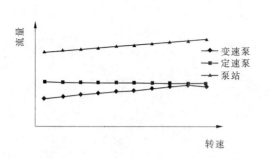

图 6-34　2 台泵运行，1 台泵变速
情况下的流量—转速示意图

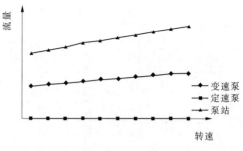

图 6-35　2 台泵运行，2 台泵变速
情况下的流量—转速示意图

表 6-37　二级泵站 3 台泵并联运行时变速成果

水泵运行台数		水泵工况点							泵站运行参量			变速时泵站功率（kW）
		定速泵			变速泵							
总台数	变速台数	流量（m³/s）	扬程（m）	效率（%）	转速（r/min）	流量（m³/s）	扬程（m）	效率（%）	流量（m³/s）	扬程（m）	效率（%）	
3	1	1.25	69.6	77.8	880	0.71	69.6	69.1	3.32	69.6	52.4	2 937.0
		1.25	69.9	78.3	890	0.77	69.9	70.5	3.36	69.9	54.6	2 970.4
		1.24	70.2	78.8	900	0.82	70.2	72.2	3.40	70.2	56.1	3 003.2
		1.23	70.4	79.2	910	0.87	70.4	73.6	3.44	70.4	60.3	3 036.2
		1.22	70.7	79.7	920	0.93	70.7	74.2	3.47	70.7	61.6	3 070.0
		1.22	70.9	80.0	930	0.98	70.9	76.1	3.51	70.9	64.2	3 105.3
		1.21	71.2	80.4	940	1.03	71.2	78.0	3.55	71.2	66.7	3 143.1
		1.20	71.4	80.8	950	1.08	71.4	79.3	3.58	71.4	69.1	3 184.0
		1.20	71.7	81.2	960	1.13	71.7	81.2	3.62	71.7	70.0	3 228.8
		1.19	71.9	81.5	970	1.18	71.9	82.7	3.65	71.9	72.4	3 278.8
	2	1.32	67.4	72.9	880	0.79	67.4	70.1	2.95	67.4	52.1	2 123.6
		1.31	67.9	74.1	890	0.84	67.9	71.5	3.03	67.9	53.7	2 245.6
		1.29	68.3	75.1	900	0.88	68.3	72.9	3.11	68.3	55.1	2 369.8
		1.28	68.8	76.1	910	0.93	68.8	74.6	3.18	68.8	59.3	2 596.9
		1.26	69.3	77.1	920	0.97	69.3	75.2	3.26	69.3	61.0	2 627.7
		1.25	69.7	78.0	930	1.02	69.7	77.1	3.33	69.7	62.3	2 762.9
		1.24	70.2	78.9	940	1.06	70.2	79.0	3.41	70.2	64.7	2 903.3
		1.22	70.7	79.7	950	1.10	70.7	80.3	3.48	70.7	65.2	3 136.1
		1.21	71.2	80.4	960	1.15	71.2	82.2	3.55	71.2	68.6	3 231.8
		1.19	71.7	81.2	970	1.19	71.7	83.7	3.62	71.7	70.1	3 335.1
	3	—	—	—	880	0.86	65.4	71.5	2.58	65.4	51.4	2 603.9
		—	—	—	890	0.90	66.0	71.9	2.70	66.0	52.2	2 671.2
		—	—	—	900	0.94	66.7	73.4	2.82	66.7	53.0	2 740.0
		—	—	—	910	0.98	67.3	75.6	2.93	67.3	58.2	2 811.1
		—	—	—	920	1.02	67.9	76.2	3.04	67.9	60.1	2 885.5
		—	—	—	930	1.05	68.6	78.4	3.17	68.6	61.5	2 963.9
		—	—	—	940	1.09	69.3	80.7	3.27	69.3	62.4	3 047.1
		—	—	—	950	1.13	70.0	81.5	3.37	70.0	64.2	3 149.4
		—	—	—	960	1.16	70.7	82.2	3.48	70.7	66.3	3 201.9
		—	—	—	970	1.20	71.4	84.1	3.59	71.4	68.0	3 361.6

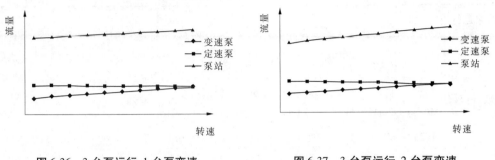

图 6-36　3 台泵运行,1 台泵变速
情况下的流量—转速示意图

图 6-37　3 台泵运行,2 台泵变速
情况下的流量—转速示意图

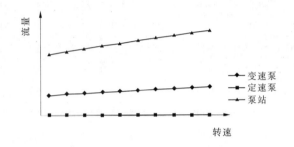

图 6-38　3 台泵运行,3 台泵变速情况下的流量—转速示意图

表 6-38　二级泵站 4 台泵并联运行时变速成果

水泵运行台数		水泵工况点							泵站运行参量			变速时泵站功率（kW）
		定速泵			变速泵							
总台数	变速台数	流量（m³/s）	扬程（m）	效率（%）	转速（r/min）	流量（m³/s）	扬程（m）	效率（%）	流量（m³/s）	扬程（m）	效率（%）	
4	1	1.11	74.5	84.4	880	0.53	74.5	68.2	4.01	74.5	56.4	3 503.7
		1.10	74.8	84.6	890	0.59	74.8	69.7	4.04	74.8	57.2	3 550.0
		1.09	75.1	84.8	900	0.65	75.1	70.0	4.07	75.1	58.1	3 594.3
		1.09	75.3	85.0	910	0.71	75.3	72.6	4.11	75.3	60.3	3 636.7
		1.08	75.6	85.2	920	0.76	75.6	73.2	4.14	75.6	62.6	3 677.2
		1.07	75.8	85.4	930	0.82	75.8	74.3	4.18	75.8	65.2	3 716.4
		1.06	76.1	85.5	940	0.87	76.1	76.0	4.21	76.1	66.3	3 754.9
		1.05	76.3	85.7	950	0.92	76.3	77.3	4.24	76.3	69.5	3 793.3
		1.05	76.6	85.8	960	0.98	76.6	79.9	4.27	76.6	72.6	3 832.5
		1.05	76.8	86.0	970	1.03	76.8	81.7	4.30	76.8	74.6	3 873.1

续表6-38

水泵运行台数		水泵工况点							泵站运行参量			变速时泵站功率（kW）
		定速泵			变速泵							
总台数	变速台数	流量（m³/s）	扬程（m）	效率（%）	转速（r/min）	流量（m³/s）	扬程（m）	效率（%）	流量（m³/s）	扬程（m）	效率（%）	
4	2	1.18	72.2	81.8	880	0.62	72.2	69.7	3.69	72.2	55.6	3 244.8
		1.16	72.7	82.5	890	0.67	72.7	70.2	3.76	72.7	56.1	3 322.0
		1.15	73.2	83.0	900	0.72	73.2	71.9	3.83	73.2	57.7	3 397.8
		1.14	73.7	83.6	910	0.76	73.7	73.4	3.89	73.7	59.0	3 472.5
		1.12	74.1	84.1	920	0.81	74.1	74.2	3.96	74.1	61.4	3 546.7
		1.11	74.6	84.5	930	0.86	74.6	75.1	4.02	74.6	64.3	3 620.9
		1.09	75.1	84.9	940	0.90	75.1	77.7	4.09	75.1	65.3	3 696.0
		1.08	75.6	85.3	950	0.95	75.6	78.3	4.15	75.6	68.7	3 772.5
		1.06	76.1	85.6	960	0.99	76.1	80.2	4.21	76.1	71.6	3 851.4
		1.05	76.6	85.9	970	1.04	76.6	82.3	4.27	76.6	73.6	3 933.4
	3	1.24	70.0	78.6	880	0.70	78.6	70.2	3.38	78.6	54.8	2 974.7
		1.22	70.7	79.7	890	0.74	79.7	71.4	3.48	79.7	55.2	3 081.7
		1.20	71.4	80.8	900	0.78	80.8	72.5	3.58	80.8	56.3	3 189.0
		1.18	72.1	81.8	910	0.82	81.8	73.9	3.68	81.8	58.0	3 297.2
		1.16	72.8	82.6	920	0.86	82.6	75.8	3.78	82.6	60.1	3 406.7
		1.14	73.5	83.4	930	0.89	83.4	76.2	3.87	83.4	63.0	3 518.1
		1.12	74.2	84.1	940	0.93	84.1	78.3	3.97	84.1	64.3	3 631.9
		1.10	74.9	84.7	950	0.97	84.7	79.0	4.06	84.7	67.2	3 748.8
		1.05	75.6	85.3	960	1.01	85.3	81.2	4.15	85.3	70.6	3 869.1
		1.05	76.4	85.7	970	1.05	85.7	83.3	4.24	85.7	72.6	3 993.6

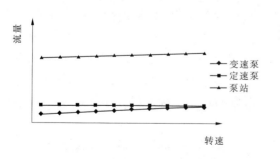

图6-39　4台泵运行,1台泵变速
情况下的流量—转速示意图

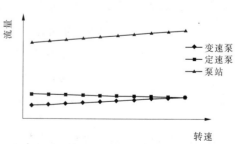

图6-40　4台泵运行,2台泵变速
情况下的流量—转速示意图

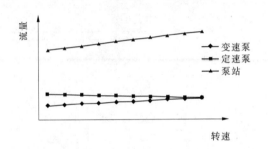

图6-41　4台泵运行,3台泵变速情况下的流量—转速示意图

(三)禹门口东扩提水工程泵站变速情况下流量平衡分析

根据以上两小节的内容,可以知道在三级泵站不同开启机组组合情况下,对应的二级泵站在不变速情况下的最优开启机组台数。同时,可从上述内容中找出使二级泵站的弃水量最少的开启机组组合和变速台数和转速变化情况,得到的结果如表6-39所示。

表6-39　二、三级泵站流量匹配结果

三级泵站流量 (m^3/s)	二级泵站								功率 (kW)
	无变速			变速					
	台数	流量 (m^3/s)	弃水量 (m^3/s)	开启台数	变速台数	转速 (r/min)	流量 (m^3/s)	弃水量 (m^3/s)	
1.17	1	1.33	0.16	1	1	910	1.19	0.02	1 015.8
2.22	2	2.54	0.32	2	2	920	2.28	0.06	1 942.4
3.17	3	3.52	0.35	3	2	910	3.18	0.01	2 596.9
				3	3	930	3.17	0	2 963.9

从表6-39可以看出,在三级泵站需要流量为1.17 m^3/s时,二级泵站开启1台水泵,并改变水泵转速使其转速为910 r/min,则二级泵站流量为1.19 m^3/s,弃水量为0.02 m^3/s,对比无变速时弃水量0.16 m^3/s有明显的降低。三级泵站需要流量为2.22 m^3/s时,二级泵站开启2台水泵,变速台数为2台,水泵改变转速为920 r/min,则二级泵站流量为2.28 m^3/s,弃水量为0.06 m^3/s,对比无变速时弃水量0.32 m^3/s有明显的降低。三级泵站需要流量为3.17 m^3/s时,二级泵站有两种方式:第一种是开启3台水泵,变速台数为2台,水泵改变转速为910 r/min,则二级泵站流量为3.18 m^3/s,弃水量为0.01 m^3/s,对比无变速时弃水量0.35 m^3/s有明显的降低。此时的功率为2 596.9 kW。第二种是开启3台泵,变速台数为3台,水泵改变转速为930 r/min,此时二级泵站流量为3.17 m^3/s,弃水量为0,但是此时功率为2 963.9 kW。二级泵站选取哪种开启方式可通过技术经济比较来确定。

同理,可以得出一、二级泵站的流量匹配结果,此时二级泵站的水泵已经经过变速调节,基本已和一级泵站达到流量平衡,结果如表6-40所示。

表6-40　一、二级泵站流量匹配

三级泵站流量 (m³/s)	二级泵站流量 (m³/s)	分水量 (m³/s)	一级泵站								一级泵站功率 (kW)
			无变速			变速					
			台数	流量 (m³/s)	弃水量 (m³/s)	开启台数	变速台数	转速 (r/min)	流量 (m³/s)	弃水量 (m³/s)	
1.17	1.19	1.5	2	2.81	0.12	3	2	435	2.69	0	1 005.4
2.22	2.28	1.5	3	3.96	0.18	3	1	485	3.80	0.02	1 356.1
						4	2	435	3.78	0	1 418.4
3.17	3.18	1.5	4	4.90	0.22	4	1	475	4.68	0	1 707.7
						4	2	485	4.68	0	1 748.8
						4	3	490	4.72	0.04	1 811.1
						5	2	435	4.70	0.02	1 795.0
						5	3	455	4.69	0.01	1 824.6
	3.17	1.5	4	4.90	0.23	4	1	475	4.68	0.01	1 707.7
						4	2	485	4.68	0.01	1 748.8
						4	3	490	4.72	0.05	1 811.1
						5	2	435	4.70	0.03	1 795.0
						5	3	455	4.69	0.02	1 824.6

从表6-40可以看出,在二级泵站需要流量为 1.19 m³/s 时,一级泵站开启 3 台水泵,变速台数为 2 台,水泵改变转速为 435 r/min,此时一级泵站流量为 2.69 m³/s,除去分水量 1.5 m³/s,一、二级泵站间没有弃水量,显然比无变速时弃水量 0.12 m³/s 更为经济。

二级泵站需要流量为 2.28 m³/s 时,一级泵站可以有两种开启方式:第一种是开启 3 台水泵,变速台数为 1 台,水泵改变转速为 485 r/min,此时一级泵站流量为 3.80 m³/s,除去分水量 1.5 m³/s,一、二级泵站间弃水量为 0.02 m³/s,对比无变速时弃水量 0.18 m³/s 有明显的降低,此时的泵站功率为 1 356.1 kW。第二种是开启 4 台水泵,变速台数为 2 台,水泵改变转速为 435 r/min,此时一级泵站流量为 3.78 m³/s,除去分水量 1.5 m³/s,一、二级泵站没有弃水量,对比无变速时弃水量 0.18 m³/s 有明显的好转,此时泵站的功率为 1 418.4 kW。此时一级泵站选取哪种开启方式可通过技术经济比较来确定。

针对三级泵站需水量 3.17 m³/s,二级泵站有两种开启方式,流量分别为 3.18 m³/s、3.17 m³/s。由于两种开启方式下泵站流量相近,本章只分析二级泵站流量为 3.18 m³/s 的情况,此时一级泵站有五种方式:

(1)第一种是开启 4 台水泵,变速台数为 1 台,水泵改变转速为 475 r/min,此时一级泵站流量为 4.68 m³/s,除去分水量 1.5 m³/s,一、二级泵站间没有弃水量,对比无变速时弃水量 0.22 m³/s 显然更为经济,此时泵站功率为 1 707.7 kW。

(2)第二种方法是开启 4 台水泵,变速台数为 2 台,水泵改变转速为 485 r/min,此时泵站流量为 4.68 m³/s,除去分水量 1.5 m³/s,一二级泵站间没有弃水量,对比无变速时弃水量 0.22 m³/s 显然更为经济,此时泵站功率为 1 748.8 kW。

(3)第三种方法是开启 4 台水泵,变速台数为 3 台,水泵改变转速为 490 r/min,此时泵站流量为 4.72 m³/s,除去分水量 1.5 m³/s,一、二级泵站间弃水量为 0.04 m³/s,对比无变速时弃水量 0.22m³/s 显然更为经济,此时泵站功率为 1 811.1 kW。

(4)第四种方法是开启 5 台水泵,变速台数为 2 台,水泵改变转速为 435 r/min,此时泵站流量为 4.70 m³/s,除去分水量 1.5 m³/s,一二级泵站间弃水量为 0.02 m³/s,对比无变速时弃水量 0.22 m³/s 显然更为经济,此时泵站功率为 1 795.0 kW。

(5)第五种方法是开启 5 台水泵,变速台数为 3 台,水泵改变转速为 455 r/min,此时泵站流量为 4.69 m³/s,除去分水量 1.5 m³/s,一二级泵站间弃水量为 0.01 m³/s,对比无变速时弃水量 0.22 m³/s 显然更为经济,此时泵站功率为 1 824.6 kW。

一级泵站选择哪种开启方式可通过技术经济比较来确定。所以,一级泵站、二级泵站经过变速,可以达到泵站级间流量平衡,减少弃水,达到节能的效果。

第四节　结　论

本章建立无变速和有变速情况下的泵站流量计算模型,分析研究山西省禹门口东扩提水工程的流量平衡状况,提出了优化禹门口东扩提水工程流量平衡的方案。同时对禹门口东扩提水工程浍河支线不同型号泵并联工况进行水力过渡过程数值模拟,提出合理的水锤防护措施。结论如下:

(1)三级泵站的所需最小水量为 1.17 m³/s,即开启 1 台水泵时的流量。由于二、三级泵站之间无分水,由泵站级间流量平衡,可得二级泵站此时流量也应近似为 1.17 m³/s。一、二级泵站之间分水流量为 1.5 m³/s,所以此时一级泵站的流量应为 2.67 m³/s。一级泵站经过机组组合,可知开启 2 台水泵时流量较满足要求,流量为 2.81 m³/s,所以造成一、二级泵站间弃水量为 0.14 m³/s。三级泵站的需水量为 2.22 m³/s,同理可得二级泵站此时流量应近似为 2.22 m³/s,一级泵站的流量则应为 3.72 m³/s。一级泵站经过机组组合,可知开启 3 台水泵时流量较满足要求,流量为 3.96 m³/s,造成了一、二级泵站间弃水量 0.24 m³/s。三级泵站需水量为 3.17 m³/s 时,同理可得二级泵站此时流量应近似为 3.17 m³/s,一级泵站的流量则应为 4.67 m³/s,一级泵站经过机组组合可知开启 4 台水泵时流量较满足要求,流量为 4.90 m³/s,造成一、二级泵站间 0.23 m³/s 的弃水量。所以,有必要对一级泵站进行水泵变速调节,使其达到梯级泵站流量平衡要求,减少弃水,达到节能的效果。

(2)三级泵站所需最小流量即开启 1 台水泵时流量为 1.17 m³/s,二级泵站所能提供的最小流量为 1.33 m³/s,造成 0.16 m³/s 的弃水;三级泵站开启水泵台数为 2 台时,泵站流量为 2.22 m³/s。二级泵站经过机组组合可知开启 2 台水泵时流量较为匹配,为 2.54 m³/s,仍然有 0.32 m³/s 的弃水。三级泵站所需的最大流量即开启 3 台水泵时流量是 3.17 m³/s,而二级泵站经过机组组合可知开启 3 台泵时所提供流量较为满足要求,为 3.52 m³/s,仍然有 0.35 m³/s 的弃水。所以,应该对二级泵站的水泵进行变速调节,使其达到梯级泵站流量平衡要求,减少弃水,达到节能的效果。

(3)在三级泵站需要流量为 1.17 m³/s 时,二级泵站开启 1 台水泵,并改变水泵转速使其转速为 910 r/min,则二级泵站流量为 1.19 m³/s,弃水量为 0.02 m³/s,对比无变速时弃水量0.16 m³/s 有明显的降低。三级泵站需要流量为 2.22 m³/s 时,二级泵站开启 2 台水泵,变速台数为 2 台,水泵改变转速为 920 r/min,则二级泵站流量为 2.28 m³/s,弃水量为 0.06 m³/s,对比无变速时弃水量 0.32 m³/s 有明显的降低。三级泵站需要流量为 3.17 m³/s 时,二级泵站有两种方式:第一种是开启 3 台水泵,变速台数为 2 台,水泵改变转速为 910 r/min,则二级泵站流量为 3.18 m³/s,弃水量为 0.01 m³/s,对比无变速时弃水量 0.35 m³/s有明显的降低,此时的功率为 2 596.9 kW。第二种是开启 3 台泵,变速台数为 3 台,水泵改变转速为 930 r/min,此时二级泵站流量为 3.17 m³/s,弃水量为 0,但是此时功率为2 963.9 kW。二级泵站选择哪一种开启方式,可通过技术经济比较来确定。

(4)在二级泵站需要流量为 1.19 m³/s 时,一级泵站开启 3 台水泵,变速台数为 2 台,水泵改变转速为 435 r/min,此时一级泵站流量为 2.69 m³/s,除去分水量 1.5 m³/s,一、二级泵站间没有弃水量,显然比无变速时弃水量 0.12 m³/s 更为经济。

二级泵站需要流量为 2.28 m³/s 时,一级泵站可以有两种开启方式:第一种是开启 3 台水泵,变速台数为 1 台,水泵改变转速为 485 r/min,此时·级泵站流量为 3.80 m³/s,除去分水量 1.5 m³/s,一、二级泵站间弃水量为 0.02 m³/s,对比无变速时弃水量 0.18 m³/s 有明显的降低,此时的泵站功率为 1 356.1 kW。第二种是开启 4 台水泵,变速台数为 2台,水泵改变转速为 435 r/min,此时一级泵站流量为 3.78 m³/s,除去分水量 1.5 m³/s,一、二级泵站没有弃水量,对比无变速时弃水量 0.18 m³/s 有明显的好转,此时泵站的功率为1 418.4 kW。此时一级泵站选取哪种开启方式,可通过技术经济比较来确定。

针对三级泵站需水量 3.17 m³/s,二级泵站有两种开启方式,流量分别为 3.18 m³/s、3.17 m³/s。由于二种开启方式下泵站流量相近,本章只分析二级泵站流量为 3.18 m³/s的情况,此时一级泵站有五种方式:

(1)第一种是开启 4 台水泵,变速台数为 1 台,水泵改变转速为 475 r/min,此时一级泵站流量为 4.68 m³/s,除去分水量 1.5 m³/s,一、二级泵站间没有弃水量,对比无变速弃水量 0.22 m³/s 显然更为经济,此时泵站功率为 1 707.7 kW。

(2)第二种方法是开启 4 台水泵,变速台数为 2 台,水泵改变转速为 485 r/min,此时泵站流量为 4.68 m³/s,除去分水量 1.5 m³/s,一、二级泵站间没有弃水量,对比无变速时弃水量 0.22 m³/s 显然更为经济,此时泵站功率为 1 748.8 kW。

(3)第三种方法是开启 4 台水泵,变速台数为 3 台,水泵改变转速为 490 r/min,此时泵站流量为 4.72 m³/s,除去分水量 1.5 m³/s,一、二级泵站间弃水量为 0.04 m³/s,对比无变速时弃水量 0.22 m³/s 显然更为经济,此时泵站功率为 1 811.1 kW。

(4)第四种方法是开启 5 台水泵,变速台数为 2 台,水泵改变转速为 435 r/min,此时泵站流量为 4.70 m³/s,除去分水量 1.5 m³/s,一、二级泵站间弃水量为 0.02 m³/s,对比无变速时弃水量 0.22 m³/s 显然更为经济,此时泵站功率为 1 795.0 kW。

(5)第五种方法是开启 5 台水泵,变速台数为 3 台,水泵改变转速为 455 r/min,此时泵站流量为 4.69 m³/s,除去分水量 1.5 m³/s,一、二级泵站间弃水量为 0.01 m³/s,对比无变速时弃水量 0.22 m³/s 显然更为经济,此时泵站功率为 1 824.6 kW。

一级泵站选择哪种开启方式可通过技术经济比较确定。

课后思考题

1.掌握工频泵和变频泵并联运行的原理和模型。

2.掌握梯级泵站流量平衡的原理及其稳态分析。

参考文献

[1] 丁浩.水电站有压引水系统非恒定流[M].北京:水利电力出版社,1986.

[2] 怀利 E B,斯特里特 V L.瞬变流[M].北京:清华大学流体传动与控制教研组,译.北京:水力电力出版社[M],1983.

[3] 刘竹溪,刘光临.泵站水锤及其防护[M].北京:水利电力出版社,1988.

[4] 秋元德三.水击与压力脉冲[M].支培法,译.北京:电力工业出版社,1981.

[5] Humpherys R A,Kroon J R. Computer Modeling as a Tool for Selecting Appropriate Air Valves for Pipcline Surge Protection[J]. Water Resources Planning and Management and Urban Water Resources,1991:939-943.

[6] Khamlichi A,Jezequel L,Tephany F. Elastic-plastic water hammer analysis in piping systems[J]. Wave Motion, 1995, 22:279-295.

[7] Stephenso D. Effects of air valves and pipework on water hamme pressures[J]. J. of Transportation Engineering, 1997,3:101-106.

[8] Yves R F,Bryan W K. Extended-Period Analysis with a Transient Model[J]. J. of Hydraulic Engineering, 2002, 128(6):616-624.

[9] Jung B S,Bryan W K. Proceedings of the ASME/JSME Joint Fluids Engineering Conference[J]. 2003: 2877-2883.

[10] Izquierdo J, Iglesias P L. Hydraulic Transients in Complex Systems[J]. Mathematical and Computer Modelling,2004, 39:529-540.

[11] Kochupillai J , Ganesan N, Padmanabhan C. A New Finite Element Formulation Based on The Velocity of Flow for Water Hammer Problems[J]. International J. of Pressure Vessels and Piping, 2005,82:1-14.

[12] Shimade M,Brown J, Vardy A. Estimating Friction Errors in Mocanalyses of Unsteady Pipe Flows[J]. Computers and Fluids,2007,36:1235-1246.

[13] 刘保华.某水厂水锤事故原因分析[J].水电站设计,2000,16(1):30-36.

[14] 龚时宏,刘光临.离心泵全特性曲线若干问题研究[J].农业机械学报,1994,25(4):38-43.

[15] 陈达卫.水泵全特性曲线的神经网络预测模型的研究[J].炼油技术与工程,2004,34(12):24-27.

[16] 卢伟,李良庚.基于 BP 神经网络的水泵全特性曲线拟合[J].工业控制计算机,2001,14(12):18-20.

[17] 刘梅清,冯卫民.单项调压塔防水锤特性的数值模拟与研究[J].水利学报,1995(10):23-28.

[18] David Stephenson. Effects of airvalves and pipe work on water hammer pressure[J]. Transportation engineering,ASCE,1997,123(2):101-106.

［19］翁晓红,匡许衡,宋元胜,等.进排气阀压力涌浪的防护特性研究［J］.中国农村水利水电,1998(8):29-31.

［20］蒋劲.确定泵系统阀门最优关闭程序 VS 法研究［J］.武汉水利电力大学学报,1994,5(27):481-486.

［21］刘光临,蒋劲,等.泵站水锤阀调节防护试验研究［J］.武汉水利电力大学学报,1991(12):597-601.

［22］刘光临,蒋劲,沈正.阳逻电厂冷却水系统水锤事故分析［J］.华中电力,1999,12(2):24-26.

［23］徐巧权.取水泵房出水管水锤事故分析［J］.中国给水排水,2000,16(5):42-44.

［24］刘华,鞠小明,陈嘉远.供水管道中的水力过渡过程研究［J］.四川大学学报,1999(1):5-10.

［25］刘光临,蒋劲,骆辛磊.大型轴流泵站停泵水锤的调压塔防护研究［J］.水利水电技术,1995(2):30-36.

［26］刘光临,刘梅清,匡许衡.长管道系统中的水锤及其防护研究［J］.武汉水利电力大学学报,1995(3):36-40.

［27］刘光临,刘梅清,贾琦.泵系统中调压塔水锤防护特性的研究［J］.水利学报,1998(11):1-11.

［28］杨开林.电站与泵站中的水力瞬变与调节［M］.北京:中国水利电力出版社,2000.

第七章 长距离输水工程重力流水锤阀防护的数值模拟

第一节 绪 论

一、目的和意义

长距离输水有重力和加压两种方式,由于重力输水具有工程投资少、运行费用低、维护管理方便等特点,在条件许可的情况下应优先选用。近年已投入运行的广州市西江引水工程、北京张坊水源应急供水工程等均采用重力输水方式。这些输水系统往往是维系工业企业甚至是整个城市正常运转的命脉,一旦系统因某种原因发生事故不能正常工作,就可能带来巨大的经济损失和其他一系列的严重后果。工程设计时,大多以输水管道恒定流为依据设计,虽然也设置了调压井、空气阀等设施,但输水系统中的非恒定流现象并没有引起足够的重视,缺少系统的计算和试验分析。事实证明,由于输水工程的非恒定流往往超出恒定流的设计范围,在工程运行中可能出现水锤、管道负压、水体脱空等严重影响工程安全的情况。因此,开展对长距离重力输水管线水力工况的分析与研究有着重要的现实意义。

二、国内外研究现状

(一)国内外长距离输水管道水锤防护发展与现状

1.国外水锤研究发展与现状

20世纪70年代以来,管道水锤研究领域翻开了崭新的一页。在英国皇家学会努力倡导下及其流体工程分会的积极运作下,世界上每隔几年召开一次国际压力涌波会议(International pressure surge conference),总结和交流这方面的研究成果。断流水锤研究组于1978年在国际水力研究协会(IAHR)上正式成立,并于2000年出版了《伴有水柱分离的水力过渡过程》(Hydraulic Transients With Water Column Separation)一书。该书中系统地论述了该研究组近年来在断流水锤领域的研究成果。

20世纪80年代以来,由于计算机科学与信息技术高速发展,管道水锤的计算机模拟也逐步发展并走向成熟,水锤防护技术也即将开启新的篇章。

2.国内水锤研究发展与现状

直到80年代初,我国才出现有关水锤的专著。1981年,清华大学知名学者王树人编写的专著《水击理论与水击计算》,该书系统地介绍了水击的基本理论以及如何推导基本方程式,并给出了初步的电算程序。此后,随着《瞬变流》(Fluid Transients)和《实用水力过渡过程》(Applied Hydraulic transients)两本书中文译版的相继出版,我国水锤研究逐渐发展起来,关注它的科研人员日趋增多。金锥等学科带头人在水柱分离方面进行了多年系统的理论研究,通过建立水柱分离的计算模型,全面而系统地总结了停泵水锤防护的理论,并将电算法运用于停泵水锤中,其成果收录于《停泵水锤及其防护》一书。

(二)国内外重力流输水管路水锤防护概述

在长距离重力输水管路的水锤防护中,国内外大量专家学者总结出了管路中存在的水力学问题并提出了相应的技术措施:

(1)调压调流问题及技术措施:调压通常指减压,当输水系统除输水水头损失外尚有多余水头时,就需要减压(消能);当系统输水流量小于设计流量时,同样需要减压(消能)。与此同时,还需要对系统通过的流量进行调节。减压和调流通常结合进行,使用同一设备。

(2)压力分级问题:对于总水头高的长管道压力输水系统,应根据情况划分为几级(几个压力区段),在每一个区段的末端均设置调压调流设施。分级的目的是控制每一压力区段的管道最高工作压力和管线长度。当某一区段最高工作压力并不大而管线却较长时,出于分段检修的需要,可以将其划分为若干个检修段,检修段之间设置检修阀,这样可以减少管道排空时的弃水量。

(3)水锤问题及措施:延长阀门关闭或开启时间,可以将水锤压力控制在一定范围内。这对大型阀门来说可能是简单易行的。但是,对于长管线来说,按照控制水锤压力反算的阀门关闭或开启时间往往较长,达到 5 ~ 10 min 甚至更多,与调度运用灵活性要求构成了矛盾。目前,国内外普遍采用的水锤措施有液控蝶阀防护、减压阀防护、超压泄压阀防护等。

(4)进排气问题及技术措施:分析进、排气过程时会发现一个矛盾现象:管道首次充水或需要排空时,排出或吸入的空气比较集中,而且不需要过高的压力;而系统运行中只需要排出少量的气体,并且这些气体大都处于较高的压力环境之中。过去,一些小规模输水系统使用的是单一的进排气阀,但对于大直径管道系统,这一矛盾尤为突出。随着技术的不断进步,进排气阀的功能及种类得到了进一步的完善,适用于各类管路输水条件下的进排气阀相继问世,更合理地解决了管路的进排气问题。工程实践中大部分用自动进排气阀防护。

(三)国内外重力流输水管路水锤防护研究中的若干技术问题

(1)气液两相流的研究现状:近年来,国内外学者对有压输水管道系统气液两相瞬变流的研究持续增长。输水工程在设计时,都应该事先做水锤分析、预测和模拟事故工况下水锤的发生和传播规律,其中除考虑常规正压水锤外,还必须考虑在管道的某些部位可能发生气体释放、产生空穴流和液柱分离等气液两相瞬变流情况。对有压输水管道系统气液两相瞬变流进行全面的理论分析和预测控制研究,是优化工程设计、降低工程造价、确保工程安全运行的关键,具有重要的理论意义和实用价值。

(2)水锤防护的技术研究:Wylie 等研究了有压输水管道系统水锤防护的多种装置,包括单、双向调压塔,水锤消除器,气压罐,空气阀,止回阀等防护装置;Stephenson 和 Lee 等对空气阀的性能进行了研究;刘竹溪等对泵站水锤及防护装置进行了大量的分析研究;刘梅清等对单向调压塔防水锤特性进行了数值模拟与研究。

（3）水锤防护的计算分析方法：Wylie等提出的特征线法将管道系统非恒定流的水锤偏微分方程，沿其特征线变换为常微分方程，然后近似地变换为差分方程进行数值计算。Watt等学者对有限元法与特征线法进行比较得出如下结论：有限元法对管系的缓慢瞬变流求解精度相当高，且计算时间短；其缺点是对于压力变化急剧的瞬变流，计算结果容易发散。

综上所述，国内应加大科技投入，以完善、规范该类产品，制定统一的空气阀产品标准，包括基本类型、应用条件、压力等级、规格、部件材质、性能指标、试验检验标准等，建立规范的具有权威性的试验测试装置，便于工程实施过程中选择适用、性能优良、价格合理的优质产品。

三、本章案例的主要内容及目的

根据水锤基本理论，结合工程实例，对重力有压输水系统的末端关阀水锤进行计算分析，以工程实例为算例，采用特征线法结合阀门对应的边界条件方程，建立对应的水力计算模型，对减压阀、蝶阀的关阀水锤进行数值模拟和分析比较。同时，对输水管线中进排气阀的设置、选型进行研究，并对已设置的进排气阀进行复核计算，提出工程实例中长距离重力有压输水系统水锤防护的合理方案。

第二节　长距离输水工程管道的水流特性分析

一、长距离输水工程管道中的气液两相流

现实中的水，并不是课本上的"牛顿"液体，水中永远存在空气。空气的存在，使得在实际中水的特性有了微妙的变化（见图7-1）。

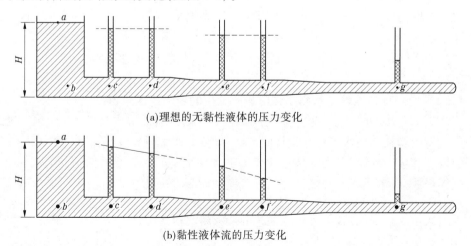

(a)理想的无黏性液体的压力变化

(b)黏性液体流的压力变化

图7-1　管道液体压力特性示意图

实质上说明,由于空气的存在,水的黏度发生了变化,黏度变得小,水的流动性更好。

二、长距离输水工程管道中的气囊升压问题及其危害

(一)输水管道中气囊升压问题

大量的工程实践表明,管道中的气囊随水流动时由于受管坡、管壁粗糙度变化及弯管、管道变径配件的影响,时而分散时而聚合,极易造成气囊两端压差改变,其微小压差变化对不可压缩的水来说不会有什么影响,但对空气来说影响是极大的。输水管道在充水和运行中可能有六种流态,但其中层状流、波状流仅在管道充水的初始阶段存在。泡沫流、气团流及环状流都存在时间较短,或称之为过渡流态,故一般情况下管道存气多呈段塞流形态或其特例——独立的大气囊形态。管道气囊运动或断流水锤升压主要有三种工况:

(1)气囊在管内运动工况:有压管道内气囊运动产生的压力升高往往类似于断流弥合水锤,其升压值与气囊所占管道过水断面的大小及气囊两端压差有关。

(2)气囊通过管道中连通阀门、管道出口等工况:著名美国水锤专家 V.L.Streeter 在其所著《瞬变流》(Hydraulic Transients)一书中介绍了一个算例:一条由水池接出的直径为 1 m、长度为 61 m 的单一管道,水池水位为 30 m,距管道末端 12 m 一段存有空气,管首端阀门在 0.95 s 内打开,该管段开始时绝对压力为 102 kPa,在接近 2.5 s 时猛增至绝对压力 2 331 kPa(约 223 m 水柱),由此可见气囊运动所引起管道压力振荡的严重程度。

(3)断流弥合的水柱撞击工况:当管道流量调节过快或突然停泵等造成局部压力骤降,并出现断流空腔时,空腔两端的水柱会在压力波反射后迅速回冲,弥合断流空腔,并引起较大的水柱撞击升压,称为断流弥合水锤。断流弥合水锤升压大小与其空腔内含气量及排出方式等有关,最大升压可按直接水锤计算公式,即

$$\Delta H = \frac{a}{2g}\Delta v \tag{7-1}$$

式中:ΔH 为断流弥合升压;Δv 为两股水柱碰撞时的流速差;g 为重力加速度;a 为波速,一般为 800~1 300 m/s。

(二)输水管道中气囊存在的危害

(1)气囊的存在会增加输水管线的水头损失,降低管道通水面积,降低管道输水能力。水中溶解的空气在管内压力下降或者温度升高时从水中释放出来,形成的气泡和原先空管内的空气混在一起,与水流一起构成气液两相流动介质。这样输送同样流量的水则使流速加大,也就使摩阻水头损失加大。另外,管道折点中气囊占用了管道内的体积,使管道流水断面缩小,相当于形成一个渐缩管,增加了水头损失,输水能力也随之下降。

(2)输水管道中气囊的存在会引起管道漏水、振动失稳,引发水锤,甚至造成爆管。当管道内排气不畅,气囊在管中极易引起局部水流速度和管道压力的急剧变化,因而就会造成管道局部振动失稳,造成管道振动和噪声,较长时间振动,可能造成接头松动,使管网漏水量增加。如果水锤压力足够大,就可能发生爆管现象。

(3)如输水管道为钢管,则由于管道内气囊的存在,致使管道交替接触水和空气,钢管表面交替接触空气和水,管道表面腐蚀加剧。

（4）输水管道内存在气囊将影响管道上计量设备的计量精度。

（5）为管道的维护、维修带来隐患。由于压力释放的能量与流速的平方成正比，因此气囊聚集的地方一旦被打开，气体释放的能量是同样水流的 900 多倍，会造成人员的伤亡。

三、长距离输水工程管道中各类排气方式

（一）管道初次充水

充水时管道内水力条件复杂，但总体上是一个需要大量排气的过程。管道充水的流速控制相当重要，一般新建管道充水，国内控制流速为 0.3~0.5 m/s，国外为 1~2 in。当充水速度过快，排气速度不能满足充水要求时，将形成气堵，严重时将发生气爆。如果充水速度过慢，管道中存气将不能被水流带走，造成管道中存气过多，为以后管道安全运行埋下隐患。

充水初期管道中的流态为层状流、波状流，充水后期管道中的流态主要为段塞流。这就要求排气装置在这三种流态下都能高速排气。

（二）管道运行阶段

管道在正常运行过程中，管道内气囊主要是以段塞流形式存在的，在非稳定情况下有可能出现泡沫流或气团流。这两种流态下气体无法直接排除，并且这两种流态为非稳定状态，可很快转化为段塞流。

由于管道中气囊随水流运行，排气同气囊的运动方向密切相关。在管道的上坡段，由于气、液密度悬殊，水和气囊的运动方向相同，气囊很容易向管线高处积聚；在水平段，气囊也比较容易随水流向前移动；而在下坡段，由于水和气囊的运动方向相反，气囊移动速度取决于二者的消长关系，特别是在水流流速较大时排气比较困难，并容易在坡度变化处和阀门、分岔管等处积聚。

不论在哪种线型单元中，当气囊运动到排气口时都要求排气阀能够快速打开高速排气，否则气囊将会运行到别处。不难理解，管道中气囊排出得越早，运动的距离越短，对管道越安全。因此，在这种工况下，排气阀具有水气相间条件下大量排气功能是必须的，又由于正常运行的管道压力一般都大于 0.2 MPa，排气阀在大量高速排气结束时，还应缓冲关闭，才能保证安全。

（三）关阀

突然关阀在输水管路上可能产生两种断流空腔，即真空型或空气型，真空型断流空腔产生的条件是断流发生处负压值接近水的饱和蒸气压，一般约 -10 m 水柱，且该处管道密封良好，无进气装置，这种空腔弥合时水柱撞击常为直接水锤，其计算公式见式（7-1）。

有压供水管道出现空气型断流空腔，可采用在断流处安装水气相间条件下可大量并缓冲排气的气缸式排气阀：这种排气装置的特点是在断流弥合时，无论空腔内压强如何，均可使空腔内气体匀速排出，逐步缓冲水柱撞击升压。只要有未排净气体就不起球终止排气，故可满足任何复杂管路及工况的排气。该阀还设有特殊缓闭装置，以保证排气结束时排气终止，排气阀关闭时排气速度不致变化过快。实践证明，其缓冲消除断流弥合水锤效果最好。

(四)开阀

开阀应参考管道初次充水工况,这里主要讲的是突然关阀后短时间内(数小时)再次开阀。这种情况下管道中可能存在一定量的气囊,故控制启动充水速度,匀速排出管道内气体仍是重要的。由于这种情况下的气体在管道平坦时,多是水气相间的段塞流形态,故要求排气装置应满足在水气相间条件下自动快速排气并缓冲关闭的要求。

根据以上四种工况分析,不难看出,管道水气两相流存在形式以段塞流为主,而要排出管道存气,并削减断流弥合水锤及气囊运动升压,排气装置就必须具有在水气相间即段塞流条件下高速排气并缓冲关闭的功能,所有工况都是如此。

四、长距离输水工程管道的进排气技术及要求

大量排气主要满足层状流、波状流排气要求;水气相间排气主要满足段塞流、气团流排气要求;微量排气满足可能产生的少量气体的排出。其中,大量排气一般是在管道低压力时,要求不高,易于实现。气液相间排气可能发生在低、中、高任何压力条件下,技术要求高也非常重要。选用的排气技术如果做不到气液相间排气,就可能使大量气体滞留管内,不断产生气囊聚集分散,引起管道断流水锤频发,过水断面面积减小,气阻摩阻大增,产生压力振荡和通水困难,甚至爆管危害。因此,衡量排气性能的最重要指标,就是看它是否完全具有三种排气功能。只有完全具有三种排气能力的排气措施才能够满足工程需要;否则,对于工程需要而言,就是不满足技术要求,其对工程造成的危害是大小不等的,管道长度越大,管道越复杂,管径越大,其危害就越大,由此造成的经济损失及责任事故越无法准确预测。

第三节　长距离输水工程重力流水锤的特性

一、长距离输水工程重力流输水的特点分析

(一)长距离重力流的特点

重力流输水是一种比较理想的供水方式,它具有省电、节能、投资省、成本低、运行管理简单、方便等优点。但是,重力流输水有它的特殊性,采用重力流输水要具备一定的特殊条件。而选用重力流输水的基本条件就是要有一定的地形高差,这个地形高差要满足水厂各处理构筑物的水头损失需要,如果是直接进入城市供水管网,其重力流输水管的末端还需要一定的自由水头,这时的地形高差还要求大一些,即地形坡降要大于或等于输水水力坡降。不管是无压流还是承压流,作为重力流输水,它们都是借助地形高差来完成输送水的任务的。与用水泵加压输水相比,它具有以下特点:

(1)重力流输水受地形的约束比较大,只有在具有一定的地形高差,地貌情况也比较好时,才能考虑采用重力流输水。

(2)采用重力流输水要同时考虑地形坡降和水力坡降,而用水泵加压输水的管道则可以不考虑地形坡降。

(3)承压重力流输水管的末端存在静水压,如果静水压过大,超过管子能承受的压力

会引起爆管,直接影响供水管网的安全。

(4)重力流输水时,流量和水压力的调节幅度比较小,这是因为水位高差是重力流输送水的动力来源,在取水口位置、厂址、工艺流程、输水管径、长度等确定之后,相对的水位差也就基本固定下来,就是有变化,其变化幅度也比较小。因此,输送水的流量、压力的调节幅度也比较小。

(5)重力流输水管道与泵加压的输水管道或供水管网相连接时,存在着水压力匹配问题,只有在双方动水压力相同时,管道输水才能正常进行。

(二)长距离重力流输水的水锤分类及原理

1. 末端关阀水锤

长距离重力流输水管路正常运行时测压管水头小于静水头,但是,当管路上的闸阀关闭后,管中最大静水头即为地形最大落差,落差越大,管道承受的压力越高,当闸阀发生非正常关闭时,将容易产生较大的水击压力,称为末端关阀水锤。

末端关阀水锤的原理为:如果末端阀门关闭较快,即管路中流速变化较剧烈,由于管中水流的惯性,开始在整个管路中就形成了一个阀口—水池传播的减速增压运动,水体压缩,密度增大,一直传到水管进口,水流呈瞬时静止状态,此阶段称为增压波(直接波)逆传过程;接着压力和密度大的阀门处水流有反向压力池的趋向,这样形成一个与原流速方向相反的流速,从而压力、密度慢慢恢复正常,在管路中就形成了一个压水池—阀门传播的减速减压运动,此阶段称为降压波(反射波)顺传过程;管中的流速瞬时恢复正常,接着从阀门向水池产生一个反方向的流速,水体膨胀,密度减小,管路中形成一个阀门—水池的增速降压运动,称此过程为降压波逆传过程;管路瞬时膨胀静止后,又开始恢复原始状态,因而又产生一个水池向阀门的流速,密度恢复正常,称此过程为增压波顺传过程。此后的水锤现象又将重复进行上述的四个传播过程。如果不计水力阻力,这种传播过程将周而复始地进行下去,这就是突然瞬时关阀后所发生的水锤波的基本传播方式。

2. 断流弥合水锤

对于断流弥合水锤的分类,目前各家之间所说不一,按照不同的方式,分类也各不相同。按照空腔内所含介质的种类,可以分为蒸汽腔和空气腔。下面对断流弥合水锤的升压机制进行简单的分析:设有两股互相隔离开的水柱(流),一股具有较大的流速 v_1,水头为 H_1;另一股具有较小的流速 v_2,水头为 H_2;两股水柱(流)碰撞后具有共同的流速 v(v 与 v_1 方向相同),而水头为 H,则

$$v = \frac{v_1 + v_2}{2} + \frac{g}{2a}(H_1 - H_2) \tag{7-2}$$

$$H = \frac{H_1 + H_2}{2} + \frac{g}{2a}(v_1 - v_2) \tag{7-3}$$

当发生水柱分离时,两分离开的水柱间的空间,如果仅仅被水蒸气所充满或无空气缓冲,则当此空间再度被水充满时,要产生两水柱间的剧烈碰撞——断流弥合水锤。

$$\Delta H = \frac{a}{2g}(v_1 - v_2) \tag{7-4}$$

式(7-4)即直接水锤计算公式(7-1),由式(7-4)可以看出水柱弥合升压大小主要取决

于两水柱的弥合速度。如何有效地控制水柱弥合速度是削减断流弥合水锤的关键。

二、长距离输水工程重力流防护水锤技术分析

（一）消能减压防护技术分析

1.减压消能原理

静水中是具有压力的,作用在单位面积上的静水压力为静水压强,它随水的深度增加而增加。静水压强的大小是相对于大气压而言的。输水管道内作用在管道内壁的静水压力,在与大气相接触时,即在瞬间,静压能量以其他方式转化消耗,此时视管道内液体与大气接触面的相对压强为零,即消能构筑物必须有跟大气相连接的装置,并且要达到简单和保证饮用水供水安全的目的。输水管道内除去只与水深有关的静水压强外,还存在动水压强,它不仅与该点的空间位置有关,还与水的流动有关。

2.减压阀减压消能分析

重力流输水管管径按充分利用作用水头选取,故在设计流量工况下运行时无剩余能量,在流量低于设计流量下运行时,水头损失减小,重力流输水管路就有了富余能量。在安装减压阀的系统中富余能量的大部分由减压阀自动消除,使管路末端压力减轻,其原理如图 7-2 所示。

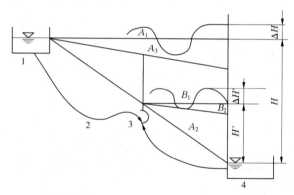

1—高水池水位；2—输水管；3—减压恒压阀；4—低位水池

图 7-2　安装减压阀前后输水管压力线示意图

（二）关阀水锤防护技术分析

1.关阀水锤的阀调节原理

对于同一阀门,阀门的流量系数和关阀过程不变,关阀过程中唯一可变的参数就只有关阀时间。所以,重力自流管道输水系统的阀调节问题,实际上就是一个确定阀门最佳关闭时间的问题。通过关阀水锤计算,可以得到在不同关阀时间下管道中水锤大小。当管道中水锤大小满足设计要求的最短关阀时间时,即为阀门的最佳关闭时间。

2.关阀水锤阀防护技术分析

1）减压阀防护技术分析

重力流输水管道因阀件及管道接头等漏水、管道爆裂、下游系统正常保养等原因需停

运时,是应关闭管道上游进水阀门还是最下游出水阀门,目前仍颇有争议。前者优点是有利于防止水锤破坏,缺点是管道完全放空,再次启动充水也极困难和危险,且费时很长;后者保持管道满管水流,再次运行开阀即可,极为方便,但易产生关阀水锤。实际运行时是绝大多数采用关下游出口阀门的方法。下面结合图 7-3 说明关阀过程中减压阀的水锤防护作用。

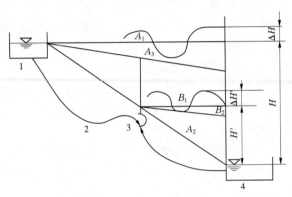

1—高水池水位;2—输水管;3—减压恒压阀;4—低位水池

图 7-3　输水管有无减压阀时关阀压力振荡曲线示意图

由图 7-3 可见,不安装减压阀的静水压线为 H,压力振荡值为 ΔH,而安装减压阀后的管路末端静水压力线为 H',压力振荡值为 $\Delta H'$。

对于重力流输水管,关阀过程中的流量变化公式如下:

$$Q = \sqrt{\dfrac{H}{1.1AL + \dfrac{8}{g\pi^2 d^4}\zeta}} \tag{7-5}$$

式中:H 为重力流输水管道总作用水头;Q 为重力流输水管道内流量;A 为管道比阻;L 为管道长度;d 为管径;ζ 为末端阀阻力系数。

设关阀前阻力为 ζ_0,最大设计流量为 Q_0,则在关阀过程中流量为

$$Q = \sqrt{\dfrac{1.1AL + \dfrac{8}{g\pi^2 d^4}\zeta_0}{1.1AL + \dfrac{8}{g\pi^2 d^4}\zeta}}\, Q_0 \tag{7-6}$$

由于阀门阻力系数在匀速关阀过程中不是均匀增加的(一般是在关阀的前 60°~70° 增大不多,流量 Q 减少也不大,但在以后的 20°~30° 则突然增加),故极易造成很大的关阀水锤。由式(7-6)可见,管道长度 L 越大,ζ 值对流量的影响越小,越易造成最后突然关阀时的 ΔH 增大。而加装减压阀后 L 值仅为减压阀后的管段,故 L 值变小,$\Delta H'$ 值亦减小。由此可见,重力流输水管安装减压阀对水锤防护作用极大。

减压阀适用于大型输配水重力流管线,能够既减动压又减静压,无论进口压力和流量如何变化,该阀出口压力都保持恒定不变,并且出口恒压值可方便地进行调节。

2）缓闭蝶阀防护技术分析

关阀水锤防护最简单有效的手段是延长阀门关闭时间。就某一种管道安装情况来说,应考虑几种可能的解决办法,从中找出可提供最大保护作用而花费最小的一种方法。

（三）缓冲排气技术分析

在首次充水或需要排空时,管道系统要排出或吸入大量空气,而在管道系统运行中,水体中残存的气体会不断逸出,聚集在系统高处,轻则降低运行效率,重则引发爆管事故,因此应当及时将这些气体排出。如果要选用比较经济合理、经久耐用的PCCP管,就目前的生产水平来说尚难以满足要求。经研究认为,在适当位置设减压阀和进排气阀以及适当延长关阀时间是行之有效的管道降压措施。

三、长距离输水工程重力流水锤的防护措施

在长距离重力流水锤防护措施中包括:两阶段缓闭蝶阀、减压阀、超压泄压阀、进排气阀、单向调压塔、普通双向调压塔、箱式双向调压塔等。这里仅对两阶段缓闭蝶阀及减压阀进行介绍,进排气阀介绍详见第五章。

（一）两阶段缓闭蝶阀

在两阶段缓闭蝶阀中,液控蝶阀是供水管路中应用越来越广泛的一种阀门形式,从阀的结构上看,目前国内主要生产两种两阶段关闭的蝶阀:重锤蓄能式液控两阶段缓闭蝶阀和蓄能罐式液控缓闭止回蝶阀。重锤蓄能式液控两阶段缓闭蝶阀的主要构造是,连杆及重锤与转轴相连,转轴又与蝶阀相连。其结构示意图见图7-4。

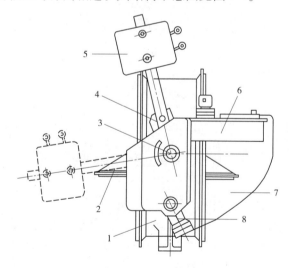

1—阀体；2—蝶门；3—转轴；4—连杆；5—重锤；6—油箱；7—高压软管；8—摆动油缸

图7-4　重锤蓄能式液控两阶段缓闭蝶阀

重锤蓄能式液控两阶段缓闭蝶阀具有以下特点:

（1）按程序启闭:在正常供电和突然断电情况下均能自动按预定的时间和角度分快、慢两阶段关闭;调节范围大、适应性强。

（2）可消除破坏性水锤、防止水泵和水轮机发生飞逸事故,有效地降低管网系统的压

力波动,保障设备的安全可靠运行。

(3)该阀可取代水泵出口原电动闸阀和止回阀的功能,减少占地面积及基建投资。同时,其流阻系数为0.24~0.6,远小于止回阀的流阻系数1.7~2.6,节能效果明显。

(4)该类型的液控止回蝶阀产品均以不同方式解决了国内产品在运行过程中动作滞后的缺点,大大增强了系统的可靠性和安全性。同时,该公司还可根据用户的特殊要求单独进行设计,多方位满足广大用户对该类产品的需求。

(二)减压阀

减压阀适用于大型输配水重力流管线,能够既减动压又减静压,无论进口压力和流量如何变化,该阀出口压力都保持恒定不变,并且出口恒压值可方便地进行调节。下面以活塞式减压阀为例介绍其构造和工作原理。该阀结构图如图7-5所示。

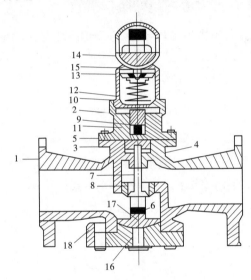

1—阀体;2—上盖;3—活塞;4—缸套;5—活塞环;6—主阀;7—主阀弹簧;8—主阀座;
9—副阀;10—副阀座;11—副阀弹簧;12—膜片;13—调节弹簧;14—调节螺钉;
15—帽盖;16—螺塞;17—下盖;18—垫片

图7-5　活塞式减压阀结构图

1.构造及工作原理

由图7-5可知,活塞式减压阀由阀体、活塞、缸套、主阀、膜片、调节弹簧、帽盖、螺塞、下盖、垫片等组成。具体工作原理是:减压阀出厂时,调节弹簧处于未压缩状态,此时主阀瓣和副阀瓣处于关闭状态,使用时按顺时针转动调节螺钉,压缩调节弹簧,使膜瓣移顶开副阀瓣,介质由 a 孔通过副阀座到 b 孔进入活塞上方,活塞在介质压力的作用下,向下移动推动主阀瓣离开主阀座,使介质流向阀后。同时由 c 孔进入膜片下方,当阀后压力超过调定压力时,推动膜片上移压缩调节弹簧,副阀瓣随之向关闭方向移动,使流入活塞上方的介质减小,压力也随之下降,此时的主阀瓣在主阀瓣弹簧力的推动下移,使主阀瓣与主阀座的间隙减小,介质流量也随之减少,使阀后压力也随之下降到新的平衡;反之,当阀后压力低于调定压力时,主阀瓣与主阀座的间隙增大,介质流量也随之增大,使阀后压力也随之增高达到新的平衡。

2.性能特点

该阀适用于水、蒸汽、空气介质管路,通过调节使进口压力降低至某一需要的出口压力,当进口压力与流量有变化时,靠介质本身的能量自动保持出口压力在一定范围内,但进口压力和出口压力之差必须大于 0.2 MPa/cm。

第四节 重力流水锤计算的理论方法及边界数学模型的建立

一、重力流水锤计算的基本理论

(一)水锤波波速的计算

1.简单管道水锤波波速的计算公式

简单管道是指管道直径不变且无分支的管道。水锤波波速涉及流体、管壁、管材等许多影响因素,对于简单管道,计算公式如下:

$$c = \frac{1\,425}{\sqrt{1 + \frac{DK}{bE}}} \tag{7-7}$$

式中:1 425 为声音在水中的传播速度 $\sqrt{K/\rho}$,m/s;D、b 分别为管道的直径和壁厚;E 为管材的弹性模量;K 为流体的弹性模数,一般情况下水的 $K = 2.06$ GPa。

式(7-7)即为两端自由支撑的均质材料的管道输送清水时水锤波波速的计算公式。从式(7-7)可以看出:管壁和水的弹性减弱了由于水流速度瞬时改变而引起的冲击作用。对于不可压缩液体或视液体为刚体,则其增压是相当大的。从理论上讲,由于瞬时关闭时的 K 和 E 均为无限大,故 a 也将等于无限大,即水锤增压 ΔH 等于无限大。

2.复杂管道水锤波波速计算

复杂管道可分为串联管道、并联管道及分叉管道,这里只对分叉管道进行说明。分叉管道是指,由一根总管从压力前池引水,然后按照不同的用水要求或所需用水单位的数量,分成数根支管,每根支管供水给一个用水单位,这种分叉后不再汇合的管道称作分叉管道。

复杂管道在水锤计算中可对每根管子独立地进行,再由边界点将其相互关联,这里有一个限制性条件,就是对所有的管道必须采用相等的时间步长 Δt,因为只有采用相等的 Δt,对于任意瞬时管道连接边界点相邻管道的特征线方程中的参量才是相同时间的瞬态参量,才有可能联立求解确定边界点的值。为了使复杂管道系统中对所有的管子取相等的时间步长,就必须十分谨慎地选择 Δt,并确定任意序号 J 的管子等分管段的数目 n_j。对于每一根管子,要求:

$$\Delta t = \frac{L_j}{a_j n_j} \tag{7-8}$$

式中:下标 j 表示管子的序号;管子等分段数 n_j 应该是整数。

　　由于系统中各管子的 L_j、a_j 均可能不相同,故要求 n_j 是整数。使式(7-8)对所有的管子成立往往是很困难的,系统中的管子数目越多,等分管道就越困难,所以在实际工程中,常采用一些特殊的方法来进行处理,使得 Δt 相等,常用的两种方法如下:

　　(1)调整波速法:由于水锤波传播速度影响的因素较多,理论计算的水锤波传播速度与实际值往往有些误差,因而可以设想稍微调整一下水锤波速 c_1、c_2、c_3… 的值,使 n_1、n_2、n_3… 都为整数,并同时满足式(7-8)的关系,就要容易得多,在调整的过程中,将式(7-8)变化为如下形式:

$$\Delta t = \frac{L_j}{a_j(1 \pm \psi_j)n_j} \tag{7-9}$$

式中:ψ_j 为波速允许误差系数,一般应使得 $\psi_j \leqslant 0.1$。

　　这种方法也可以从一根短的管子开始,逐步调整,使得每根管子均满足式(7-9)的要求。通常对于一般的复杂管道系统,选择合适的 ψ 值,式(7-9)总是可以满足要求的。

　　(2)当量管道法:在管道系统中,对于部分由不同特性(不同壁厚、不同管材、不同管径等)管道串联组成,可将特性相近的串联管路作为一条管路,将其用当量管代替,当量管满足时间步长相等条件,并使波速沿其传播的时间与实际管路中传播的时间相等,水流沿其流动的摩阻损失与实际管路中摩阻损失相等,即当量管道法。

　　假设第 i 条管路由 e 条特性不同的管段组成,将其分为 K 段,则有

$$\Delta t = \frac{\sum_{j=1}^{e}(L_j/a_j)}{k} \tag{7-10}$$

式中:L_j、a_j 为第 i 条管路第 j 段特性管的长度和波速。

　　这时,根据 Δt 逐步确定每段当量管长度和各当量管长度中各特性管长度。假定第 m 段当量管由 R 种特性管组成,则确定当量管长度由下面两式完成:

$$\Delta t = \sum_{k=1}^{R}(L_k/a_k), \quad \Delta X_m = \sum_{k=1}^{R}L_k \tag{7-11}$$

式中:ΔX_m 为第 m 段当量管的长度;L_k、a_k 为第 m 段当量管中第 k 种特性管的长度和波速。

　　当量管的波速和当量管的各参数由下面各式求得:

$$\bar{a}_m = \Delta X_m \Big/ \sum_{k=1}^{R}(l_k/a_k), \quad \bar{A}_m = \Delta X_m \Big/ \sum_{k=1}^{R}(L_k/A_k) \tag{7-12}$$

$$\bar{C}_{bm} = \bar{a}_m/(g\bar{A}_m), \quad \bar{C}_{gm} = \sum_{k=1}^{R}\Big(\frac{f_k \cdot L_k}{2gD_kA_k^2}\Big) \tag{7-13}$$

式中:$\bar{a}_m$、$\bar{A}_m$ 为当量管的波速和截面面积;$\bar{C}_{bm}$、$\bar{C}_{gm}$ 为当量管的特征方程参数;D_k、A_k、f_k 为第 m 段当量管中,第 k 种特性管的直径、截面面积和阻力系数。

　　(二)重力流水锤计算基本方程及特征线解法

　　重力流水锤计算基本方程及特征线解法见第五章第三节的内容。

二、重力流管道输水系统的常见边界条件

（一）上游蓄水池或水库的边界条件

重力自流管道输水系统的上游往往为容积较大的蓄水池或水库,在水力瞬变过程中其水位几乎不会发生变化。在进行水力瞬变过程计算时,可以认为上游水位为常数。又因为管道断面相对于水池断面往往很小,可以忽略水池行近流速。

所以,在不考虑进口损失的情况下,管道进口测压管水头满足如下关系:

$$H_{P1} = H_{res} = \text{const} \tag{7-14}$$

式中:H_{P1}为时刻 t 的管道进水口测压管水头;H_{res}为蓄水池或水库水位。

将 H_{P1} 代入相容性方程,可得该时刻管道进口断面的流量:

$$Q_{P1} = C_n + C\alpha H_P \tag{7-15}$$

（二）下游末端阀门的边界条件

1.减压阀的边界条件

在长距离重力流输水的水锤防护中,减压阀是常用的阀防护措施,它既减动压又减静压,无论进口压力和流量如何变化,该阀出口压力都保持恒定不变。根据减压阀工作原理,其边界条件为:

（1）阀出口:减压阀出口压力 H_{P1} 的值恒等于管道此处正常运行时的压力值 H_P,则阀出口处的流量为

$$Q_{P1} = C_a H_{P1} + C_n \tag{7-16}$$

式中:Q_{P1}为减压阀出口流量;H_{P1}为减压阀出口压力。

（2）阀进口:减压阀出口流量 $Q_{P2} = Q_{P1}$,将其代入相容性方程,则可求出阀进口处的压力为

$$H_{P2} = (C_P - Q_{P2})/C_a \tag{7-17}$$

2.缓闭蝶阀边界条件

缓闭蝶阀也是长距离重力流输水管路水锤防护中常用到的一种防护措施,管路末端采用两阶段关闭缓闭蝶阀时,其边界条件为

稳定流量情况下,通过阀门的流量 Q_0 为

$$Q_0 = (C_d A_g)_0 \sqrt{2gH_0} \tag{7-18}$$

式中:C_d 为阀门孔口的流量系数;A_g 为阀的开启过流面积。

同理,任何开度下,其流量 Q_P 为

$$Q_P = C_d A_g \sqrt{2g\Delta H} \tag{7-19}$$

由式(7-18)、式(7-19),建立瞬变状态与初始状态流量之间的关系为

$$Q_P = \frac{Q_0}{\sqrt{H_0}}\tau\sqrt{\Delta H} \tag{7-20}$$

式中:τ 为阀门的无量纲开度系数,由式(7-21)确定。

$$\tau = \frac{C_d A_g}{(C_d A_g)_0} \tag{7-21}$$

下游阀门端可标记为 $N_s = n+1$，沿 C^+ 的相容性方程为

$$H_{P_{NS}} = H_n - B(Q_{P_{NS}} - Q_n) - RQ_n \mid Q_n \mid \tag{7-22}$$

若阀门出口为自由出流，则有 $H = H_{P_{NS}}$，并可以改写成：

$$Q_{P_{NS}} = \frac{Q_0}{\sqrt{H_0}} \tau \sqrt{H_{P_{NS}}} \tag{7-23}$$

或

$$H_{P_{NS}} = \frac{H_0}{\tau^2 Q_0^2} Q_{P_{NS}}^2 \tag{7-24}$$

联立求解，可得：

$$Q_{P_{NS}} = \frac{1}{2} \times \left[-B \frac{\tau^3 Q_0^2}{H_0} + \sqrt{\left(B \frac{\tau^2 Q_0^2}{H_0} \right)^2 + 4 \times \frac{\tau^2 Q_0^2}{H_0} (H_n + BQ_n - RQ_n \mid Q_n \mid)} \right] \tag{7-25}$$

令

$$C_V = \frac{\tau^2 Q_0^2}{2H_0} \quad C_P = H_n + BQ_n - RQ_n \mid Q_n \mid$$

由上式得到：

$$Q_{P_{NS}} = -BC_V + \sqrt{(BC_V)^2 + 2C_V C_P} \tag{7-26}$$

$$H_{P_{NS}} = C_P - BQ_{P_{NS}} \tag{7-27}$$

(三) 管路中分叉连接点的边界条件

在重力流输水系统中，往往一个上游水池需要向两个或两个以上的目的地供水。这种情况下除下游边界变成两个以上外，岔管处的边界又成为上游主管的下游边界和下游各支管的上游边界。此时整个供水系统在进行水锤计算时就被岔管节点划分为上游主管和下游各支管的若干个独立管段，各独立管段通过岔管边界条件相联系。图 7-6 为岔管节点示意图。

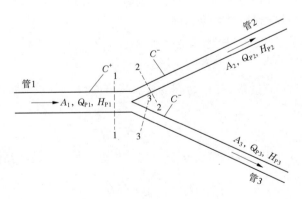

图 7-6　岔管节点示意图

以一个大管两个小管的情况来说明岔管节点边界处理。岔管节点在假设没有存储容积的情况下满足连续性方程为

$$Q_{P1} = Q_{P2} + Q_{P3} \qquad (7\text{-}28)$$

正特征线方程：

$$Q_{P1} = C_P - A_1 C_a H_{P1} \qquad (7\text{-}29)$$

负特征线方程：

$$Q_{P2} = C_n + A_2 C_a H_{P2} \qquad (7\text{-}30)$$

$$Q_{P3} = C_n + A_3 C_a H_{P3} \qquad (7\text{-}31)$$

能量方程：

$$H_{P1} + \frac{Q_{P1}^2}{2gA_1^2} = H_{P2} + \frac{Q_{P2}^2}{2gA_2^2} + \Delta h_{1-2} \qquad (7\text{-}32)$$

$$H_{P1} + \frac{Q_{P1}^2}{2gA_1^2} = H_{P3} + \frac{Q_{P3}^2}{2gA_3^2} + \Delta h_{1-3} \qquad (7\text{-}33)$$

式中：$C_a = \dfrac{g}{a}$；Δh_{1-2} 为主管 1—1 断面至 1 支管 2—2 断面的水头损失；Δh_{1-3} 为主管 1—1 断面至 2 支管 3—3 断面的水头损失。

　　结合主管上有的蓄水池边界、两个支管的下游末端阀门边界，就能计算出岔管供水系统各断面的水力瞬变过程了。对上面方程中的非线性方程进行线性化处理后，通过迭代联立求解，就能得到方程的解。推广到多岔管，通过建立上述方程，其解法也是一样的。

第五节　进排气阀在长距离输水工程重力流水锤防护中的应用

一、进排气阀原理及边界条件的建立

(一)进排气阀在重力流输水中的防护原理

　　进排气阀防护的基本原理是当阀门处的管内压力降低到低于大气压或预先规定的最小压力时，阀门打开让空气进入；当阀门处的管内水压增加到大气压以上时，阀门允许空气逐渐流入。在长距离重力流输水的水锤防护中其具体功能要求是：

　　(1)在管道系统初期或排水检修后的启动充水过程中，能快速排出管内的大量空气，以免产生气阻，缩短冲水工期。

　　(2)在系统正常运行时，能及时排出管内从水体中逸出并聚集的气团，在此阶段的排气是在有压情况下进行的，排气量较小且不连续。

　　(3)在系统发生水力瞬变过程中，能在管内出现负压时及时补入空气，并利用空气的缓冲作用减轻弥合水锤的危害，防止引起管道的振动或破裂。而在压力回升时适量排出空气，并在压力回升到正压时全部排净空气。

　　(4)在其进排气过程中的启闭动作连续、稳定，在其全开状态气阻小，在其全关状态止水密封性好以及其可靠性高等。

（二）进排气阀的数学模型及边界条件的建立

1.进排气阀的数学模型

进排气阀的进排气过程与气体在喷管中的流动相似，通过研究气体在喷管中的动态特性，就可以间接得到它的进排气特性。由于气体在喷管中流速很大，而流道尺寸相对较小，因此可以忽略气体与流道边壁之间的热量交换，即可认为该过程是绝热过程。为此，需要引入滞止状态的概念。滞止状态是指气体流速 c 滞止到零的状态，该状态下的滞止压力表示为 p_0，滞止密度表示为 ρ_0，气流连续性方程为

$$\dot{m} = Ac\rho \tag{7-34}$$

式中：ρ 为气流密度；A 为喷管截面面积；c 为气体流速；$\dot{m}$ 为通过喷管截面的气体质量流率。

气流能量方程为

$$(h - h_0) + \frac{1}{2}(c^2 - c_0^2) = 0 \tag{7-35}$$

式中：h 为通过喷管截面的气流焓值；h_0 为滞止状态下气流焓值；c 为通过喷管截面的气流速度；c_0 为滞止状态下的气流速度。

对于滞止状态 $c_0 = 0$，于是式（7-35）可写为

$$c = \sqrt{2(h_0 - h)} \tag{7-36}$$

对于理想气体，焓的变化：

$$\mathrm{d}h = c_\mathrm{P}\mathrm{d}T = \frac{k}{k-1}R\mathrm{d}T \tag{7-37}$$

式中：c_P 为定压比热容；k 为绝热系数，即比热比；R 为气体常数；T 为气体温度。

将式（7-37）代入式（7-36）中，得到通过喷管截面的气体流速 c 的计算公式为

$$c = \left(-2\int_0^T c_\mathrm{P}\mathrm{d}T\right)^{\frac{1}{2}} = \left(-2\int_0^T \frac{k}{k-1}R\mathrm{d}T\right)^{\frac{1}{2}} = \sqrt{2\frac{k}{k-1}R(T_0 - T)} \tag{7-38}$$

式中：T 为通过喷管截面的气体温度；T_0 为滞止状态下的气体温度。

理想气体状态方程为

$$\frac{P}{\rho} = RT \tag{7-39}$$

对理想气体等熵过程：

$$\rho = \rho_0\left(\frac{P}{\rho_0}\right)^k \tag{7-40}$$

联立式（7-38）~式（7-40），得到通过喷管截面的气体流速 c 的计算公式为

$$c = \sqrt{2\frac{k}{k-1}\frac{P_0}{\rho_0}\left[1 - \left(\frac{P}{P_0}\right)^{\frac{k-1}{k}}\right]} \tag{7-41}$$

式中：k 为绝热指数，即比热比；ρ_0 为滞止密度；P_0 为滞止压力（绝对压力）；P 为通过喷管截面的气流绝对压力。

将式（7-41）代入式（7-34）中，得到通过喷管截面的气体质量 $\dot{m}$ 的计算公式：

$$\dot{m} = A\sqrt{\frac{2k}{k-1}P_0\rho_0\left[\left(\frac{P}{P_0}\right)^{\frac{2}{k}} - \left(\frac{P}{P_0}\right)^{\frac{k+1}{k}}\right]} \tag{7-42}$$

当气流速度达到当地声速时,通过喷管截面的气流压力和速度分别定义为临界压力 P_{cr} 和临界流速 c_{cr},临界压力 P_{cr} 与滞止压力 P_0 有以下关系式成立:

$$\frac{P_{cr}}{P_0} = v_{cr} = \left(\frac{2}{k+1}\right)^{\frac{k}{k-1}} \tag{7-43}$$

式中:v_{cr} 为临界压力比。

将式(7-43)代入式(7-42)中,得到临界状态时气体通过喷管的质量流率计算公式:

$$\dot{m} = A\sqrt{kP_0\rho_0\left(\frac{2}{k+1}\right)^{\frac{k+1}{k-1}}} \tag{7-44}$$

至此得到气流通过喷管的质量流率的计算公式。空气阀工作时,水体与气体间复杂的相互作用和运动边界,使得进出空气阀的边界条件相当复杂。为了使其满足喷管计算的基本条件,从而将喷管的计算公式引入空气阀的计算中,应当做以下四个基本假设:①认为空气是理想气体且进出空气阀是等熵过程;②进入管内的气体迅速与水体达到热平衡,并最终与水体保持同温;③进入管内的空气滞留在空气阀附近;④水体表面高度基本保持不变。

2.进排气阀边界条件的建立

图 7-7 中,Q_{Pxi} 为时刻 t_0 流入断面 i—i 的流量;Q_{PPi} 为时刻 t_0 流入断面 i—i 的流量;Q_i 为时刻 t 流出断面 i—i 的流量;Q_{Pi} 为时刻 t_0 流出断面 i—i 的流量;V 为空穴体积;Z 为空气阀位置高程;C^+、C^- 分别为特征线方法中采用的正、负特征线。

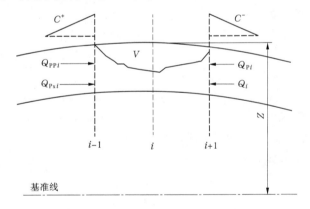

图 7-7 进排气阀数学模型示意图

对于进出空气阀的空气而言,其滞止状态即为大气压状态,滞止压力 P_0 为大气压力,滞止密度为大气密度。空气近似作为理想气体处理时,其绝热指数可以近似采用双原子分子的值,即 $k=1.4$,将其代入式(7-37)中,可得临界压力比 $v_{cr}=0.5283$。于是根据空气流进、流出空气阀速度不同,将绝热指数 k 值和临界压力比 v_{cr} 值代入式(7-42)和式(7-44),并考虑理想气体状态方程:$Pv=RT$,就得到了空气阀边界条件的四种情况:

(1)空气以亚音速等熵流进($P_0>P>0.15283P_0$)。

$$\dot{m} = C_{in}A_{in}\sqrt{7P_0\rho\left[\left(\frac{P}{P_0}\right)^{1.4268} - \left(\frac{P}{P_0}\right)^{1.7143}\right]} \tag{7-45}$$

式中：$\dot{m}$ 为通过空气阀截面的气体质量流率；C_{in} 为空气流入空气阀时的流量系数；A_{in} 为空气阀的进口面积；P 为空气阀内气体绝对压力；P_0 为大气压力。

（2）空气以临界流速等熵流进（$P \leqslant 0.528\,3P_0$）。

$$\dot{m} = C_{in}A_{in}\frac{0.684\,7}{\sqrt{RT_0}}P_0 \tag{7-46}$$

式中：R 为气体常数；T_0 为大气温度。

（3）空气以亚音速等熵流出（$\dfrac{P_0}{0.528\,3} > P > P_0$）

$$\dot{m} = -C_{out}A_{out}P\sqrt{\frac{7}{RT}\left[\left(\frac{P_0}{P}\right)^{1.426\,8} - \left(\frac{P_0}{P}\right)^{1.714\,3}\right]} \tag{7-47}$$

式中：C_{out} 为空气流出空气阀时的流量系数；A_{out} 为空气阀的出口面积；T 为空气阀内气体温度。

（4）空气以临界速度等熵流出（$P > \dfrac{P_0}{0.528\,3}$）。

$$\dot{m} = -C_{out}A_{out}\frac{0.684\,7}{\sqrt{RT_0}}P \tag{7-48}$$

可见，空气阀的进排气过程是一个复杂的动态过程。空气阀的形式多样，不同形式的空气阀的进排气系数等设计参数差别明显，这也直接导致空气阀进排气特性的差异，进而影响到空气阀的水锤防护效果。

当输水管道中不存在空气及水压高于大气压时空气阀接头的边界条件就是 H_{Pi} 和 Q_{Pi} 的一般的内截面解。当水头降到管线高度以下时，空气阀打开让空气流入，在空气被排出之前，气体满足恒定的完善气体方程：

$$Pv = MRT \tag{7-49}$$

空气阀模型数值求解：在时刻 t，式（7-49）可以近似得到差分方程：

$$P[v_0 + 0.05\Delta t(Q_i - Q_{Pxi} - Q_{PPi} + Q_{Pi})] = [m_0 + 0.5\Delta t(\dot{m}_0 + \dot{m})]RT \tag{7-50}$$

压力管道中的相容性方程为

$$
\begin{aligned}
C^+: \quad & H_P = C_P - B_P Q_{PPi} \\
C^-: \quad & H_P = C_m + B_m Q_{Pi}
\end{aligned} \tag{7-51}
$$

H_P 和 P 之间的关系是：

$$H_P = \frac{P}{\gamma} + Z - H_a \tag{7-52}$$

将式（7-51）和式（7-52）代入式（7-50）得：

$$P\left\{v_i + 0.5\Delta t\left[Q_i - Q_{Pxi} - \left(\frac{C_P}{B_P} + \frac{C_m}{B_m}\right) + \left(\frac{1}{B_P} + \frac{1}{B_m}\right)\left(\frac{P}{\gamma} + Z - H_a\right)\right]\right\}$$

$$= [m_0 + 0.5\Delta t(\dot{m}_0 + \dot{m})]RT \tag{7-53}$$

在式（7-53）中除 P 是未知量外，其余参数都是已知量。可先将描述的函数式（7-46）～式（7-48）离散化，然后用一系列抛物线方程来分段近似，从而将式（7-52）转变成为 P 的二次方程,然后通过判断解的存在区域并求解相应的二次方程得 P 的近似解。

二、进排气阀选型计算

(一)进排气阀选型的技术要点

选型是指根据输水管线的原始资料,如流量、压力、管材、管径以及各管段节点标高、泄水阀口径等数据来确定空气阀的抗压等级、补气和排气量,从而选用合适的型号。

进排气阀口径一般为主管道直径的 $1/8 \sim 1/5$。如果选用不带缓闭的进排气阀,则最好在一处安装一大一小两个进排气阀。如果选用带有缓闭的进排气阀,仅在管顶处安装一个进排气阀即可。当管道内气体呈段塞流、气团流时,尽量采用气缸式进排气阀,即在一定压力条件下,进排气阀必须做到阀体内充满空气就开启大小排气口排气,水进入阀,阀门就关闭而不排水。满足上述要求的进排气阀,其大排气口直径不得小于公称直径的 $70\% \sim 80\%$,小排气口直径不限。排气阀在采用前,必须要求厂商出示通过自行或检测机构检验合格的合格证。对所选购的排气阀进行 100 次试验,以鉴定排气阀的性能,合格后方可选用。排气阀的材质以球墨铸铁最为合适且承压及防腐都能满足使用要求。

(二)进排气阀选型计算

以色列在进排气阀门研究方面处于世界领先水平,下面以以色列 A.R.I.Flow ControlAccessories 公司在设计进排气阀结构尺寸时所采用的方法,简述步骤如下:第一,要提供管线纵向资料、管径、流量以及其他相关信息。第二,给定其他阀门的位置,例如截止阀、排水阀等用来控制管线或管段通水、排水的阀门。第三,采用 Hazen-Welliams 方程计算出水锤发生时(此时发生水锤处突然出现负压)每个管段所需要补入的空气量,也称爆管进气量:

$$Q_{\text{burst}} = 1.852 \sqrt{\frac{SD^{4.87}C^{1.852}}{10.69}} \tag{7-54}$$

式中:Q_{burst} 为水锤时所需的补气量;S 为水力坡度;C 为 Hazen-Welliams 常数;D 为管道直径。

第四采用孔口出流公式,计算管段停水检修放空时管段所能达到的最大排水流量,也称泄水时的进气量:

$$Q_{\text{drainage}} = C_{\text{d}}\pi\left(\frac{D}{2}\right)^2 \sqrt{2g\Delta h} \tag{7-55}$$

式中:Q_{drainage} 为泄水时所需进气量;C_{d} 为泄水流量系数,取 0.6;D 为输水管道直径;g 为重力加速度,取 9.81 m/s²;Δh 为泄放点与最高点之间的高程差。

计算出管段的最大泄水流量后,就可以根据水与空气容积平衡原理确定进排气阀的进气量,从而确定其口径和型号:

$$\frac{\pi d^2}{4}v_1 = \varphi \frac{\pi D^2}{4}v_2 \tag{7-56}$$

可得进排气阀通气孔孔径为

$$d = D\sqrt{\varphi \frac{v_2}{v_1}} \tag{7-57}$$

式中：v_1 为阀孔处气流速度，40~50 m/s；D 为输水管道直径；v_2 为输水管线泄水或者充水时最大流速；φ 为系数，一般取 0.9。

以上是以色列 A.R.I.Flow Control Accessories 公司进行进排气阀设计选型时所用的公式，在输水管路运行中，还会涉及空管充水排气量的计算和正常排气量的计算，就这两种计算进行补充说明。

管道空管充水排气量的计算：首先，空管充水的流速应当得到控制，否则会产生正向水锤，可能威胁管道的安全（如上文所述）。这也是不提倡所谓"高速""快速"充水的原因所在。其次，空管充水不能单单依靠进排气阀来控制，而是阀门控制、流速调节等各种运作方式的综合运用。在长距离重力流输水管道中，空管充水所带来的威胁更明显，因其靠高差自动输水，水流流速更难控制，因此在空管充水时更应注意防护。

管道正常排气量的计算：正常有压水流的状态中，气泡有的是游离状，气泡不明显，不凝聚，随水流流动；有的是形成较大较明显的气泡，且随时凝聚或离散，随水流流动；再有，便是一段水、一段气的流动，这种工况存在时间短，属于较为极端的工况。

气泡的形态主要取决于管道内流速以及管道的粗糙系数（如上文所述）。那么气泡能够移动的临界流速为

$$v_c = (0.25\sqrt{\sin\theta} + 0.4)\sqrt{gD} \qquad (7\text{-}58)$$

式中：v_c 为临界流速；D 为输水管道直径；θ 为管线坡度；g 为重力加速度。

如果水流的速度大于临界流速，则在这一段管线内空气泡不会滞留，会被水流带走，因此在管线中间或者两个临近的高点可以不全设进排气阀；反之，则应当在管线中间或者两个临近的高点设置进排气阀。同时，水流速度越接近临界流速，气泡可能越不离散，而是越明显。

进排气阀排气量大小及压强可由 1993 年 1 月沈鹤亭等编著的《丘陵城镇给水工程》中的公式计算：

$$Q = Ca\sqrt{2gh/\gamma} \qquad (7\text{-}59)$$

式中：Q 为排气流量；C 为流速系数，一般取 0.6；a 为阀门口面积；g 为重力加速度，一般取 9.8 m/s²；h 为阀前水头；γ 为空气容重，取 $\gamma = 1.2$ kg/m³。

以上五种计算，即式(7-54)、式(7-55)、式(7-57)、式(7-58)、式(7-59)综合的运用，加之全部水力学计算，大致可以得到相关的进排气阀选型以及位置的结论。

（三）进排气阀的设置原则及存在的问题

进排气阀的设置如果依据国内的规范要求，则变得很简单：大约每千米设一台进排气阀，其口径为管径的 10/1~8/1。但显然会有这样的设置原则并没有相应的理论依据和计算支持，因此其合理性值得考虑。美国给水工程协会 AWWA 关于空气阀（进排气阀）门选择以及布置的中心思想是：管路中所有高点、坡度变化点、长距离均匀坡度或者平坡的中间点；高点、坡度变化点一般选择组合式进排气阀。长距离中间点则一般选择小口径的高压微量排气阀。以上的思想，尽管从表面上与我国的规范相似，但也隐隐给出了一些理论根据的影子。在工程实际中，往往需要根据工程的特点、管路的布置情况和运行需求来确定进排气阀的类型和安装位置。在大量实践中总结出如下设置原则：

（1）在输水管线中纵断面的隆起位置（也称高点或管线驼峰处），一般安装复合式进

排气阀;如果管道平坦,坡度≤$D/1\,000$,则应每隔 0.5~1.0 km 安装一个进排气阀。如果坡度≤$D/100$,则应每隔 1.0~1.5 km 安装一个进排气阀。坡度再大时,可考虑每隔 1.5~3.0 km 安装一个进排气阀。水平距段根据经验不应大于 300 m 应增设一个进排气阀。

（2）在管线水力坡度发生改变的位置,如下降坡度变大些需安装复合式进排气阀,而上升坡度变小些需安装高速进排气阀或复合式进排气阀;在重力流输水管道中,只存在第一种情况。

（3）管线长距离上升段,每隔 500~1 000 m 需安装高速进排气阀或复合式进排气阀,而管线长距离下降段,每隔 500~1 000 m 需安装微量进排气阀或复合式进排气阀;同样,在重力流输水管道中,只存在第二种情况。

（4）在坡度较小或水平管段上,每隔 500~1 000 m 安装一个微量进排气阀或复合式进排气阀。

（5）在管线排水阀门的两侧管道高点上需安装高速进排气阀。

（6）文丘里式（缩径）计量仪表的上游安装一个微量排气阀,以降低因空气引起的精度误差。

进排气阀设置的位置要保证在运营过程中便于维修和更换,为防止杂草等堵塞气阀,要设置排气阀井,不能设置阀井处,可设置钢板罩保护。进排气阀的安装根据工程的实际情况,可在地上安装,也可在地下安装,但必须竖直安装,为保证进排气阀的检修,在进排气阀下设检修阀门,检修阀门与干管的连接管径不小于进排气阀的直径。

第六节　重力流水锤防护计算数值模拟工程案例

一、长距离输水工程重力流水锤防护计算数值模拟简介

（一）长距离输水工程重力流水锤防护计算数值模拟的内容
长距离输水工程重力流水锤防护计算主要包括以下内容:

（1）模拟关阀水锤的压力分布,确定关阀时间,管道压力控制在 1.5 倍的工作压力以下。

（2）绘出阀前断面压力、流量曲线图,管线最大最小压力绘包络线。

（3）分析管线安全防护措施是否合理,并提出优化措施。

书中水锤防护的计算机数值模拟计算包括:简单输水条件和复杂输水条件两种情况。

（二）计算软件的功能界面
基于对长距离输水工程重力流水锤防护的理解,本计算机程序的设计主要由以下几个界面组成:

（1）减压阀计算界面及数据输出界面如图 7-8~图 7-10 所示。

（2）蝶阀计算界面及数据输出界面如图 7-11~图 7-13 所示。

（3）进排气阀计算及数据输出界面如图 7-14 所示。

（4）减压阀加进排气阀计算界面如图 7-15 所示。

（5）蝶阀加进排气阀计算界面如图 7-16 所示。

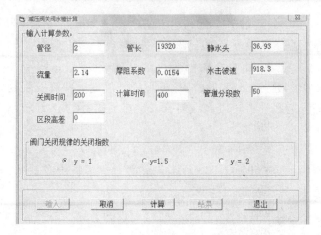

图 7-8　减压阀关阀水锤计算界面

00	时刻 t	断面 1	断面 2	断面 3	断面 4	断面 5	断面 6	断面 7	断面 8	断面 9
1	4.210	36.2259	35.5218	34.8177	34.1137	33.4096	32.7055	32.0014	31.2973	30.5932
2	8.421	36.9300	35.5218	34.8177	34.1137	33.4096	32.7055	32.0014	31.2973	30.5932
3	12.631	36.9300	35.1632	34.8177	34.1137	33.4096	32.7055	32.0014	31.2973	30.5932
4	16.842	36.9300	35.1632	35.4509	34.1137	33.4096	32.7055	32.0014	31.2973	30.5932
5	21.052	36.9300	35.1634	35.4509	34.7386	33.4096	32.7055	32.0014	31.2973	30.5932
6	25.262	36.9300	35.1634	35.4523	34.7385	34.0263	32.7055	32.0014	31.2973	30.5932
7	29.473	36.9300	35.1635	35.4522	34.7410	34.0263	33.3142	32.0014	31.2973	30.5932
8	33.683	36.9300	35.1635	35.4524	34.7410	34.0299	33.3141	32.6021	31.2973	30.5932
9	37.893	36.9300	35.1636	35.4524	34.7413	34.0298	33.3186	32.6021	31.8902	30.5932
10	42.104	36.9300	35.1636	35.4526	34.7413	34.0302	33.3187	32.6078	31.8901	31.1783
11	46.314	36.9300	35.1637	35.4526	34.7415	34.0302	33.3192	32.6077	31.8960	31.1782
12	50.525	36.9300	35.1638	35.4528	34.7415	34.0305	33.3191	32.6082	31.8967	31.1859
13	54.735	36.9300	35.1638	35.4528	34.7417	34.0304	33.3195	32.6081	31.8973	31.1858
14	58.945	36.9300	35.1639	35.4529	34.7417	34.0308	33.3195	32.6086	31.8972	31.1865
15	63.156	36.9300	35.1640	35.4529	34.7420	34.0307	33.3199	32.6085	31.8978	31.1864
16	67.366	36.9300	35.1640	35.4531	34.7419	34.0311	33.3198	32.6090	31.8977	31.1870
17	71.577	36.9300	35.1641	35.4531	34.7422	34.0310	33.3202	32.6090	31.8982	31.1869
18	75.787	36.9300	35.1641	35.4533	34.7422	34.0313	33.3202	32.6094	31.8982	31.1875
19	79.997	36.9300	35.1642	35.4533	34.7424	34.0313	33.3205	32.6094	31.8987	31.1874
20	84.208	36.9300	35.1642	35.4534	34.7424	34.0316	33.3205	32.6098	31.8986	31.1880
21	88.418	36.9300	35.1643	35.4534	34.7426	34.0316	33.3209	32.6098	31.8991	31.1879
22	92.629	36.9300	35.1643	35.4536	34.7426	34.0319	33.3208	32.6102	31.8991	31.1885
23	96.839	36.9300	35.1644	35.4536	34.7428	34.0319	33.3212	32.6101	31.8996	31.1884
24	101.049	36.9300	35.1644	35.4537	34.7428	34.0322	33.3212	32.6106	31.8995	31.1890
25	105.260	36.9300	35.1645	35.4537	34.7431	34.0321	33.3215	32.6105	31.9000	31.1890
26	109.470	36.9300	35.1645	35.4539	34.7430	34.0324	33.3215	32.6110	31.9000	31.1895
27	113.680	36.9300	35.1646	35.4539	34.7433	34.0324	33.3219	32.6110	31.9005	31.1894
28	117.891	36.9300	35.1646	35.4541	34.7433	34.0327	33.3218	32.6113	31.9004	31.1900
29	122.101	36.9300	35.1647	35.4541	34.7435	34.0327	33.3222	32.6113	31.9009	31.1899
30	126.312	36.9300	35.1647	35.4542	34.7435	34.0330	33.3221	32.6117	31.9008	31.1905
31	130.522	36.9300	35.1648	35.4542	34.7437	34.0329	33.3225	32.6117	31.9013	31.1904
32	134.732	36.9300	35.1648	35.4544	34.7437	34.0332	33.3225	32.6121	31.9013	31.1910
33	138.943	36.9300	35.1649	35.4544	34.7439	34.0332	33.3228	32.6120	31.9017	31.1909

图 7-9　减压阀关阀水锤结果输出界面

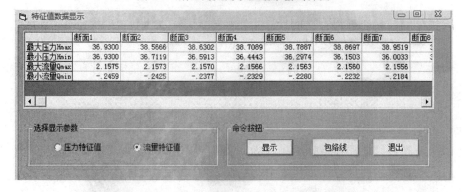

图 7-10　减压阀关阀水锤特征值输出界面

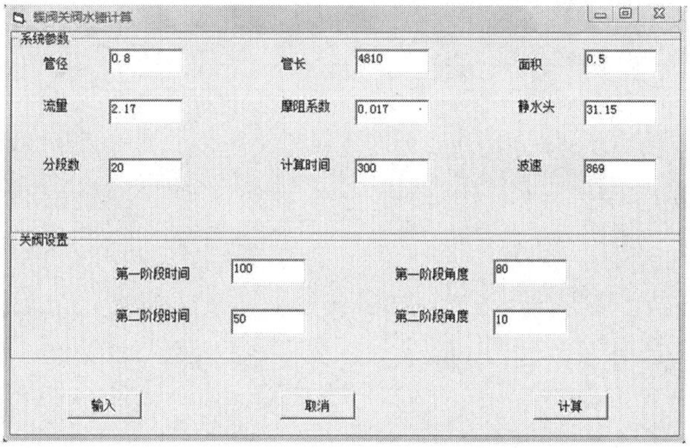

图 7-11　蝶阀关阀水锤计算界面

00	时刻 t	断面 1	断面 2	断面 3	断面 4	断面 5	断面 6	断面
1	.000	36.9300	36.8596	36.7893	36.7189	36.6485	36.5782	36
2	.421	36.9300	36.8596	36.7893	36.7189	36.6485	36.5782	36
3	.842	36.9300	36.8540	36.7893	36.7189	36.6485	36.5782	36
4	1.262	36.9300	36.8540	36.7837	36.7189	36.6485	36.5782	36
5	1.683	36.9300	36.8540	36.7837	36.7133	36.6485	36.5782	36
6	2.104	36.9300	36.8540	36.7837	36.7133	36.6430	36.5782	36
7	2.525	36.9300	36.8540	36.7837	36.7133	36.6430	36.5726	36
8	2.945	36.9300	36.8540	36.7837	36.7133	36.6430	36.5726	36
9	3.366	36.9300	36.8540	36.7837	36.7133	36.6430	36.5726	36
10	3.787	36.9300	36.8540	36.7837	36.7133	36.6430	36.5726	36
11	4.208	36.9300	36.8540	36.7837	36.7133	36.6430	36.5726	36
12	4.629	36.9300	36.8540	36.7837	36.7133	36.6430	36.5726	36
13	5.049	36.9300	36.8540	36.7837	36.7133	36.6430	36.5726	36
14	5.470	36.9300	36.8540	36.7837	36.7133	36.6430	36.5726	36
15	5.891	36.9300	36.8540	36.7837	36.7133	36.6430	36.5726	36
16	6.312	36.9300	36.8540	36.7837	36.7133	36.6430	36.5726	36
17	6.732	36.9300	36.8540	36.7837	36.7133	36.6430	36.5726	36
18	7.153	36.9300	36.8540	36.7837	36.7133	36.6430	36.5726	36
19	7.574	36.9300	36.8540	36.7837	36.7133	36.6430	36.5726	36
20	7.995	36.9300	36.8540	36.7837	36.7133	36.6430	36.5726	36
21	8.416	36.9300	36.8540	36.7837	36.7133	36.6430	36.5726	36
22	8.836	36.9300	36.8540	36.7837	36.7133	36.6430	36.5726	36
23	9.257	36.9300	36.8540	36.7837	36.7133	36.6430	36.5726	36
24	9.678	36.9300	36.8540	36.7837	36.7133	36.6430	36.5726	36
25	10.099	36.9300	36.8540	36.7837	36.7133	36.6430	36.5726	36
26	10.519	36.9300	36.8540	36.7837	36.7133	36.6430	36.5726	36
27	10.940	36.9300	36.8540	36.7837	36.7133	36.6430	36.5726	36
28	11.361	36.9300	36.8540	36.7837	36.7133	36.6430	36.5726	36
29	11.782	36.9300	36.8540	36.7837	36.7133	36.6430	36.5726	36
30	12.203	36.9300	36.8540	36.7837	36.7133	36.6430	36.5726	36
31	12.623	36.9300	36.8540	36.7837	36.7133	36.6430	36.5726	36
32	13.044	36.9300	36.8540	36.7837	36.7133	36.6430	36.5726	36
33	13.465	36.9300	36.8540	36.7837	36.7133	36.6430	36.5726	36

图 7-12　蝶阀关阀水锤结果输出界面

	断面1	断面2	断面3	断面4	断面5	断面6	断面7	断面8
最大压力Hmax	36.9300	38.6501	38.7973	38.9602	39.1250	39.2916	39.4601	3
最小压力Hmin	36.9300	35.6790	35.6419	35.6048	35.5678	35.5307	35.4936	3
最大流量Qmax	2.1575	2.1573	2.1570	2.1566	2.1563	2.1560	2.1556	
最小流量Qmin	-.1168	-.1150	-.1132	-.1115	-.1099	-.1084	-.1069	

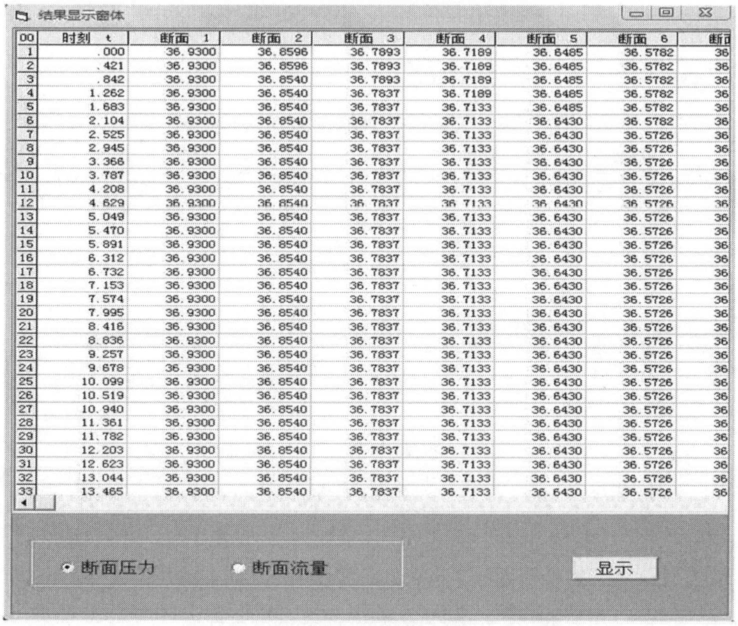

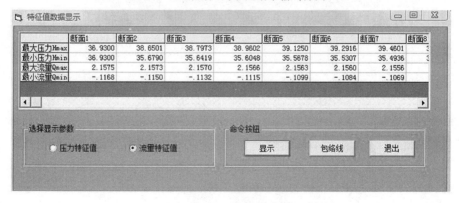

图 7-13　蝶阀关阀水锤特征值输出界面

00	t	vol	mass	q1	qpx	q2	q3	h1	h2	h3	air
	.0	.000	.00000	12.000	12.000	12.000	12.000	41.062	36.531	32.000	.000000
	.5	.000	.00000	11.402	12.000	12.000	12.000	17.426	36.531	32.000	.000000
	1.0	.263	.00061	10.818	10.883	10.883	12.000	-5.679	33.881	32.000	.002442
	1.5	.814	.00189	10.260	9.725	11.932	10.836	12.992	33.856	32.000	.002684
	2.0	1.647	.00379	9.741	9.657	10.781	11.866	37.482	33.514	32.000	.004898
	2.5	2.439	.00567	9.273	9.757	11.801	10.727	21.267	33.863	32.000	.002618
	3.0	3.392	.00776	8.867	8.900	10.669	11.737	1.636	33.328	32.000	.005741
	3.5	4.747	.01080	8.530	8.007	11.657	10.612	21.202	33.154	32.000	.006422
	4.0	6.252	.01415	8.272	8.174	10.547	11.578	45.642	32.991	32.000	.006997
	4.5	7.589	.01735	8.097	8.529	11.505	10.484	32.042	33.317	32.000	.005788
	5.0	8.936	.02036	8.010	8.016	10.427	11.433	15.080	33.202	32.000	.006243
	5.5	10.500	.02372	8.013	7.508	11.352	10.370	35.102	32.926	32.000	.007210
	6.0	12.035	.02726	8.105	8.014	10.310	11.273	58.304	33.009	32.000	.006935
	6.5	13.240	.03034	8.284	8.682	11.207	10.251	45.697	33.403	32.000	.005416
	7.0	14.289	.03288	8.547	8.537	10.207	11.143	30.441	33.543	32.000	.004748
	7.5	15.373	.03532	8.888	8.412	11.082	10.163	49.708	33.490	32.000	.005014
	8.0	16.264	.03758	9.298	9.230	10.123	11.022	70.760	33.677	32.000	.004005
	8.5	16.691	.03890	9.769	10.160	10.975	10.084	57.670	33.968	32.000	.001274
	9.0	16.835	.03927	10.290	10.292	10.053	10.929	42.382	33.999	32.000	.000212
	9.5	16.892	.03940	10.850	10.418	10.884	10.024	59.402	33.998	32.000	.000316
	10.0	16.658	.03891	11.436	11.398	9.995	10.840	77.638	34.047	32.000	-.002276
	10.5	16.000	.03727	12.034	12.431	10.802	9.968	63.283	34.166	32.000	-.004285
	11.0	14.816	.03484	12.631	12.652	9.946	10.763	46.942	34.269	32.000	-.005457
	11.5	13.616	.03204	13.214	12.824	10.729	9.925	61.530	34.297	32.000	-.005728
	12.0	12.130	.02872	13.770	13.758	9.910	10.696	76.888	34.514	32.000	-.007534

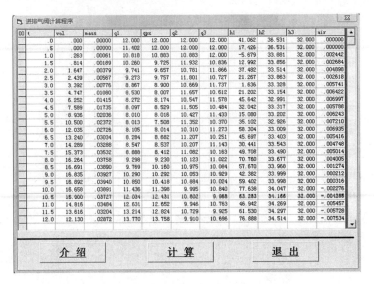

图 7-14　进排气阀计算及数据输出界面

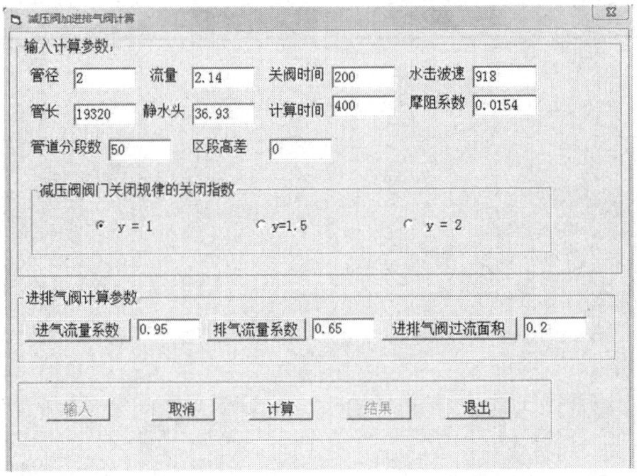

图 7-15　减压阀加进排气阀计算界面

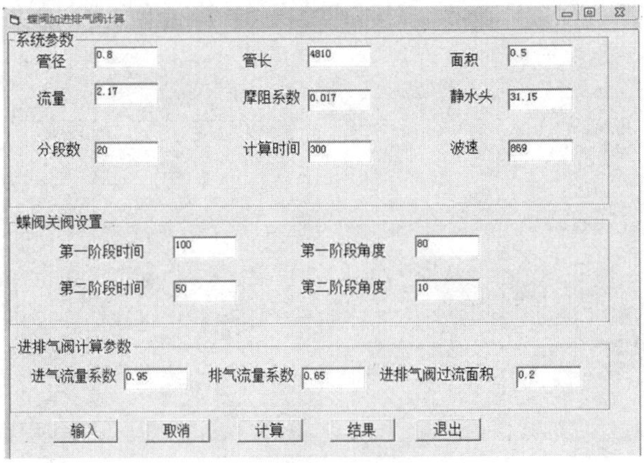

图 7-16　蝶阀加进排气阀计算界面

（6）岔管关阀水锤计算界面如图 7-17 所示。

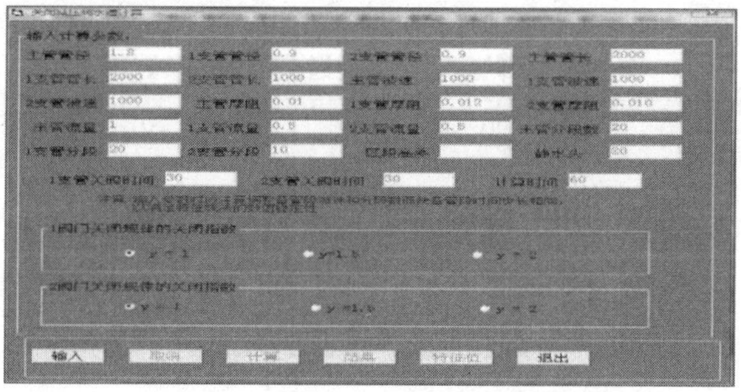

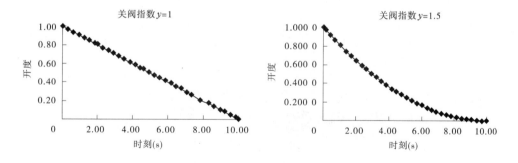

图 7-17　岔管关阀水锤计算界面

二、长距离输水工程重力流水锤防护数值模拟工程案例

（一）防护措施的选择

依据设计资料,在重力流水锤防护数值模拟计算中选用在线式套筒调节阀中的活塞式减压阀和两阶段缓闭蝶阀作为防护措施。活塞式减压阀是在特定条件下,特殊工艺制造的水锤防护设备,按照该设备出厂试验的基本技术要求,必须计算减压阀零流量的时刻,以实现活塞式减压阀的线性关闭,从而实现最大水锤压力的消除,然后在此基础上确定活塞式减压阀的关闭过程,确保系统在该时段内安全泄流。活塞式减压阀的阀门关闭特性曲线按照指数关闭规律来进行模拟计算,关阀指数分别取 $y=1$、$y=1.5$。减压阀关阀特性曲线如图 7-18 所示。

关阀指数 $y=1$

关阀指数 $y=1.5$

图 7-18　减压阀关阀特性曲线

两阶段缓闭蝶阀在求解关阀水锤时,阀门的开度系数 τ 与时间 t 的变化关系可根据各类阀门的 τ—t 曲线建立相应的数据表或数学计算公式,由计算机在计算过程中求出任意的 τ 值,代入进行水锤计算。

对于两阶段缓闭蝶阀,其 τ 值定义为

$$\tau = \sqrt{\frac{\zeta_0}{\zeta}}\,\theta \tag{7-60}$$

式中:θ 为蝶阀关闭角度,(°);ζ 为阀门关闭角为 θ 时对应的流阻系数;ζ_0 为阀门关闭角为 0°时对应的流阻系数。

两阶段缓闭蝶阀过流阻力试验数据见表 7-1。两阶段缓闭蝶阀的 τ—θ 特征曲线见图 7-19。

表 7-1　两阶段缓闭蝶阀过流阻力试验数据

蝶阀关闭角度 θ	0°	10°	20°	30°	40°	50°	60°	70°	80°
流阻系数 ζ	∞	650	111	40.5	12.8	5.3	2.1	0.98	0.32

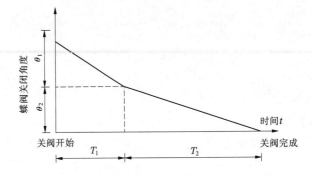

图 7-19　两阶段缓闭蝶阀的 τ—t 特征曲线

在计算中,阀在任意瞬时的关闭角 θ 可由阀关闭程序确定。设阀门关闭程序为两阶段关闭,蝶阀快关时间为 T_1,快关角度为 θ_1,慢关时间为 T_2,慢关角度为 θ_2,则任意瞬时的关闭角度可由以下方法求得:

$$\theta = \begin{cases} \dfrac{\theta_1}{T_1}t & \text{当 } t \leqslant T_1 \text{ 时,阀门处于快关阶段} \\[2mm] \theta_1 + \dfrac{\theta_2}{T_2}(t - T_1) & \text{当 } T_1 < t < T_1 + T_2 \text{ 时,阀门处于慢关阶段} \\[2mm] \theta_1 + \theta_2 & \text{当 } t > T_1 + T_2 \text{ 时,阀门关闭完成} \end{cases} \tag{7-61}$$

对于任意时刻 t 所对应的蝶阀关阀角度 θ,根据等间距 $\Delta\theta$ 所输入的 t 值,可由三点抛物线插值计算其相应的无量纲流量系数 τ:

$$\begin{cases} \tau = \tau(i) + \dfrac{\phi^2}{2}[\tau(i+1) - 2\tau(i)] + \dfrac{\phi}{2}[\tau(i+1) - \tau(i)] \\[2mm] \phi = \dfrac{\theta - \theta_0}{\Delta\theta} - i + 1 \\[2mm] i = \dfrac{\theta - \theta_0}{\Delta\theta} + 2 \end{cases} \tag{7-62}$$

(二)复杂管道系统重力流水锤模拟计算算例——广州市西江引水工程管线水锤压力计算机数值模拟计算

1. 广州市西江引水工程概述

中国广州获得 2010 年第十六届亚运会主办权,其目标是把 2010 年的亚运会办成一届绿色、文明的盛会,为了进一步保障广州中心市区居民饮用水安全,保障人民群众身体健康安全、维护社会稳定,广州将全面推进西江引水工程建设,计划于 2009 年年底引水入西部水厂,力争在亚运会举办前把西江水引入广州,从根本上解决广州市的供水安全问题。

1)工程规模

西江引水工程是从西江下游或北江中下游引入符合国家饮用水水质标准的源水,每日引调302万 m³源水,跨越广州、佛山两市,以用于补充江村、石门、西村、石溪和白鹤洞5座供水厂的自来水源水。

2)重力流工程组成

西江水通过水泵加压送至山顶蓄水池,再由蓄水池利用重力自流将水输送到各用水单位,重力流部分分段如下:

(1)山顶蓄水池至鸦岗分水处管段:该管段流量最大,落差最大,管路最长,在管道末端进行关阀时将产生较大的水锤压力。该管段采用 DN3600PCCP 管,管路总长 47.8 km,静水头 57.45 m,流量 20.35 m³/s。

(2)鸦岗至江村水厂管段:管道全长 9.63 km,管径 1.8 m,鸦岗分水处静水头 42.06 m,流量 2.54 m³/s。鸦岗分水处至江村水厂出水口地形高差−15.46 m。

(3)鸦岗至西村水厂、石门水厂分水处管段:管道全长 5.00 km,管径 2.6 m,鸦岗分水处静水头 42.06 m,流量 11.46 m³/s。鸦岗至西村水厂、石门水厂分水处出水口地形高差−12.46 m。

限于篇幅,这里只对山顶蓄水池至鸦岗分水处管段;鸦岗至江村水厂管段;鸦岗至西村水厂、石门水厂分水处管段这三段重力流做关阀水锤数值模拟计算。这一段也是典型的岔管分流计算。将山顶蓄水池至鸦岗分水处管段设为主管段,鸦岗至江村水厂管段为2 号管段,鸦岗至西村水厂、石门水厂分水处管段为 3 号管段。其系统布置图如图 7-20 所示,岔管分流处管道结构简图如图 7-21 所示。

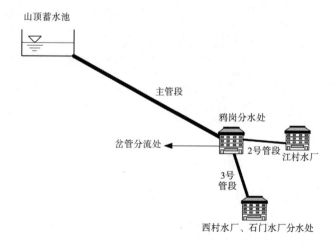

图 7-20　西江引水工程岔管分流段工程重力流段布置图

3)供水管道水锤计算参数的确定

供水管道水锤计算参数见表 7-2。

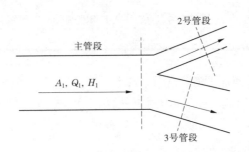

图 7-21　西江引水工程岔管分流段管道结构简图

表 7-2　供水管道水锤计算参数

管段名称	主管段	2 号管段	3 号管段
分段	山顶蓄水池至鸦岗分水处管段	鸦岗至江村水厂管段	鸦岗至西村水厂、石门水厂分水处管段
管材	PCCP 管	PCCP 管	PCCP 管
管长(m)	47 800	9 630	5 000
管径(m)	3.6	1.8	2.6
流量(m³/s)	20.35	2.54	11.46
净水头(m)	57.45	72.91	69.91

2.广州市西江引水工程水锤计算机数值模拟计算

1)管路末端分别安装减压阀、蝶阀时的关阀水锤计算机数值模拟及结果分析

主管段减压阀、蝶阀关阀水锤计算成果分别见表 7-3、表 7-4。

表 7-3　主管段减压阀关阀水锤计算成果

流量 $Q(\mathrm{m^3/s})$	摩阻系数 f	关阀指数 y	关阀时间 $t(\mathrm{s})$	最大压力 $H_{\max}(\mathrm{m})$	最小压力 $H_{\min}(\mathrm{m})$	最大流量 $Q_{\max}(\mathrm{m^3/s})$
20.35	0.012 7	1	450	84.75	23.10	20.35
		1	500	81.27	23.10	20.35
		1	600	76.46	23.10	20.35
		1.5	450	84.11	23.10	20.35
		1.5	500	80.40	23.10	20.35
		1.5	600	75.10	23.10	20.35

表 7-4 主管段蝶阀关阀水锤计算成果

区段流量 $Q(\text{m}^3/\text{s})$	摩阻系数 f	关阀时间 (s)	快关时间 (s)	慢关时间 (s)	最大压力 $H_{max}(\text{m})$	最小压力 $H_{min}(\text{m})$	最大流量 $Q_{max}(\text{m}^3/\text{s})$
20.35	0.012 7	660	120	540	90.52	27.84	20.35
			180	480	88.64	25.43	20.35
			240	420	82.37	23.10	20.35
		720	280	440	80.11	23.10	20.35
			300	420	77.98	23.10	20.35
			320	400	76.16	23.10	20.35

结果分析:主管段重力流采用活塞式减压阀作为管路水锤防护措施时,流量 $Q=20.35$ m^3/s,摩阻系数取 0.012 7,关阀指数取 1 或 1.5,关阀时间为 450 s、500 s、600 s 时各个工况下计算所得的最大压力值均未超过规定工作压力的 1.5 倍,满足计算要求,但计算时间较长。采用两阶段缓闭蝶阀为防护措施时,摩阻系数取 0.012 7,关阀时间取 720 s 时才能满足计算要求。对采用以上两种防护措施的防护效果进行比较:当最大计算关阀水锤压力值控制在 81 m 时,活塞式减压阀的关阀时间仅需 500 s,而两阶段缓闭蝶阀的关阀时间则需 700~720 s。可以看出,活塞式减压阀能够在控制最大水锤升压的同时,很好地缩短阀门关闭时间,因此在本工程实例中主管段选择活塞式减压阀防护不仅效果优于两阶段缓闭蝶阀,且易于操作。通过比较选取活塞式减压阀作为管路水锤防护措施,但所得关阀时间仍较长,末端关阀水锤削减能力有限,因此需要加入进排气阀做进一步的优化计算。

2)西江引水工程重力流段输水管路防护水锤的优化方案研究

单独选取活塞式减压阀为防护措施,建议取关阀指数 $y=1.5$,关阀时间取 500 s。下面列出主管段关阀时间取 500 s 时的各断面最大最小压力包络线图(见图 7-22)。

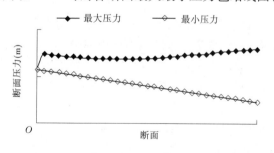

图 7-22 主管段减压阀最大最小压力包络线

对此管段加入进排气阀做进一步管道优化计算,根据本章第五节原理及进排气阀设置原则,对进排气阀的选型和位置进行初步确定:由计算可知本区段坡度 ≤$D/100$,根据进排气阀设置原则,每隔 1.0~1.5 km 安装一个进排气阀。因此,在管路上每隔 1 000 m 安装一个进排气阀。计算可得:$\Delta h=1.202$ m,$Q_{进}=2.962\ 3$ m^3/s,$Q_{排}=1.659$ m^3/s,$d=0.32$ m。初步选择 DN300 大口径进排气阀,选取进气流量系数 $C_{in}=0.95$,排气流量系数 $C_{out}=$

0.65,将其代入进行数值模拟计算,分别得出减压阀联合进排气阀、蝶阀联合进排气阀防护的水锤计算结果如表 7-5、表 7-6 所示。

表 7-5　主管段减压阀联合进排气阀关阀水锤计算成果

流量 $Q(\text{m}^3/\text{s})$	摩阻系数 f	关阀指数 y	关阀时间 $t(\text{s})$	最大压力 $H_{max}(\text{m})$	最小压力 $H_{min}(\text{m})$
20.35	0.012 7	1	450	67.80	18.48
			500	65.02	18.48
			600	61.17	18.48
		1.5	450	67.29	18.48
			500	64.32	18.48
			600	60.08	18.48

表 7-6　主管段碟阀联合进排气阀关阀水锤计算成果

区段流量 $Q(\text{m}^3/\text{s})$	摩阻系数 f	关阀时间 (s)	快关时间 (s)	慢关时间 (s)	最大压力 $H_{max}(\text{m})$	最小压力 $H_{min}(\text{m})$
20.35	0.012 7	660	120	540	72.42	22.27
			180	480	70.91	20.34
			240	420	65.89	18.48
		720	280	440	64.08	18.43
			300	420	62.38	18.43
			320	400	60.92	18.43

　　结果分析:由上述计算结果可知,管路在减压阀联合进排气阀防护下,在关阀时间为 500 s、关阀指数取 1.5 时,计算的最大水锤压力值由 80.40 m 下降为 64.32 m,防护效果提高了约 20%;而管路在两阶段缓闭蝶阀联合进排气阀防护下,取相同的关阀时间和关阀规律,计算的最大水锤压力值也下降了约 22%,这与禹门口东扩提水工程第三压力区段联合进排气阀防护后所得出的分析结果基本一致,因此可知,管路中加入进排气阀进行联合防护后,可使防护效果提高约 20%,对管路水锤计算进行了优化,更好地起到管道水锤防护作用。因此,选取活塞式减压阀联合进排气阀作为主要防护措施,建议关阀指数取 $y=1.5$,关阀时间取 120~150 s,管路最大最小压力包络线图如图 7-23 所示。

　　3)岔管变流量关阀水锤计算

　　在岔管变流量关阀水锤计算中,采用活塞式减压阀为防护措施,岔管关阀水锤计算参数见表 7-7。

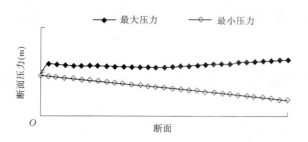

图 7-23　主管段减压阀加进排气阀最大最小压力包络线

表 7-7　岔管关阀水锤计算参数

参数	主管段计算参数	2 号管段计算参数	3 号管段计算参数
管径(m)	3.6	1.8	2.6
管长(m)	47 800	9 630	5 000
水击波速(m/s)	1 000	900	980
摩阻系数	0.012 29	0.012 58	0.0124
流量(m³/s)	20.350	2.546	11.460
分段数	30	15	15

　　图 7-24~图 7-27 分别是 2 号管段、3 号管段关阀指数取 $y=1$ 时,关阀时间取 450 s 和 500 s 时结果输出界面。

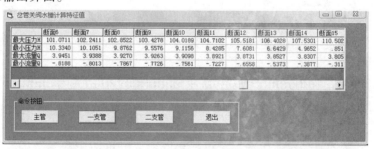

图 7-24　关阀时间为 450 s 时 2 号管段计算结果输出界面

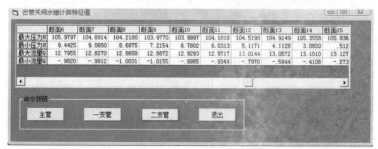

图 7-25　关阀时间为 450 s 时 3 号管段计算结果输出界面

图 7-26　关阀时间为 500 s 时 2 号管段计算结果输出界面

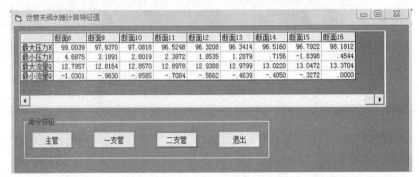

图 7-27　关阀时间为 500 s 时 3 号管段计算结果输出界面

模拟结果表明:当关阀时间大于 300 s 时,关阀水锤压力可控制在规范要求以内。

本模拟存在的问题:实际水锤波的反射断面应为泵站后调节池的自由水面。本次模拟假设水锤波反射断面为鸦岗分水处,可能造成模拟水锤压力结果偏大。但考虑了关阀过程中支管流量变化导致主管流量变化最后引起鸦岗分水处水头变化的影响。

(三)误差分析

以上两个工程实例均采用了活塞式减压阀、两阶段缓闭蝶阀,并分别加入进排气阀构成联合防护方式,鉴于目前技术的水平和数据选取的不同,在计算过程中不可避免地产生了误差,下面对其进行分析:

(1)由于活塞式减压阀的生产厂家仅提出阀门的开度与阻力系数的关系,没有阀门的开度与关闭管道面积之间的关系,计算中采用国内外已有的经验或试验成果,产生误差。

(2)管道损失系数是根据总的管道损失折算的,因此产生误差;输水系统的管壁糙率,在计算中非常敏感,主要以钢筋混凝土管道和玻璃钢管的摩阻系数进行模拟计算。

(3)由于国内对进排气阀的研究和计算有限,因此在进排气阀的进气、排气系数上存在一定的误差。在本工程实例中当压力差不同时,选取的进排气系数相同,而通过工程实践验证,当压力差变化时,进排气系数会随之变化,由此计算出的进排气会存在较大的偏差,且随压力差的增大进排气量的计算误差越大。

课后思考题

1.供水工程重力流的水锤分为哪几类？工程中防护这几类水锤的措施主要有哪些？

2.进排气阀分为哪几类？并简述其防护水锤的工作原理。

参考文献

[1] 刘光临,蒋劲,等.泵站水锤阀调节防护试验研究[J].武汉水利电力大学学报,1991,12:29-45.

[2] 刘光临,刘志勇,等.单向调压塔水锤防护特性的研究[J].给水排水,2002,2(02):82-85.

[3] 刘光临,刘梅清,冯卫民,等.采用单向调压塔防止长输水管道水柱分离的研究[J].水利学报,2002, 9:44-48.

[4] Wylie E B,Streeter V L,Suo Lisheng.Fluid transients in system[M].Engle Wood Cliffs,Prentice-Halllnc, 1993.

[5] 索丽生,刘宇敏,张建.气垫调压室的体型优化计算[M].河海大学学报,1998,11:26-28.

[6] 王学芳,叶宏开,汤荣铭,等.工业管道中的水锤[M].北京:科学出版社,1995,8:45-48.

[7] 李明.高扬程抽水站水锤防护措施——液控缓闭蝶阀选型[J].科技情报开发与经济,1999,4:30-31.

[8] 杨玉思.全压高速排气阀:98113073.9[P].2003-12-31.

[9] 蒋劲,梁柱.管路系统气液两相流瞬变流的矢通量分裂法[J].华中理工大学学报,1997,3:79-8l.

[10] 杨开林.水电站长输水管道气泡动力特性研究[J].水利学报,1998,11:11-14.

[11] 郑源,刘德有,张健,等.有压输水管道系统气液两相流研究综述[J].河海大学学报(自然科学版), 2002,11:87-90.

[12] 孙兰凤.空气阀在长管道供水系统水锤防护中的应用研究[D].武汉:武汉大学,2005.

[13] 金锥,杨玉思.两处水柱分离与断流空腔弥合水锤的研究[C]//第三届中日流体机械国际学术会 议.大阪:1990,2:101-105.

[14] 熊水应,关兴旺,金锥.多处水柱分离与断流弥合水锤综合防护问题及设计实例(上)[J].给水排 水,2003,2:1-5.

[15] 熊水应,关兴旺.多处水柱分离与断流弥合水锤综合防护问题及设计实例(下)[J].给水排水, 2003,29(8):1-6.

[16] 杨玉思,金锥.两处断流水锤的判断及升压计算方法[J].西北建筑工程学院学报,1996,4:25-30.

[17] 杨玉思,张世昌,付林.有压供水管道中气囊运动的危害与防护[J].中国给水排水,2002,18(9):32- 33.

[18] 杨玉思,羡巨智,王栋.有压供水管道气水两相流流态及排气方式[J].中国给水排水,2005,21 (12):62-64.

[19] 杨玉思,闻明.消减断流弥合水锤及气囊运动升压的最佳方式[J].中国给水排水,2006,22(4):44- 47.

[20] 于必录.水力过渡过程[R].武汉:武汉水利水电学院,1984.

[21] 杨福记,冯庆昌.重力流输水在陆川县西山供水工程中的应用[J].广西水利水电,2003(1):76-79.

[22] 孙万功.长距离输水管道减压措施研究[J].水利规划与设计,2003(2).

[23] 陈涌城,张洪岩.长距离输水工程有关技术问题的探究[J].城市给排水,2002,28(2).

[24] 中国市政工程东北设计研究院,长安大学.城镇供水长距离输水管(渠)道工程技术规程:CECS193: 2005[S].北京:中国计划出版社,2005.

［25］刘竹溪,六光临.泵站水锤及其防护［M］.北京:水利电力出版社,1988.

［26］LeeT S.Air influence Oll hydraulic transients on fluid system with air valves［J］.Fluids Eng,ASME,1999
(9):646-650.

［27］王学芳,叶宏开.工业管道中的水锤［M］.北京:科学出版社,1995.

［28］刘梅清.单向调压塔防水锤特性数值模拟与研究［J］.水利学报,1995(10):44.

［29］刘梅清,孙兰风,周龙才,等.长管道泵系统中空气阀的水锤防护特性模拟［J］.武汉大学学报(工学
版),2004,37(5):23-27.

［30］王其君,等.城市供水行业2010年技术进步发展规划及2020年远景目标［M］.北京:中国建筑工业
出版社,2005.

［31］金锥,姜乃昌,汪兴华,等.停泵水锤及防护［M］.北京:中国建筑工业出版社,2004.

［32］邓华.管路中水柱分离［D］.武汉:原武汉水力学院,1988.

［33］徐军.梯级电站引水系统水力过渡过程研究［D］.北京:国家图书馆,2002.

［34］Hanif Chaudhry M.Applied Hydraulic Transients［J］.British Columbia Hydroand PowerAuthority Vancou-
ver,British Columbia,Canada,1979.

［35］Resal H.Note Siles pefits mouvements dus fluide incompressible dans ill tuyaue lastique［J］.Journal de
Mathematiques Pureset Appliquees,1876,rd Series,2:342-344.

［36］Menabrea L E.Note Silt les effects dechoc de leau damles conduits［J］.Comptes Rendus Hebdomadaires
Seances de L'Academid des Sciences,France,1858,47:221-224.

［37］Frizell J P.Pressure Resulfiong from Changes of Velocity of Water in Pipes［J］.Tram,Anler,Soc,Civil
Engr,1898,39:1-18.

第八章　明渠非恒定流水力
过渡过程数值模拟

第一节　绪　论

一、国内外调水系统非恒定流理论及计算方法研究概况

由于工程地质条件和地形条件的不同,调水工程具有有压管道、明渠或管渠结合这些输水结构形式,其水力过渡过程自然就会涉及明渠和有压管道这两种形式的非恒定流,所以对其过渡过程的研究就要用到明渠和有压管道这两种非恒定流理论。随着计算机的普及应用,两种理论及计算方法研究都经历了从早期的简单手算到后来的计算机数值计算的巨大飞越。

(一)国外明渠非恒定流的研究

1871 年,圣维南在法国科学院的学会会刊上发表了圣维南非恒定流偏微分方程组,从此奠定了明渠非恒定流研究的基础。圣维南方程组是一阶双曲型拟线性偏微分方程组,目前在数学上尚无法求得其解析解,一系列研究都围绕着它的解法展开。在计算机普及使用以前,非恒定流的计算规模都比较小,当时有许多手算的方法,有些方法将基本方程做了大量简化,最后实际只通过连续方程来体现流动的非恒定性质,如马斯京根法、瞬态法等。在不简化的方法中有图解法、诺模图法、逐步逼近法等,这些方法或仅适用于特殊情况,或需要大量试算。例如,当时巴拿马运河非恒定流计算就需要两位专家费时一两个月才能完成。对于明渠非恒定流的研究最为常用的方法是特征线法,此方法格式稳定,计算精度高,易于编程,可以处理非常复杂的输水系统。双曲线型偏微分方程的特征线理论在 20 世纪 40 年代已在数学界发展起来,1948 年以后特征线理论在非恒定流分析中得到了推广和应用。随着计算机的普及,特征线法在一维明渠非恒定流的计算中应用范围越来越广,尤其对于长距离输水工程,由于其明渠具有较规则的断面形状,特征线法可以很好地模拟它的过渡过程,所以特征线法在调水工程中的应用更为普遍。

(二)国内非恒定流相关理论及计算方法

我国在非恒定流理论方面的研究起步较晚,但是大量外文文献的翻译出版以及我国学者对前人理论的学习、总结和发展,极大地促进了我国非恒定流理论的研究,近几十年来取得了丰硕的研究成果。在明渠非恒定流方面,通过对圣维南方程的引入及 1948 年加拿大人浦特曼翻译和介绍马素的著作出版,特征线理论在明渠非恒定流分析中的应用在我国得以推广。1962 年以后,由于电子计算机的普及和应用,我国在明渠非恒定流的研究特别是特征线理论的运用大大提高,通过正确的分析和大量的计算,从大量实测资料中整理出明渠非恒定流的运动规律,并将这些规律应用于工程预报。一维明渠非恒定流在

我国已有比较成熟的程序包,包括河网、分叉河道洪水波演算、电站日调节非恒定流均可计算,计算应用了各种差分格式。由于水利枢纽上下游水库与河道地形变化,河口潮汐、湖泊风波、城市排水问题需要进行二维计算。目前特征线理论应用于明渠非恒定流的二维计算也获得了较快的发展。同时如何更加经济、有效地防止水锤事故,根据实际情况寻找最优的防护对策也是一项长期的研究课题。

二、本章案例的主要目的

应用特征线法建立明渠非恒定流计算模型以及不同水锤防护措施下的重力流关阀水锤计算模型,对水力过渡过程进行数值计算和理论分析,在寻求过渡过程的通用解法的同时,也为工程的设计和运行提供了科学的依据和建议。

第二节　明渠水力过渡过程的基本原理及计算方法

明渠流动是指具有自由表面的一类流动,如天然河道、人工输水渠道以及无压隧洞中的水流等。明渠水力过渡过程是指明渠或无压输水管路中的水体由于流量调节或事故等,在水体的惯性作用下发生的恒定流条件破坏而产生非恒定流的过渡过程,在这一过程中,水体的压力、水位、流速、流量等水力参数都随时间发生急剧的变化。计算其水力过渡过程需要建立明渠非恒定流的基本微分方程,即明渠非恒定流的运动方程和连续方程,这是非恒定流计算的理论基础。将此二方程联立,组成圣维南方程组。加上相应的边界条件,再辅以一定的方法就可以求得明渠水力过渡的变化过程。

一、明渠非恒定流的基本方程

明渠非恒定流的基本方程是表征水力要素与流程坐标 s 和时间坐标 t 的函数关系式,是由明渠非恒定流的连续性方程和运动方程组成的微分方程组,该方程组由法国的科学家圣维南于 1871 年创立,故又称为圣维南方程组。

(一)明渠非恒定流连续性方程

现从明渠非恒定流中取长度为 ds 的区间来研究。设 ds 区间内水流在初瞬时 t' 的水面线为 a—a,经过 dt 时间段后,末瞬时 $t''=t+dt$ 的水面线为 b—b,如图 8-1 所示。

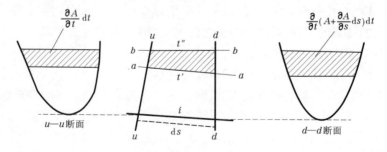

图 8-1　推导明渠非恒定流连续性方程的断面

由于非恒定流水力要素是流程 s 和时间 t 的连续函数,因而可以应用分析数学做工具。设初瞬时区间上游 u—u 断面流量为 Q，过水面积为 A。在同一瞬时区间下游 d—d 断面流量为 $Q+\dfrac{\partial Q}{\partial s}\mathrm{d}s$，过水面积为 $A+\dfrac{\partial A}{\partial s}\mathrm{d}s$，则末瞬时断面的流量应该为 $Q+\dfrac{\partial Q}{\partial t}\mathrm{d}t$，$d$—$d$ 断面的流量为 $Q+\dfrac{\partial Q}{\partial s}\mathrm{d}s+\dfrac{\partial}{\partial t}(Q+\dfrac{\partial Q}{\partial s}\mathrm{d}s)\mathrm{d}t$，过水面积为 $A+\dfrac{\partial A}{\partial s}\mathrm{d}s+\dfrac{\partial}{\partial t}(A+\dfrac{\partial A}{\partial s}\mathrm{d}s)\mathrm{d}t$。

因为液体是不可压缩的连续介质，在 $\mathrm{d}t$ 时间段内经 u—u 断面流入区间的液体体积，与经 d—d 断面流出区间液体体积之差，应当等于该区间内末、初瞬时水体体积的增量。

流入和流出 $\mathrm{d}s$ 区间液体体积之差为

$$\frac{1}{2}\left(Q+Q+\frac{\partial Q}{\partial t}\mathrm{d}t\right)\mathrm{d}t-\frac{1}{2}\left[Q+\frac{\partial Q}{\partial s}\mathrm{d}s+Q+\frac{\partial Q}{\partial s}\mathrm{d}s+\frac{\partial}{\partial t}\left(Q+\frac{\partial Q}{\partial s}\mathrm{d}s\right)\mathrm{d}t\right]$$

$$=-\frac{\partial Q}{\partial s}\mathrm{d}s\mathrm{d}t-\frac{1}{2}\frac{\partial^2 Q}{\partial s\partial t}\mathrm{d}s\mathrm{d}t^2 \tag{8-1}$$

$\mathrm{d}s$ 区间末、初瞬时水体体积的增量为

$$\frac{1}{2}\left[A+\frac{\partial A}{\partial t}\mathrm{d}t+A+\frac{\partial A}{\partial s}\mathrm{d}s+\frac{\partial}{\partial s}\left(A+\frac{\partial A}{\partial s}\mathrm{d}s\right)\mathrm{d}t\right]\mathrm{d}s-\frac{1}{2}\left(A+A+\frac{\partial A}{\partial s}\mathrm{d}s\right)\mathrm{d}s$$

$$=\frac{\partial A}{\partial t}\mathrm{d}s\mathrm{d}t-\frac{1}{2}\frac{\partial^2 A}{\partial s\partial t}\mathrm{d}t\mathrm{d}s^2 \tag{8-2}$$

令式(8-1)与式(8-2)相等，各项同除以 $\mathrm{d}t\mathrm{d}s$，并忽略高阶微量后可得：

$$\frac{\partial A}{\partial t}+\frac{\partial Q}{\partial s}=0 \tag{8-3}$$

式(8-3)是明渠非恒定流的连续方程式。

因 $Q=Av,A=A(s,t),v=v(s,t)$，所以

$$\frac{\partial Q}{\partial s}=\frac{\partial(Av)}{\partial s}=A\frac{\partial v}{\partial s}+v\frac{\partial A}{\partial s} \tag{8-4}$$

将式(8-4)代入式(8-3)得：

$$\frac{\partial A}{\partial t}+A\frac{\partial v}{\partial s}+v\frac{\partial A}{\partial s}=0 \tag{8-5}$$

式(8-5)是明渠非恒定流连续性方程的另一种表达式。

（二）明渠非恒定流运动方程

应用牛顿第二定律，可导出非恒定流的运动方程式。在非恒定流中取出长度为 $\mathrm{d}s$ 的微小流速段来进行研究，s 轴取与恒定流时的水流方向一致；管轴线与水平线的夹角为 θ。设在 $\mathrm{d}t$ 时刻内水击波由 m—m 断面传至 n—n 断面（见图 8-2），若上游断面 n—n 的密度为 ρ、过水断面面积为 a、湿周为 χ、压强为 p；则下游断面 m—m 相应的各量为 $\rho+\dfrac{\partial\rho}{\partial s}\mathrm{d}s$、$a+\dfrac{\partial a}{\partial s}\mathrm{d}s$、$\chi+\dfrac{\partial\chi}{\partial s}\mathrm{d}s$、$p+\dfrac{\partial p}{\partial s}\mathrm{d}s$。

根据牛顿第二定理，作用在该流段上所有外力的合力应等于流段内液体质量与加速度的乘积，即

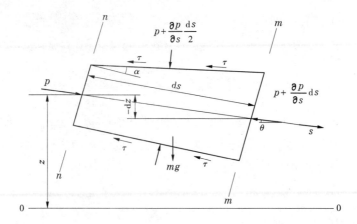

图 8-2　推导明渠非恒定流运动方程的控制体

$$\left[pa - \left(p + \frac{\partial p}{\partial s} ds \right) \left(a + \frac{\partial a}{\partial s} ds \right) \right] + \left[\left(p + \frac{1}{2} \frac{\partial p}{\partial s} ds \right) \frac{\partial a}{\partial s} ds \right] -$$

$$\left[\tau \left(\chi + \frac{1}{2} \frac{\partial \chi}{\partial s} ds \right) \right] - \left[g \left(\rho + \frac{1}{2} \frac{\partial \rho}{\partial s} ds \right) \left(a + \frac{1}{2} \frac{\partial a}{\partial s} ds \right) \frac{\partial z}{\partial s} ds \right]$$

$$= \left[\left(\rho + \frac{1}{2} \frac{\partial \rho}{\partial s} ds \right) \left(a + \frac{1}{2} \frac{\partial a}{\partial s} ds \right) \frac{du}{dt} \right] \tag{8-6}$$

在非恒定流中,流速 u 为 s 及 t 的函数,故

$$\frac{du}{dt} = \frac{\partial u}{\partial t} + u \frac{\partial u}{\partial s} \tag{8-7}$$

将式(8-7)代入式(8-6)中,整理并略去高价微量,即得

$$\frac{1}{\rho} \frac{\partial p}{\partial s} + \frac{\partial u}{\partial t} + u \frac{\partial u}{\partial s} + g \frac{\partial z}{\partial s} + \frac{\tau \chi}{\rho a} = 0 \tag{8-8}$$

式(8-8)即为微小流束非恒定流的运动方程。

设所考虑的总流为渐变流动,将式(8-8)对整个总流过水断面积分,略去断面上流速分布不均匀的影响,即可得出非恒定总流的运动方程:

$$\frac{\partial}{\partial s} \left(z + \frac{p}{\gamma} + \frac{v^2}{2g} \right) = - \frac{\tau_0 \chi_0}{\gamma A} - \frac{1}{g} \frac{\partial v}{\partial t} \tag{8-9}$$

式中:z、p、v 分别为总流过水断面上的平均高程、平均压强及平均流速;A 为过水断面面积;χ_0 为湿周;τ_0 为流段 ds 周界上的平均切应力。

如图 8-3 所示,在明渠中习惯用 z 来代表水位,若把式(8-9)应用于明渠水流,可将测压管水头改写为过水断面上的水位。

式(8-9)中 $\frac{\tau_0 \chi_0}{\gamma A}$ 项代表单位重量液体在单位长度内水流的沿程损失,故 $\frac{\tau_0 \chi_0}{\gamma A} = \frac{\partial h_f}{\partial s}$;而 $\frac{\partial}{\partial s} \left(\frac{v^2}{2g} \right) = \frac{v}{g} \frac{\partial v}{\partial s}$,故式(8-9)可改写为

$$- \frac{\partial z}{\partial s} = \frac{1}{g} \frac{\partial v}{\partial t} + \frac{v}{g} \frac{\partial v}{\partial s} + \frac{\partial h_f}{\partial s} \tag{8-10}$$

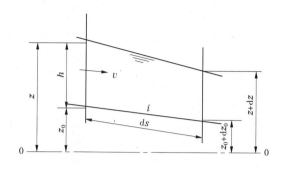

图 8-3　明渠水深—水位关系

式(8-10)便是明渠非恒定流的运动方程式,或称为能量方程式。方程式左端$-\dfrac{\partial z}{\partial s}$代表水面坡度 J,它表示单位重量液体的势能沿流程的变化率。方程式右端$\dfrac{1}{g}\dfrac{\partial v}{\partial t}$项称为波动坡度 J_{w},它表示作用于单位重量液体上的当地加速度所产生的惯性力沿单位流程所做的功。$\dfrac{v}{g}\dfrac{\partial v}{\partial s}$项称为动能坡度 J_{v},它表示单位重量液体的动能沿流程的变化率。$\dfrac{\partial h_{\mathrm{f}}}{\partial s}$项称为摩阻坡度 J_{f},它表示单位重量液体上沿单位流程克服摩擦阻力所做的功。

如图 8-3 所示,若明渠渠底高程为 z_0,水深为 h,底坡为 i,水位为 z,则 $z=z_0+h$,$\dfrac{\partial z}{\partial s}=\dfrac{\partial h}{\partial s}+\dfrac{\partial z_0}{\partial s}$;而$\dfrac{\partial z_0}{\partial s}=-i$,这样可以把明渠非恒定流运动方程式(8-10)中的变量 z 改为变量 h 来表达,即

$$i-\frac{\partial h}{\partial s}=\frac{1}{g}\frac{\partial v}{\partial t}+\frac{v}{g}\frac{\partial v}{\partial s}+J_{\mathrm{f}} \tag{8-11}$$

或

$$\frac{\partial h}{\partial s}=\frac{1}{g}\frac{\partial v}{\partial t}+\frac{v}{g}\frac{\partial v}{\partial s}=i-J_{\mathrm{f}} \tag{8-12}$$

式(8-11)或式(8-12)是明渠非恒定流运动方程式的不同表达形式,根据计算方便可任意选取其中之一。

二、明渠非恒定流的特征线方程及其求解

(一)明渠非恒定流方程组的求解方法

明渠非恒定流的基本方程是由明渠非恒定流的连续性方程和运动方程组成的微分方程组,圣维南方程组是具有两个独立变量 s、t 和两个从属变量 z、Q(或 h、v)的一阶拟线性双曲型微分方程组。实践中常用数值解法。这些解法大致可归纳为以下几种:

(1)差分法。就是把圣维南方程组离散化,用偏差商代替偏微商。同时由于微分方程在离散化过程中采用的具体做法不一样,又把差分格式分为显示差分和隐式差分两种。在确定计算格式的基础上,结合水流的初始条件及边界条件,再求指定变量域内各结点的

函数值。

（2）特征线法。是将非恒定流微分方程组转化为特征方程，然后用差商取代微商改为差分方程，再结合水流的初始条件及边界条件求方程组的近似解。此法物理概念明确，数学分析严谨，计算精度较高。

（3）瞬时流态法。是将偏微分方程直接改为差分方程，然后结合水流初始条件及边界条件，近似计算指定瞬时全过程各断面的水流情况。此法简称瞬态法。

（4）微辐波理论法。假定由波动所引起的各种水力要素的变化都是微小量，微小量的乘积或平方值均可忽略不计，这样将拟线性偏微分方程化为一阶线性常微分方程，然后求解。

（5）直接差分法。由于公式推导和计算都较复杂，而特征线法推导和计算都直接明了，故在实际计算中一般选择特征线差分法进行计算。

（二）明渠非恒定流计算的特征线法

在前面的内容中，已经推导出了明渠非恒定流的连续性方程式（8-5）及运动方程式（8-12），若令 B 为水面宽，以 h、Q 为因变量，则一维明渠的连续方程变化为

$$B \frac{\partial h}{\partial t} + \frac{\partial Q}{\partial s} = 0 \tag{8-13}$$

动量方程化为

$$\frac{\partial Q}{\partial t} + 2\left(\frac{Q}{A}\right)\frac{\partial Q}{\partial s} + \left[gA - B\left(\frac{Q}{A}\right)^2\right]\frac{\partial h}{\partial s} = gAi - \frac{gAQ^2}{K^2} \tag{8-14}$$

联立式（8-13）、式（8-14），便得出以 h、Q 为因变量的一组圣维南方程组。其中：Q 为流量；B 为水面宽度；A 为断面面积；h 为断面水深；i 为底坡；t 为时间；s 为空间沿渠长的坐标，$K = AC\sqrt{R}$；C 为谢才系数；R 为水力半径。

将方程组的连续方程乘以一因子后加到动量方程上，得：

$$\frac{\partial Q}{\partial t} + L\frac{\partial Q}{\partial s} + \frac{2Q}{A} \cdot \frac{\partial Q}{\partial s} + BL\left[\frac{\partial h}{\partial t} + \frac{1}{BL}\left(gA - B\frac{Q^2}{A^2}\right)\frac{\partial h}{\partial s}\right] = f \tag{8-15}$$

其中

$$f = -gA\left(i - \frac{Q^2}{K^2}\right) = -gA\left(i - \frac{n^2 Q^2}{A^2 R^{3/4}}\right)$$

考虑

$$\frac{\mathrm{d}Q}{\mathrm{d}t} = \frac{\partial Q}{\partial t} + \frac{\mathrm{d}s}{\mathrm{d}t} \cdot \frac{\partial Q}{\partial s} \qquad \frac{\mathrm{d}h}{\mathrm{d}t} = \frac{\partial h}{\partial t} + \frac{\mathrm{d}s}{\mathrm{d}t} \cdot \frac{\partial h}{\partial s}$$

因而上式化为常微分方程的关键是引入满足以下关系的特征线方程：

$$\frac{\mathrm{d}s}{\mathrm{d}t} = L + \frac{2Q}{A} = \frac{1}{BL}\left[gA - B\frac{Q^2}{A^2}\right] \tag{8-16}$$

解得：

$$L = -\frac{Q}{A} \pm \sqrt{gA/B}$$

将 L 代入式（8-16）得：

$$\frac{\mathrm{d}s}{\mathrm{d}t} = C^{\pm} = \frac{Q}{A} \sqrt{gA/B} \tag{8-17}$$

式(8-17)表明,在明渠非恒定流动自变量 s—t 平面上的任一点 (s,t),具有 $\frac{\mathrm{d}s}{\mathrm{d}t}$ 的值或特征方向:C^+ 称为顺特征方向,线上每一点与顺特征方向相切的曲线称为顺特征线;C^- 称为逆特征方向,线上每一点与逆特征方向相切的曲线称为逆特征线。沿两个特征线方向,可把原来的一对偏微分方程变成两对常微分方程组。

沿 C^+ 方向:

$$\frac{\mathrm{d}s}{\mathrm{d}t} = \frac{Q}{A} + \sqrt{gA/B} \tag{8-18}$$

$$\mathrm{d}\left(\frac{Q}{A} + 2\sqrt{gA/B}\right) = gA\left(i - \frac{Q^2}{K^2}\right)\mathrm{d}t \tag{8-19}$$

沿 C^- 方向:

$$\frac{\mathrm{d}s}{\mathrm{d}t} = \frac{Q}{A} - \sqrt{gA/B} \tag{8-20}$$

$$\mathrm{d}\left(\frac{Q}{A} - 2\sqrt{gA/B}\right) = gA\left(i - \frac{Q^2}{K^2}\right)\mathrm{d}t \tag{8-21}$$

在缓流中,弗劳德数 $Fr = \dfrac{Q}{A\sqrt{gA/B}} < 1$,$C^+$ 具有正值,随着时间的推移,正特征线指向下游,即在 s—t 平面上具有正的斜率;而 C^- 具有负值,随着时间的推移,负特征线指向下游,即在 s—t 平面上具有负的斜率。在急流中,C^+ 和 C^- 均大于 0,随着时间的推移,两条特征线均指向下游,即在 s—t 平面上都具有正的斜率。明渠非恒定流任一断面,水流特性的微小变化都会造成微小的扰动或波动,并通过微干扰波的传播而影响其他断面的水流特性,微干扰波从一个断面经过 $\mathrm{d}t$ 时段达到临近断面时,这两个断面的水流特性间存在的关系则由特征关系,即由式(8-19)和式(8-21)所确定。这就是式(8-19)和式(8-21)两个方程的物理意义。

当断面为梯形时,其特征线和特征方程为
沿 C^+ 方向:

$$\frac{\mathrm{d}s}{\mathrm{d}t} = \frac{Q}{A} + \sqrt{gA/B} \tag{8-22}$$

$$\frac{\partial Q}{\partial t} + \frac{Q}{A}\frac{\partial Q}{\partial s} + g\frac{\partial h}{\partial s} + gJ_{\mathrm{f}} + \sqrt{g/AB}\left(B\frac{\partial h}{\partial t} + \frac{\partial Q}{\partial s}\right) = 0 \tag{8-23}$$

沿 C^- 方向:

$$\frac{\mathrm{d}s}{\mathrm{d}t} = \frac{Q}{A} - \sqrt{gA/B} \tag{8-24}$$

$$\frac{\partial Q}{\partial t} + \frac{Q}{A}\frac{\partial Q}{\partial s} + g\frac{\partial h}{\partial s} + gJ_{\mathrm{f}} - \sqrt{g/AB}\left(B\frac{\partial h}{\partial t} + \frac{\partial Q}{\partial s}\right) = 0 \tag{8-25}$$

其他断面类型的河槽的特征线和特征关系也可用类似的方法求得。

设 n 及 n 以下(如 $n-1$)的时层上各网格结点的 h、Q 是已知的,由 $n+1$ 时层待求点 P 向已知层 n 作顺、逆特征线 C^+ 及 C^-,与 n 时层的交点为 L、R,如图 8-4 所示,L、R 两点一般不会恰好落在网格结点上。它们的位置虽可由特征线确定,但其 h、Q 值是未知的,只有通过临近网格间的插值求得。插值方法有线性插值和二次插值等不同方法,同时有隐格式和显格式之分。现就无侧向流入、流出,以 h、Q 为因变量的圣维南方程组式(8-13)及式(8-14)来说明。其特征方程及特征线可推导为

$$\frac{\mathrm{d}s}{\mathrm{d}t} = \frac{Q}{A} + \sqrt{gA/B} = C^+ \tag{8-26}$$

$$BC^- \frac{\mathrm{d}h}{\mathrm{d}t} - \frac{\mathrm{d}Q}{\mathrm{d}t} = f \tag{8-27}$$

式(8-26)、式(8-27)为顺特征线方向,逆特征线方向方程为

$$\frac{\mathrm{d}s}{\mathrm{d}t} = \frac{Q}{A} - \sqrt{gA/B} = C^- \tag{8-28}$$

$$BC^+ \frac{\mathrm{d}h}{\mathrm{d}t} - \frac{\mathrm{d}Q}{\mathrm{d}t} = f \tag{8-29}$$

其中

$$f = -gA\left(i - \frac{Q^2}{K^2}\right) = -gA\left(i - \frac{n^2 Q^2}{A^2 R^{3/4}}\right)$$

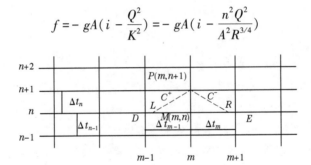

图 8-4 特征线网格

以上两对常微分方程组常采用库朗格式、一阶精度格式、二阶精度格式及隐格式等差分格式进行求解。现以一阶精度为例,介绍其求解过程。如图 8-4 所示,分别以交点 L、R 作为取值点,建立如下差分格式:

沿 C^+ 方向:

$$s_P - s_L = C^+ \Delta t \tag{8-30}$$

$$(BC^-)_L (h_P - h_L) - Q_P + Q_L = f_L \Delta t \tag{8-31}$$

沿 C^- 方向:

$$s_P - s_R = C^- \Delta t \tag{8-32}$$

$$(BC^+)_R (h_P - h_R) - Q_P + Q_R = f_R \Delta t \tag{8-33}$$

线性插值公式也随之有所变化,即

$$z_L = \frac{\Delta t}{\Delta s} C_L^+ (z_D - z_M) + z_M \tag{8-34}$$

$$Q_L = \frac{\Delta t}{\Delta s} C_L^+ (Q_D - Q_M) + Q_M \tag{8-35}$$

$$z_R = \frac{\Delta t}{\Delta s} C_R^- (z_M - z_E) + z_M \tag{8-36}$$

$$Q_R = \frac{\Delta t}{\Delta s} C_R^- (Q_M - Q_E) + Q_M \tag{8-37}$$

用简单迭代法计算:可设定 $C_L^+ = C_M^+$, $C_L^- = C_M^-$, $C_R^+ = C_M^+$, $C_R^- = C_M^-$, 由线性插值公式(8-34)~式(8-37)求 z_L, Q_L, z_R, Q_R, 再由以下四式:

$$C_L^+ = \left(\frac{Q}{A} + \sqrt{gA/B} \right)_L \tag{8-38}$$

$$C_L^- = \left(\frac{Q}{A} + \sqrt{gA/B} \right)_L \tag{8-39}$$

$$C_R^+ = \left(\frac{Q}{A} + \sqrt{gA/B} \right)_R \tag{8-40}$$

$$C_R^- = \left(\frac{Q}{A} + \sqrt{gA/B} \right)_R \tag{8-41}$$

计算 C_L^+, C_L^-, C_R^+, C_R^-, 看是否与预设值相等,不等则以计算值代替初值反复计算,直至满足在允许的误差范围之内。

三、明渠非恒定流的初始条件及边界条件

明渠非恒定流的计算,无论采用哪种近似计算方法都需要结合水流的初始条件、边界条件进行,因此下面首先讨论初始条件及边界条件。

(一)明渠非恒定流的初始条件

初始条件通常是指非恒定流的起始时刻的水流条件,故常为非恒定流开始前的恒定流的流量与水位。一般而言,初始条件也可以是非恒定流过程中,人们需要着手开始计算的任何指定时刻的水流条件。

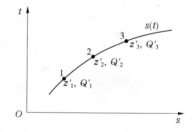

图 8-5　初始条件 s—t 曲线

如图 8-5 所示,设在 s—t 平面上所研究的自变量域内有一条曲线 $s = s(t)$,曲线上各点(如 1、2、3…)的水力要素(如水位、流量或水深、流速)为已知。初始条件可以通过计算或实测而事先取得。

(二)明渠非恒定流的边界条件

有了初始条件之后,求解明渠非恒定流还需要知道其对应的边界条件,发生非恒定流的河渠两端断面应满足的水力条件称为边界条件。根据产生位置的不同,又将其分为第一边界条件及第二边界条件。

非恒定流可能波及的末端断面应满足的水力条件称为第二边界条件。一般以水位—流量关系来表示,例如洪水演算中第二边界条件用下游某断面恒定流的水位—流量关系

来表示,洪水演算某断面恒定流的水位—流量关系如图 8-6 所示。第二边界条件有时也用某一稳定水位来表示,如波及的末端为大型水库或湖泊,则常以水库或湖泊的水位来表示。

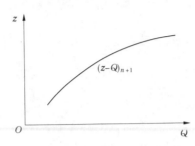

图 8-6　洪水演算某断面恒定流的水位—流量关系

第三节　模拟计算软件的开发

一、系统功能分析

模拟计算软件需要实现的主要功能如下。

(一) 工程技术参数的输入

由于技术参数较多,分别将无压输水隧洞的洞长、洞径、摩阻系数、各断面初始水位、计算时间和管道分段数以及倒虹输水管路的管长、管径、摩阻系数,控制阀的关闭规律,以及计算时间和管道分段数等由界面输入并将处理后的结果存入文本及本地数据库中以待计算时调用。程序主界面及数据输入界面如图 8-7~图 8-10 所示。

图 8-7　无压输水隧洞计算程序主界面

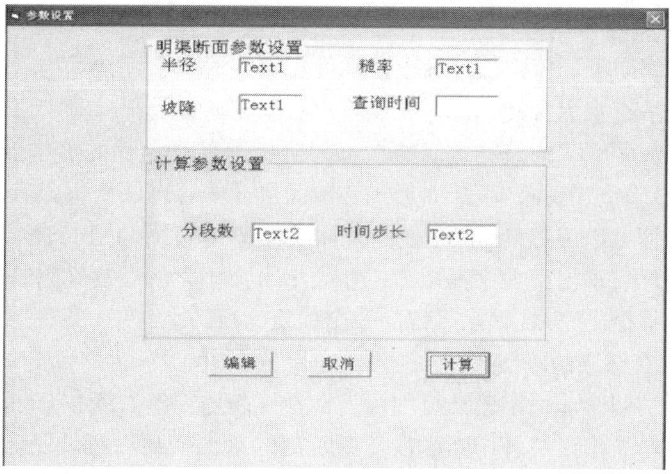

图 8-8　无压输水隧洞计算参数输入界面

图 8-9　重力自流关阀水锤计算程序主界面

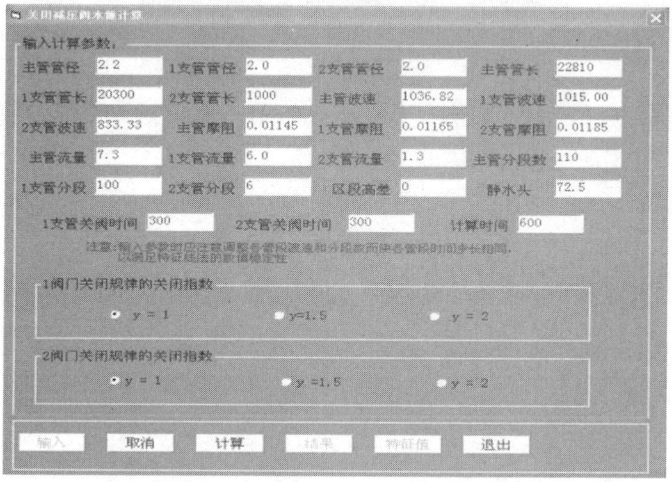

图 8-10　重力自流关阀水锤计算参数输入界面

(二)模拟计算内容

无压输水隧洞明渠非恒定流计算以及重力流倒虹输水水锤计算均采用特征线法结合相应的边界条件进行水力过渡计算。无压输水隧洞需通过模拟计算求出输水隧洞在运行期各级流量下全线各输水建筑物之间的水流衔接状态以及沿程的水位、水深、流速、净空等水力要素,进而确定工程布置、断面形式和断面尺寸的合理性。重力流倒虹输水水锤计算需通过模拟计算求出突然启动、停止或为调节流量而启用阀门时,倒虹管路沿线的流量、压力变化过程值;求出最大水锤压力值和最小水锤压力值以及对应的时刻等。进而采取相应的水锤防护措施,保证输水系统的安全稳定运行。

(三)模拟计算结果的输出

无压输水隧洞明渠非恒定流计算利用表格有规律地输出沿线各个断面的水深、流量、流速、断面面积,并绘出沿线各个断面在任意时刻的水深变化过程线及流量变化过程线,输出界面如图 8-11~图 8-13 所示;重力流倒虹输水水锤计算在表格中显示出倒虹输水管路沿线的水锤压力变化值及断面特征值,并绘出整个输水管道的压力分布状况,最大水锤压力上升值及最低压力线(也称为包络线)。输出界面如图 8-14、图 8-15 所示。

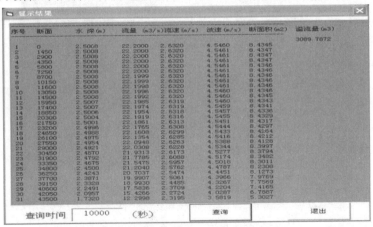

图 8-11 无压输水隧洞各断面计算结果

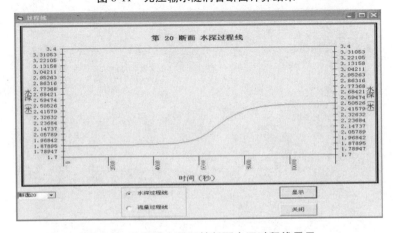

图 8-12 无压输水隧洞某断面水深过程线显示

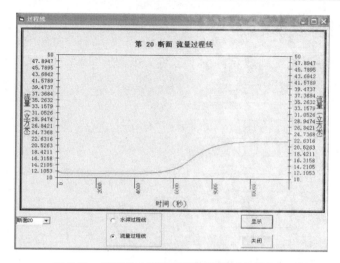

图 8-13　无压输水隧洞某断面流量过程线显示

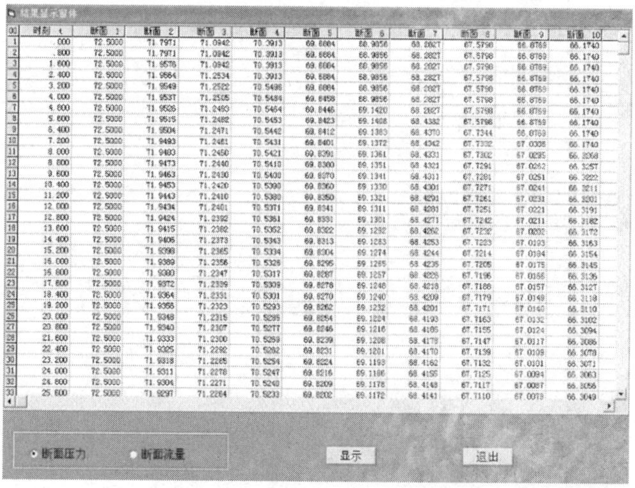

图 8-14　关阀水锤计算结果显示

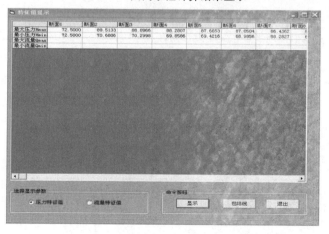

图 8-15　关阀水锤断面特征值显示

二、软件系统框架设计

基于 VB 语言主从结构规划方式,计算软件的结构框图如图 8-16、图 8-17 所示。

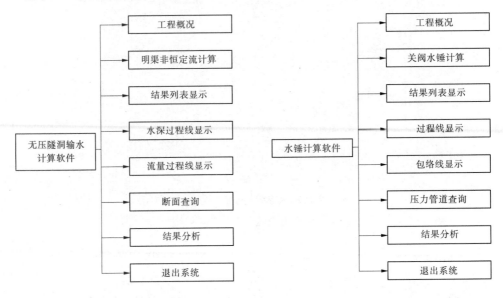

图 8-16　无压输水隧洞计算程序框图　　　　图 8-17　关阀水锤计算程序框图

第四节　明渠非恒定流水力过渡过程数值模拟工程案例

一、山西省万家寨引黄工程概况

山西省万家寨引黄工程是解决山西中北部地区水资源紧缺矛盾,促进山西经济社会可持续发展,维系国家新型能源和重化工基地发展的大型跨流域调水工程,属国家重点工程。万家寨引黄工程位于山西省西北部,工程从黄河万家寨水利枢纽取水,由取水首部总干线、南干线、联接段和北干线等四部分组成。总干线西起黄河万家寨水库,沿偏关县北部东行 44.4 km 至下土寨村附近设分水闸,以下分成南干线和北干线。南干线由分水闸向南经偏关、神池,在宁武县头马营入汾河,长 102 km。联接段北起南干线 7# 隧洞头马营出口,南至太原市呼延水厂,线路长 139.4 km。引黄工程北干线由分水闸起向东,经偏关、平鲁、朔州、山阴、怀仁至大同市附近赵家小村水库,线路全长 161.115 km。工程总体平面布置如图 8-18 所示。

北干线近期工程按 2020 年输水量 2.96 亿 m³ 的规模建设,输水流量 11.80 m³/s。北干线自下土寨分水闸起,途经偏关、平鲁、山阴、怀仁到大同市南郊赵家小村水库,线路全长 161.115 km(不含朔州供水线路和赵家小村水库旁通管线长度)。北干线由万家寨水库引水,供沿线平鲁、朔州、山阴、怀仁及大同等市的城市及工业供水,年引水量 2.96 亿 m³,供水区总供水面积 5 273 km²。主要建筑物有:南北干分水闸 1 座、隧洞 1 座,长 43.47 km 及

85 m 明洞、大梁水库及平鲁地下泵站、倒虹 2 座,长 74.25 km 的 1# 倒虹、朔州供水线路及耿庄水库、尚希庄水库,长 43.11 km 的 2# 倒虹、赵家小村水库。引黄工程北干线路布置如图 8-19 所示。

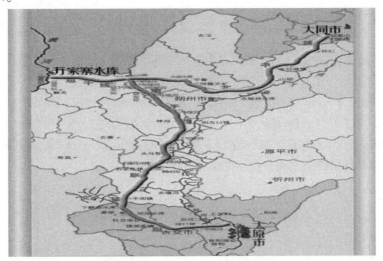

图 8-18　万家寨引黄工程平面布置

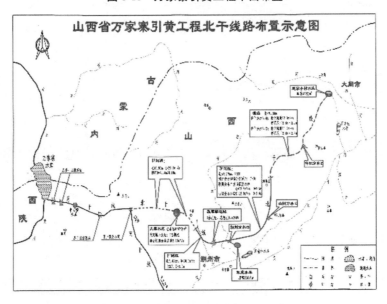

图 8-19　山西省万家寨引黄工程北干线路布置

二、万家寨引黄工程北干线 1# 隧洞水力过渡过程数值模拟

(一)1# 隧洞工程概况

1# 隧洞自下土寨分水闸起向东偏北方向经贾堡、口子上至乃河堡,经上水头至上石窑,虎头山至大梁水库右坝肩,其后线路向东及东南方向布置,经井坪、元墩、曹庄子,通过崔家岭、安太堡等,在马鞍山村西的中沟湾北岸坡脚处出口(桩号 43+470.641)。隧洞出

口后接 85 m 明洞,包括明洞在内隧洞线路长 43 555.64 m。隧洞为无压输水,其纵坡首先需满足不淤要求,根据引黄工程引水含沙量计算得不淤流速为 1 m/s,相应在最小流量 6.45 m³/s 时,最小纵坡为 1/4 000。在此基础上选择多个纵坡进行比选。最终选定 1# 隧洞在大梁水库以上段纵坡为 1/1 500,大梁水库以下段纵坡为 1/800,设计引水量为 9.9 ~ 11.8 m³/s,最终引水量为 22.2 m³/s。

1# 隧洞的最大埋深达 430 m,洞顶以上地下水水头最大达 285 m。

北干 1# 隧洞的北 01 洞段(桩号 0+000.000—5+427.241)为已完建段,采用钻爆法施工,隧洞断面形式分为城门洞形(宽×高 = 3.8 m×4.02 m)和马蹄形(R = 2r = 4 m)两种。未建隧洞桩号 5+427.241—18+375 及出口 200 m 段为钻爆法施工,长 13.1 km,圆形断面,断面净直径 4.10m;桩号 18+375—43+470.64 为 TBM 法施工,长 25.1 km,圆形断面,断面净直径 4.14 m。1# 隧洞沿线断面变化示意图如图 8-20 所示。

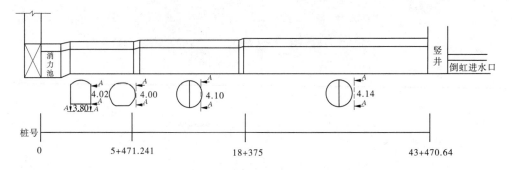

图 8-20　1# 隧洞沿线断面变化示意图　（单位:m）

(二)工程计算参数

1.步长选择

全隧洞长约 43 500 m,选取距离步长 Δs = 1 450 m。为满足收敛与稳定要求,时间步长满足下式:

$$\Delta t \leqslant \frac{\Delta s}{v + \sqrt{gA/B}} \tag{8-42}$$

为满足以上条件,选取 Δt = 100 s。

2.初始条件和边界条件

初始条件为隧洞中各断面已知的流量和水深,其中设计引水量 Q_1 = 11.8 m³/s,最终引水量 Q_2 = 22.2 m³/s。设计引水量 Q_1 = 11.8 m³/s 时,恒定流下各断面的水深 h 值见表 8-1。

表 8-1　设计引水量下初始时刻各断面的水深

断面(m)	0	1 450	2 900	4 350	5 800	7 250	8 700	10 150
水深(m)	1.910	1.908	1.906	1.904	1.902	1.900	1.898	1.896
断面(m)	11 600	13 050	14 500	15 950	17 400	18 850	20 300	21 750
水深(m)	1.894	1.892	1.890	1.888	1.886	1.884	1.882	1.880

续表 8-1

断面(m)	23 200	24 650	26 100	27 550	29 000	30 450	31 900	33 350
水深(m)	1.878	1.876	1.874	1.872	1.870	1.868	1.866	1.864
断面(m)	34 800	36 250	37 700	39 150	40 600	42 050	43 500	
水深(m)	1.860	1.854	1.840	1.820	1.790	1.760	1.732	

上游边界为已知的流量过程关系：$Q = 11.8 + 0.017\,33t$。

当时间超过线性变化时间后即 $t > 600$ s，上游流量则为一定值。

下游边界为竖井水深保持恒定：$h = 6.318$ m。

基于以上基本原理及已知参数，采用形象直观、应用范围广泛的 Visual Basic 语言编程计算，其计算流程如图 8-21 所示。

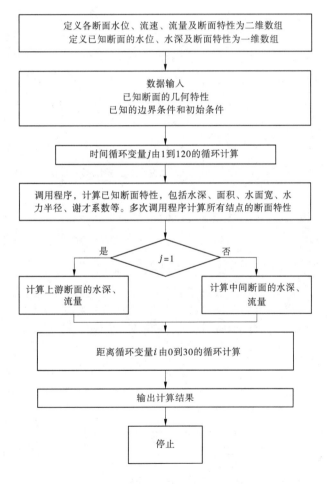

图 8-21　无压隧洞非恒定流程序计算流程

(三)模拟计算结果及分析

运用程序可计算出无压输水隧洞明渠非恒定流沿线各个断面的水深、流量、流速、断面面积,并绘出沿线各个断面在任意时刻的水深变化过程线及流量变化过程线。现将 $t=$ 3 600 s 及 $t=11$ 900 s 时的计算结果列于表 8-2、表 8-3。

表 8-2　无压输水隧洞 $t=3$ 600 s 时的计算结果

编号	里程(m)	水深(m)	流量(m³/s)	流速(m/s)	波速(m/s)	断面面积(m²)	净空比(%)
1	0	2.500 7	22.200 0	2.632 2	4.545 9	8.434 1	36.085 21
2	1 450	2.500 1	22.192 1	2.631 9	4.545 1	8.431 8	36.102 64
3	2 900	2.498 8	22.170 4	2.631 1	4.543 3	8.426 4	36.143 56
4	4 350	2.495 9	22.121 5	2.628 9	4.539 5	8.414 9	36.230 71
5	5 800	2.490 2	22.021 0	2.624 0	4.531 9	8.392 1	36.403 49
6	7 250	2.479 6	21.828 6	2.614 3	4.517 9	8.349 8	36.724 05
7	8 700	2.461 1	21.482 9	2.596 0	4.493 4	8.275 4	37.287 86
8	10 150	2.430 4	21.900 3	2.563 8	4.453 1	8.152 0	38.223
9	11 600	2.382 8	19.989 7	2.511 1	4.391 0	7.959 6	39.681 04
10	13 050	2.314 4	18.679 1	2.431 4	4.303 2	7.682 4	41.781 7
11	14 500	2.225 8	17.005 8	2.322 8	4.191 0	7.321 3	44.518 16
12	15 950	2.215 3	15.164 0	2.194 6	4.065 3	6.909 6	47.638 08
13	17 400	2.032 1	13.663 1	2.093 1	3.950 1	6.527 8	50.531 42
14	18 850	1.969 8	12.758 5	2.034 0	3.873 6	5.272 6	60.043 5
15	20 300	1.932 9	12.223 6	1.996 9	3.828 2	6.121 2	53.612 69
16	21 750	1.911 6	11.917 1	1.974 9	3.802 2	6.034 4	54.270 47
17	23 200	1.899 6	11.745 2	1.962 4	3.787 5	5.985 2	54.643 32
18	24 650	1.892 6	11.647 9	1.955 4	3.778 9	5.956 8	54.858 54
19	26 100	1.888 3	11.590 2	1.951 5	3.773 6	5.939 0	54.993 43
20	27 550	1.885 3	11.552 1	1.949 2	3.769 9	5.926 5	55.088 15
21	29 000	1.882 8	11.523 8	1.947 7	3.766 8	5.916 5	55.163 93
22	30 450	1.880 6	11.498 6	1.946 5	3.764 1	5.907 3	55.233 65
23	31 900	1.878 4	11.475 2	1.945 5	3.761 1	5.898 3	55.301 86
24	33 350	1.876 0	11.451 4	1.944 6	3.758 6	5.888 9	55.373 09
25	34 800	1.873 5	11.425 8	1.943 7	3.755 4	5.878 3	55.453 42
26	36 250	1.870 3	11.396 0	1.943 0	3.751 5	5.865 3	55.551 93
27	37 700	1.865 8	11.357 6	1.942 5	3.746 0	5.874 0	55.486 01
28	39 150	1.858 4	11.300 8	1.942 7	3.737 0	5.816 9	55.918 72
29	40 600	1.844 1	11.200 7	1.945 0	3.719 5	5.758 6	56.360 52
30	42 050	1.812 2	10.991 4	1.952 9	3.680 3	5.628 3	57.347 95
31	43 500	1.732 0	10.473 0	1.975 0	3.581 9	5.302 7	59.815 4

表 8-3　无压输水隧洞 $t=11\,900$ s 时的计算结果

编号	里程(m)	水深(m)	流量(m³/s)	流速(m/s)	波速(m/s)	断面面积(m²)	净空比(%)
1	0	2.500 8	22.200 0	2.632 0	4.546 0	8.434 5	36.082 2
2	1 450	2.500 8	22.200 0	2.632 0	4.546 1	8.434 7	36.080 7
3	2 900	2.500 8	22.200 0	2.632 0	4.546 1	8.434 7	36.080 7
4	4 350	2.500 8	22.200 0	2.632 0	4.546 1	8.434 7	36.080 7
5	5 800	2.500 8	22.200 0	2.632 0	4.546 1	8.434 7	36.080 7
6	7 250	2.500 8	22.200 0	2.632 0	4.546 1	8.434 7	36.080 7
7	8 700	2.500 8	22.200 0	2.632 0	4.546 1	8.434 7	36.080 7
8	10 150	2.500 8	22.200 0	2.632 0	4.546 1	8.434 7	36.080 7
9	11 600	2.500 8	22.200 0	2.632 0	4.546 1	8.434 6	36.081 4
10	13 050	2.500 8	22.200 0	2.632 0	4.546 1	8.434 6	36.081 4
11	14 500	2.500 8	22.199 9	2.632 0	4.546 1	8.434 6	36.081 4
12	15 950	2.500 8	22.199 9	2.632 0	4.546 1	8.434 6	36.081 4
13	17 400	2.500 8	22.199 8	2.632 0	4.546 1	8.434 6	36.081 4
14	18 850	2.500 8	22.199 7	2.632 0	4.546 1	8.434 6	36.081 4
15	20 300	2.500 8	22.199 4	2.632 0	4.546 0	8.434 5	36.082 2
16	21 750	2.500 8	22.199 0	2.631 9	4.546 0	8.434 4	36.082 9
17	23 200	2.500 7	22.198 2	2.631 9	4.545 9	8.434 3	36.083 7
18	24 650	2.500 7	22.196 9	2.631 8	4.545 9	8.434 0	36.086 0
19	26 100	2.500 6	22.194 8	2.631 7	4.545 7	8.433 6	36.089 0
20	27 550	2.500 4	22.191 3	2.631 5	4.545 5	8.432 8	36.095 1
21	29 000	2.550 1	22.185 6	2.631 2	4.545 1	8.421 6	36.179 9
22	30 450	2.499 6	22.176 4	2.630 7	4.544 4	8.429 7	36.118 6
23	31 900	2.498 8	22.161 8	2.629 9	4.543 4	8.426 7	36.141 3
24	33 350	2.497 6	22.138 4	2.628 7	4.541 8	8.421 9	36.177 7
25	34 800	2.495 6	22.101 1	2.626 7	4.539 2	8.413 9	36.238 3
26	36 250	2.492 3	22.040 0	2.623 7	4.534 7	8.400 3	36.341 3
27	37 700	2.485 8	21.933 8	2.619 2	4.526 0	8.374 3	36.538 4
28	39 150	2.470 9	21.723 4	2.612 6	4.506 3	8.314 7	36.990 0
29	40 600	2.429 2	21.210 6	2.603 5	4.451 4	8.146 9	38.261 7
30	42 050	2.286 5	19.564 8	2.584 8	4.267 7	7.568 9	42.641 8
31	43 500	1.732 0	13.889 6	2.619 3	3.581 9	5.302 7	59.815 4

由表 8-2、表 8-3 可知,在下土寨闸门开启 3 600 s 时,无压隧洞中的最大水深为 2.500 7 m,初始断面流量已由设计流量 11.8 m³/s 达到引黄工程北干线的最终引水流量 22.200 0 m³/s,其余水深、流量、流速等水力要素值沿线递减,最小净空比为 36.085 21%;在下土寨闸门开启 11 900 s 时,无压隧洞中的最大水深为 2.500 8 m,断面 10 以前流量均已达到引黄工程北干线数的最终引水流量 22.200 0 m³/s,隧洞沿线的水深、流量、流速等水力要素值已趋于稳定,最小净空比为 36.080 7%,两种情况下的隧洞净空均大于 20%,满足隧洞输水能力要求,隧洞断面选择合理。

三、引黄工程北干线 2# 倒虹水力过渡过程数值模拟

(一)倒虹工程概况

北干线在 1# 隧洞出口后,均采用 PCCP 有压输水。尚希庄水库以上为 1# 倒虹,长 74.04 km,以下为 2# 倒虹,长 42.75 km。另外,设有朔州分水口至耿庄水库的朔州供水线路,长 1.435 km;在赵家小村水库调节阀室后设有长 1.7 km 的旁通管线。1# 倒虹采用内径 2.2 m 的 PCCP 输水,2# 倒虹、赵家小村水库旁通管线、朔州供水线路均采用内径 2.0 m 的 PCCP 输水。

1# 倒虹从 1# 隧洞出口竖井(桩号 44+040.971)起,至尚希庄 2# 调节阀室(桩号 118+081.00),线路全长 74.04 km,设计流量为:1# 倒虹进口—朔州分水口段 9.9 m³/s,朔州分水口—山阴分水口段 8.3 m³/s,山阴分水口—尚希庄段 7.7 m³/s,均采用内径 2.2 m 的 PCCP 输水。进口管中心高程为 1 241.80 m,出口管中心高程为 1 117.9 m;进口水位 1 247.32 m,出口水位 1 118.8 m;最大工作水头为 1.6 MPa。

2# 倒虹从 2# 调节阀室出水阀(桩号 118+081.00)起,至赵家小村水库 3# 调节阀室(桩号 160+834.65),线路全长 42.75 m。兴建尚希庄水库后,在正常运用期,引黄来水全部进入尚希庄水库,从设在水库东侧的出水口与 2# 倒虹相接。尚希庄水库清淤和检修期间,仍从 2# 调节阀室出水池供水。

2# 倒虹分段设计流量为:2# 倒虹进口至怀仁分水口段 7.3 m³/s,怀仁分水口至 2# 倒虹出口段 6.0 m³/s。均采用内径 2.0 m 的 PCCP 输水。进口管中心高程为 1 114.34 m,出口管中心高程为 1 044.55 m;进口水位为 1 119.2 m,出口水位 1 046.5 m;最大工作水头为 1.02 MPa。

引黄工程北干线倒虹线路示意图如图 8-22 所示。

(二)工程计算参数

1.引黄北干管道基本资料

引黄北干管道基本资料见表 8-4。

2.水锤波速计算

本书研究工程中,水锤波传播速度 a 公式为

$$a = \frac{1\ 425}{\sqrt{1 + \dfrac{k}{E} \cdot \dfrac{D}{t}}} \tag{8-43}$$

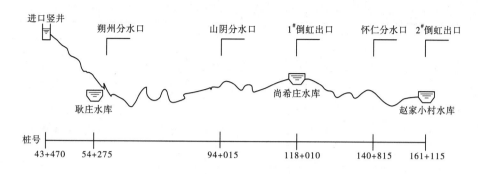

图 8-22　引黄工程北干线倒虹线路示意图

表 8-4　引黄北干管道基本资料

项目	管道流量 （m³/s）	长度 （km）	管径 （mm）	管材	说明
1#倒虹	9.9	10.46	2 200	PCCP	朔州分水口前
	8.3	39.80	2 200	PCCP	朔州分水口后
	7.7	24.00	2 200	PCCP	山阴分水口后
2#倒虹	7.3	22.81	2 200	PCCP	怀仁分水口前
	6.0	20.3	2 000	PCCP	怀仁分水口后

式中：a 为水锤波传播速度，m/s；k 为水的弹性模量，$k = 2.19$ GPa；E 为钢筒混凝土管的弹性模量，$E = 21$ GPa；D 为钢筒混凝土管的管径，mm；t 为钢筒混凝土管的壁厚，mm。

水锤波速计算结果：管径 2 200 mm，壁厚 150 mm，水锤波速 943.7 m/s。

3.调节阀特性

计算采用的活塞式减压阀特性见第四章，另外将 TS810E 型套筒调节阀特性列于表 8-5。

表 8-5　TS810E 型套筒调节阀特性

相对开度	TS810E900-16 流阻系数 ζ	TS810E1000-16 流阻系数 ζ	TS810E1500-16 流阻系数 ζ
0	∞	∞	∞
0.1	2 843	149	221.2
0.2	683	38.95	56
0.3	298.5	18.49	26.21
0.4	165	11.14	15.4
0.5	106.5	7.89	10.56
0.6	74.38	6.09	7.85

续表 8-5

相对开度	TS810E900-16 流阻系数 ζ	TS810E1000-16 流阻系数 ζ	TS810E1500-16 流阻系数 ζ
0.7	55.44	5.06	6.25
0.8	42.94	4.42	5.19
0.9	34.45	4.05	4.48
1.0	29.7	3.89	4.08

在表 8-5 中, y 表示调节阀开度相对值,当 $y=0$ 时,表示阀门全关;当 $y=1.0$ 时,表示阀门全开。ζ 表示阀门局部阻力系数,它与水头损失的关系为

$$\Delta H = \zeta \frac{v^2}{2g} \tag{8-44}$$

式中: ΔH 为调节阀的水头损失; v 为调节阀的水流流速。

式(8-44)可改写为

$$\Delta H = \Delta H_r \frac{|q|q}{\tau^2} \tag{8-45}$$

式中: ΔH_r 为调节阀全开,即 $y=1.0$ 时的调节阀的水头损失,其中下标 r 表示调节阀全开; $q=Q/Q_r$; $\tau=\sqrt{\zeta_r/\zeta}$ 。

根据表 8-5 可得 τ 和 y 的关系曲线如图 8-23 所示。

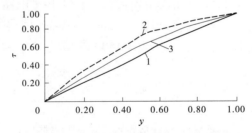

1—TS810E900-16;2—TS810E1000-16;3—TS810E1500-16

图 8-23　调节阀特性曲线

由于 2# 倒虹在怀仁分水口与赵家小村调节阀室同时安装上述两种不同类型阀门,考虑到两种阀门在线性关闭下特性曲线基本相同,故在计算中采用第四章介绍的活塞式减压阀的特性数据。

4.管道水锤计算参数工况的确定

1)沿线压力区段划分

沿线设 3 座调节阀室、1 座支线调压井,根据各调节阀室的布置,引黄北干管道沿线划分为 3 个压力区段:

1# 倒虹上段:1# 倒虹进口前端竖井(正常工作水位 1 247.318 m,桩号:43+755)—在线式调节阀室(进水管道中心线高程 1 122.50 m,桩号:54+215),其中的管道长度 10 460 m,

管道采用 DN2 200 mm 的 PCCP,在调节阀室处,由 1 根 DN2 200 mm 的管道分岔变为 3 根 DN1 000 mm 的并列管道,由 45°岔管衔接,在 3 条管线上各设置一个调节阀。该区段静水头为 124.768 m。

1#倒虹下段:在线式调节阀室(管道中心线高程 1 122.50 m,桩号 54+215)—尚希庄调节室(管道中心线高程 1 117.5 m,桩号 118+009.67),线路长度 63 795 m,管道采用 DN2 200 mm 的 PCCP,在调节阀室处,由 1 根 DN2 200 mm 的管道分岔变为 2 根 DN1 800 mm 的并列管道,在两条管线上各设置一座调节阀。该区段静水头为 5 m。

2#倒虹:尚希庄调节阀室(埋涵进水池水位 1 118.8 m,桩号 118+009.67)—赵家小村调节阀(进水管道中心线高程 1 046.30 m,桩号 161+114.67),线路长度 43 110 m。其中,怀仁分水口前 22 810 m,管道采用 DN2 200 mm 的 PCCP,怀仁分水口后 20 300 km 管道采用 DN2 000 mm 的 PCCP,末端设有调节阀室。该区段静水头为 72.5 m。

2)沿线减压、泄压建筑物布置

由于管道输水距离较长,沿线压力随流量变化而产生较大幅度波动,为了保证输水线路安全稳定运行,结合地形条件、管线和水库工程布置,沿线设有 4 处调节设施。分别为:

在 1#倒虹(桩号 54+215)处设置在线式调节阀 1 座;

在 1#倒虹末端(桩号 118+010)尚希庄水库前布置调节阀 1 座;

在 2#倒虹末端(桩号 161+115)赵家小村水库前布置调节阀 1 座;

朔州供水线路末端(桩号 SZ1+050)耿庄水库前布置调压井 1 座。

此外,为满足用水户的需求,在山阴分水口后设金海洋分水口(桩号 103+615),为山阴县金海洋工业园区供水,分水流量包含山阴分水流量 0.6 m³/s;怀仁分水口前设左云分水口(桩号 124+215),分水流量包含怀仁分水流量 1.3 m³/s。这样,倒虹线路上共设有 4 处分水口,各设置 1 座调节阀室。

沿线设有进排气阀井 111 座,其中 1#倒虹 68 座、2#倒虹 41 座、朔州供水线路上设 1 座、赵家小村旁通管线设 1 座。其中 2#倒虹空气阀井及检查井的具体位置及桩号见空气阀井及检查井统计表。

为便于检修,沿线设检修井 62 座,均与空气阀井共用。其中,1#倒虹 36 座、2#倒虹 24 座、朔州供水线路上设 1 座、赵家小村旁通管线设 1 座。人孔为内径 0.6 m 的钢质开孔管,人孔入口处用盲板法兰盘封口,采用橡皮止水。位置及桩号见空气阀井及检查井统计表。

3)空气阀布置及参数选择

空气阀布置及参数选择见表 8-6。

表 8-6 空气阀布置及参数选择

空气阀井编号	桩号	管径(m)	口径(mm)	井深(m)	检查井编号
1	119+315	2.2	DN100	2.35	37#检查井
2	122+295	2.2	DN200	2.36	38#检查井
3	122+465	2.2	DN100	2.00	
4	123+775	2.2	DN200	2.71	39#检查井
5	124+465	2.2	DN200	2.59	

续表 8-6

空气阀井编号	桩号	管径(m)	口径(mm)	井深(m)	检查井编号
6	125+065	2.2	DN100	3.32	40#检查井
7	126+275	2.2	DN100	2.44	
8	127+295	2.2	DN100	2.35	41#检查井
9	129+165	2.2	DN200	3.23	42#检查井
10	130+225	2.2	DN200	2.94	
11	131+015	2.2	DN100	2.00	43#检查井
12	132+005	2.2	DN200	2.54	
13	132+685	2.2	DN100	3.63	44#检查井
14	133+751	2.2	DN200	2.81	
15	134+415	2.2	DN200	2.57	45#检查井
16	136+505	2.2	DN100	2.25	46#检查井
17	137+945	2.2	DN200	2.43	47#检查井
18	139+015	2.2	DN100	4.26	
19	139+675	2.2	DN200	2.72	48#检查井
20	140+715	2.0	DN200	2.00	49#检查井
21	141+265	2.0	DN200	2.44	
22	142+715	2.0	DN100	2.41	50#检查井
23	143+405	2.0	DN200	4.97	
24	144+415	2.0	DN100	2.47	51#检查井
25	145+415	2.0	DN100	3.03	
26	146+595	2.0	DN100	2.16	52#检查井
27	147+715	2.0	DN100	3.08	
28	148+515	2.0	DN100	3.43	53#检查井
29	149+315	2.0	DN100	2.88	
30	149+905	2.0	DN100	2.68	54#检查井
31	150+665	2.0	DN100	2.00	
32	151+635	2.0	DN200	3.08	55#检查井
33	152+525	2.0	DN100	2.64	
34	153+685	2.0	DN100	2.45	56#检查井
35	155+265	2.0	DN100	3.12	57#检查井
36	156+145	2.0	DN200	2.46	
37	157+015	2.0	DN200	3.09	58#检查井
38	157+645	2.0	DN200	2.71	
39	158+615	2.0	DN200	3.29	59#检查井
40	159+615	2.0	DN100	2.83	
41	160+245	2.0	DN100	2.64	60#检查井

工程初步考虑采用复合式空气阀,进气孔径与排气孔径相同,均为 0.2 m;空气阀的进气流量系数与排气流量系数也相同,均为 0.7。

4)记算时间步长和管道的分段

复杂管道系统经常包括多根管道的并联或串联,在水锤计算中可对每根管子独立进行,再由边界点将其相互关联,这里有一个限制性条件,就是对所有的管道必须采用相等的时间步长 Δt。因为只有采用相等的 Δt,对于任意瞬时管道连接边界点相邻管道的特征线方程中的参量才是相同时间的瞬态参量,才有可能联立求解确定边界点的值。为了使复杂管道系统中对所有的管子取相等的时间步长,就必须十分谨慎地选择 Δt,并确定任意序号 j 的管子等分管段的数目 n_j。对于每一根管子,要求:

$$\Delta t = \frac{L_j}{a_j n_j} \tag{8-46}$$

式中下标 j 表示管子的序号;管子等分段数 n_j 应该是整数。由于系统中各管子的 L_j、a_j 均可能不相同,故要求 n_j 是整数,并使式(8-46)对所有的管子成立往往是很困难的;系统中的管子数目越多,等分管道就越困难。所以,在实际工程中,常采用一些特殊的方法来进行处理,使得 Δt 相等,常用的几种方法如下:

(1)调整波速法。

由于水锤波传播速度影响的因素较多,理论计算的水锤波传播速度与实际值往往有些误差,因而可以设想稍微调整一下水锤波速 c_1、c_2、c_3…的值,使 n_1、n_2、n_3…都为整数,并同时满足式(8-46)的关系就要容易得多,在调整的过程中,将式(8-46)变化为如下形式:

$$\Delta t = \frac{L_j}{a_j \, (1 \pm \psi_j) n_j} \tag{8-47}$$

式中:ψ_j 为波速允许误差系数,一般应使 $\psi_j \leqslant 0.1$;L_j、a_j 为第 i 条管路第 j 段特性管的长度和波速。

这种方法也可以从一根短的管子开始,逐步调整,使得每根管子均满足式(8-47)的要求。通常对于一般的复杂管道系统,选择合适的 ψ 值,总是可以满足要求的。

(2)短管刚性水锤计算法。

当系统中有非常短的、不可忽略的短管时,采取式(8-47)仍然非常麻烦。因为根据短管的长度确定计算时间步长 Δt 时,有可能使得 Δt 非常小,因而从计算的角度来看,是非常不经济的。这时可以将这根短管中的流体,用刚性水锤计算理论来计算确定其瞬态值。

(3)当量管道法。

在管道系统中,对于部分由不同特性(不同壁厚、不同管材、不同管径等)管道串联组成,可将特性相近的串联管路作为一条管路,将其用当量管代替,当量管满足时间步长相等条件,并使波速沿其传播的时间与实际管路中传播的时间相等,水流沿其流动的摩阻损失与实际管路中摩阻损失相等,即当量管道法。

这时,根据 Δt 逐步确定每段当量管长度和各当量管长度中各特性管长度。假定第 m 段当量管由 R 种特性管组成,则确定当量管长度由下式完成:

$$\Delta t = \sum_{k=1}^{R} (L_k / a_k), \quad \Delta X_m = \sum_{k=1}^{R} L_k \tag{8-48}$$

式中：ΔX_m 为第 m 段当量管的长度；L_k、a_k 为第 m 段当量管中第 k 种特性管的长度和波速。

当量管的波速和当量管的各参数由下列各式求得：

$$\overline{a}_m = \Delta X_m / \sum_{k=1}^{R}(l_k/a_k), \quad \overline{A}_m = \Delta X_m / \sum_{k=1}^{R}(L_k/A_k) \tag{8-49}$$

$$\overline{C}_{bm} = \overline{a}_m / (g\overline{A}_m), \quad \overline{C}_{gm} = \sum_{k=1}^{R}(\frac{f_k \cdot L_k}{2gD_kA_k^2}) \tag{8-50}$$

式中：$\overline{a}_m$、$\overline{A}_m$ 为当量管的波速和截面面积；$\overline{C}_{bm}$、$\overline{C}_{gm}$ 为当量管的特征方程参数；D_k、A_k、f_k 为第 m 段当量管中第 k 种特性管的直径、截面面积和阻力系数。

(三)模拟计算工况及结果分析

本章案例以引黄工程北干线 $2^\#$ 倒虹为研究对象，根据工程特性，计算了以下几种工况下的水力过渡过程。

1.计算工况一

尚希庄水库正常工作库水位为 1 118.8 m，赵家小村出水口管道中心线高程为 1 046.3 m，该区段净水头为 72.5 m。进水口流量为 7.3 m³/s，怀仁分水口闸门关闭，不分水。该区段管线长度为 43 110 m，管材为 PCCP，管径 DN2 200 mm，调整后的水击波速 $c_0 = 898.125$ m³/s，分 60 段计算。计算中根据流量大小分别取摩阻系数 $f = 0.011\ 45$ 和 $f = 0.011\ 65$，计算在调节阀线性关闭，不同摩阻系数下，关阀时间分别为 300 s、450 s、600 s、1 000 s 时的关阀水锤压力特征值，结果如表 8-7 所示。

表 8-7　工况一下减压阀关闭水锤计算结果

区段流量 $Q(\text{m}^3/\text{s})$	摩阻系数 f	关阀指数 y	关阀时间 $t_1(\text{s})$	最大压力 $H_{\max}(\text{m})$	最小压力 $H_{\min}(\text{m})$	最大流量 $Q_{\max}(\text{m}^3/\text{s})$
设计流量 $Q_1 = 7.3$	0.011 45	1.0	300	110.53	30.33	7.3
			450	94.52	30.33	7.3
			600	89.51	30.33	7.3
			1 000	89.49	30.33	7.3
	0.011 65	1.0	300	110.56	29.59	7.3
			450	94.54	29.59	7.3
			600	89.74	29.59	7.3
			1 000	89.71	29.59	7.3

根据模拟计算结果，可绘出不同关阀时间下赵家小村调节阀前水压瞬变曲线如图 8-24～图 8-30 所示；另外，依据管路沿线各计算点对应的高程，分别将不同关阀时间下的管道中心线、最大水头曲线、最低水头包络线按同一比例绘制到同一坐标轴内，如图 8-25、图 8-27、图 8-29、图 8-31 所示。

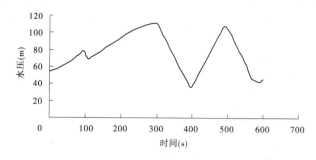

图 8-24　工况一下关阀时间 300 s 时赵家小村调节阀前水压瞬变曲线

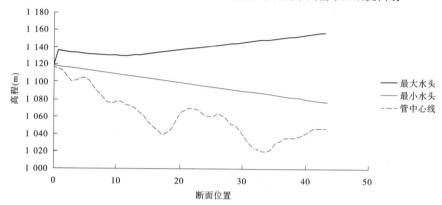

图 8-25　工况一下关阀时间 300 s 时的沿程水头变化曲线

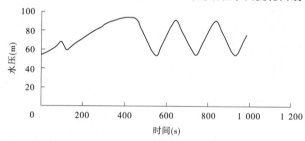

图 8-26　工况一下关阀时间 450 s 时赵家小村阀前水压瞬变曲线

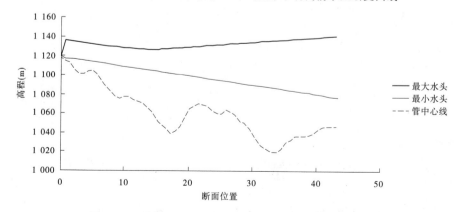

图 8-27　工况一下关阀时间 450 s 时的沿程水头变化曲线

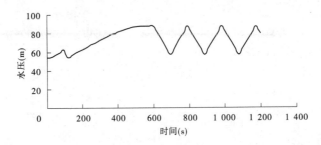

图 8-28　工况一下关阀时间 600 s 时赵家小村阀前水压瞬变曲线

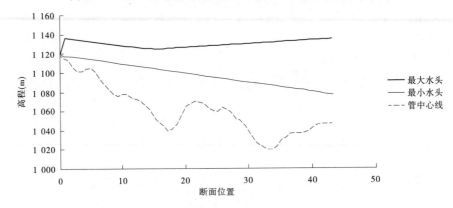

图 8-29　工况一下关阀时间 600 s 时的沿程水头变化曲线

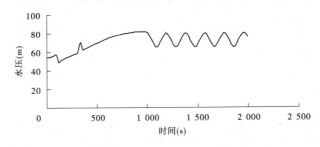

图 8-30　工况一下关阀时间 1 000 s 时赵家小村阀前水压瞬变曲线

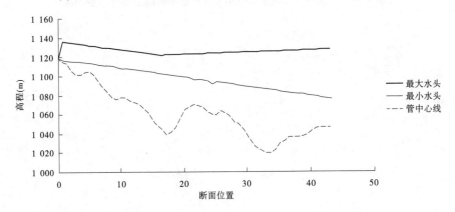

图 8-31　工况一下关阀时间 1 000 s 时的沿程水头变化曲线

　　由图 8-22 及图 8-24~图 8-31 可知,尚希庄水库正常工作库水位为 1 118.8 m,怀仁分水口闸门关闭,不分水,赵家小村调节阀线性关闭下,关阀时间分别为 300 s、450 s、600 s、1 000 s 时,赵家小村调节阀进口最大水压的变化范围是 89.49~110.56 m,规律是随调节阀关闭时间的增加而水压减小,最小水压为 29.59 m,未出现负压。

　　关阀时间为 300 s 时,最大水压为 110.56 m,相当于最大水压与静水压的比值为 152%,不满足设计要求;关阀时间为 450 s 时,最大水压为 94.54 m,相当于最大水压与静水压的比值为 130%,满足设计要求。关阀时间分别为 600 s、1 000 s 时,最大水压与静水压的比值为 124%,满足设计要求。基于以上几点,建议在工况一下赵家小村调节阀关阀时间取 450 s 以上。

　　2.计算工况二

　　尚希庄水库正常工作库水位为 1 118.8 m,赵家小村出水口管道中心线高程为 1 046.3 m,该区段净水头为 72.5 m。进水口流量为 7.3 m^3/s,怀仁分水口闸门开启,分水量 1.3 m^3/s。该区段主管长度为 22 810 m,管材为 PCCP,管径 DN2 200 mm,调整后的水击波速 $c_0 = 1$ 036.82 m^3/s,分 110 段计算;赵家小村支管长度为 20 300 m,管材为 PCCP,管径 DN2 000 mm,调整后的水击波速 $c_1 = 1$ 015.00 m^3/s,分 100 段计算;怀仁分水支管长度为 1 000 m,管材为 PCCP,管径 DN2 000 mm,调整后的水击波速 $c_2 = 833.33$ m^3/s,分 6 段计算。计算中根据流量大小分别取摩阻系数 $f = 0.011$ 45、$f = 0.011$ 65、$f = 0.011$ 85、$f = 0.012$ 05、$f = 0.012$ 15,计算在调节阀线性关闭,不同摩阻系数下,关阀时间分别为 300 s、450 s、600 s、1 000 s 时的关阀水锤压力特征值。结果如表 8-8 所示。

表 8-8　工况二下减压阀关闭水锤计算结果

区段流量 $Q(m^3/s)$	摩阻系数 f	关阀指数 y	关阀时间 $t_1(s)$	最大压力 $H_{max}(m)$	最小压力 $H_{min}(m)$	最大流量 $Q_{max}(m^3/s)$
主管流量 $Q_0 = 7.3$	0.011 45	1.0	300	92.52	49.90	7.3
			450	85.45	49.90	7.3
			600	81.49	49.23	7.3
			1 000	78.05	44.81	7.3
	0.011 65	1.0	300	92.54	49.50	7.3
			450	85.42	49.50	7.3
			600	81.46	48.74	7.3
			1 000	78.05	44.26	7.3
赵家小村支管流量 $Q_1 = 6.0$	0.011 65	1.0	300	105.54	27.78	6.0
			450	92.82	27.69	6.0
			600	86.61	26.10	6.0
			1 000	81.22	20.95	6.0

续表 8-8

区段流量 $Q(\mathrm{m}^3/\mathrm{s})$	摩阻系数 f	关阀指数 y	关阀时间 $t_1(\mathrm{s})$	最大压力 $H_{\max}(\mathrm{m})$	最小压力 $H_{\min}(\mathrm{m})$	最大流量 $Q_{\max}(\mathrm{m}^3/\mathrm{s})$
赵家小村支管流量 $Q_1=6.0$	0.011 85	1.0	300	105.48	27.01	6.0
			450	92.79	26.86	6.0
			600	86.58	25.20	6.0
			1 000	81.21	19.96	6.0
怀仁分水支管流量 $Q_2=1.3$	0.012 05	1.0	300	92.6	49.92	1.3
			450	85.48	49.92	1.3
			600	81.51	49.24	1.3
			1 000	78.08	44.74	1.3
	0.012 15	1.0	300	92.62	49.53	1.3
			450	85.45	49.53	1.3
			600	81.49	48.74	1.3
			1 000	78.08	44.18	1.3

由计算可知,关阀最大压力主要发生在赵家小村调节阀前,由于篇幅所限,分水管最大水头曲线、最低水头包络线及阀前水压瞬变曲线不再单独绘出。因此,依据怀仁分水口到赵家小村管路沿线各计算点对应的高程,分别将不同关阀时间下,怀仁分水口到赵家小村的管道中心线、最大水头曲线、最低水头包络线按同一比例绘制到同一坐标轴内,如图 8-32~图 8-35 所示。

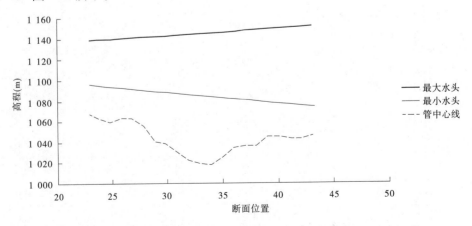

图 8-32　工况二下关阀时间 300 s 时赵家小村调节阀前沿程水头变化曲线

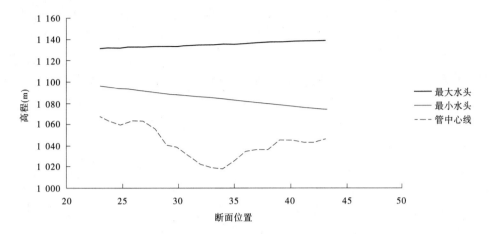

图 8-33　工况二下关阀时间 450 s 时赵家小村调节阀前沿程水头变化曲线

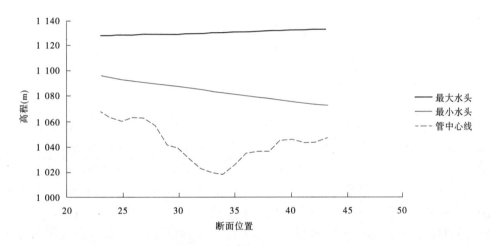

图 8-34　工况二下关阀时间 600 s 时赵家小村调节阀前沿程水头变化曲线

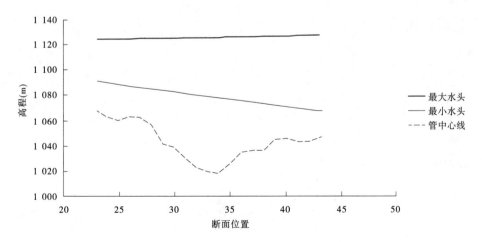

图 8-35　工况二下关阀时间 1 000 s 时赵家小村调节阀前沿程水头变化曲线

由表 8-8 及图 8-32～图 8-35 可知,尚希庄水库正常工作库水位为 1 118.8 m,怀仁分水口闸门开启,分水量 1.3 m³/s,怀仁分水管调节阀及赵家小村调节阀线性关闭下,关阀时间分别为 300 s、450 s、600 s、1 000 s 时,怀仁分水管调节阀进口前最大水压变化范围是 78.08～92.62 m,赵家小村调节阀进口最大水压的变化范围是 81.22～105.54 m,规律是随调节阀关闭时间的增加而水压减小,怀仁分水管最小水压为 44.18 m,赵家小村管路最小水压为 19.96 m,均未出现负压。

由计算可知,关阀最大压力主要发生在赵家小村调节阀前,故主要考虑赵家小村调节阀的关阀水锤,当关阀时间为 300 s 时,最大水压为 105.54 m,相当于最大水压与静水压的比值为 146%,不满足设计要求;关阀时间为 450 s 时,最大水压为 92.82 m,相当于最大水压与静水压的比值为 128%,满足设计要求;关阀时间分别为 600 s、1 000 s 时,最大水压与静水压的比值分别为 119% 与 112%,满足设计要求。基于以上几点,建议在工况二下赵家小村调节阀关阀时间仍取 450 s 以上。

第五节　结　论

一、数值模拟结论

(1)计算出无压输水隧洞明渠非恒定流沿线在不同流量变化下各个断面的水深、流量、流速、断面面积,并绘出了沿线各个断面在任意时刻的水深变化过程线及流量变化过程线,从模拟结果看,闸门按本书给出线性函数式调节开启后,闸门过流流量基本按线性规律变化,而后基本维持稳定不变。在最终引水量 22.2 m³/s 下,隧洞最小净空比为 36.080 7%,隧洞净空比大于 20%,满足隧洞输水能力要求,隧洞断面选择合理。

(2)以山西省万家寨引黄工程北干线输水工程 2# 倒虹为例,选取活塞减压阀进行了关阀水锤数值模拟,提出了重力流倒虹输水系统安全运行条件下的最优防护方案。

二、误差探讨

本研究引起误差的原因可从以下几方面说明:

(1)由于阀门的生产厂家仅提出阀门的开度与阻力系数的关系,没有阀门的开度与关闭管道面积之间的关系,计算中采用国内外已经有的经验或试验成果,产生误差。

(2)管道损失系数是根据山西省万家寨引黄入晋工程北干线初步设计报告中的管道损失系数结合对应的管道流量折算的,因此产生误差;输水系统的管壁糙率在计算中非常敏感,应合理选取。

课后思考题

1.了解明渠水力过渡过程的主要内容,并掌握明渠非恒定流的求解方法。

2.讨论明渠水力过渡过程和有压管道水力过渡过程的联系与区别。

参考文献

［1］杨立信.国外调水工程［M］.北京：中国水利水电出版社,2003.

［2］穆祥鹏.长距离输水系统的过渡过程数值计算及水力特性研究［D］.天津：天津大学,2004.

［3］王学峰.我国水资源的现状及合理利用［J］.内江科技,2009,02:39-41.

［4］沈佩君,邵东国,郭元裕.国内外跨流域调水工程建设的现状与前景［J］.武汉水利电力大学学报,
　　1995,28(5):463-469.

［5］周晓东,李晓燕.浅谈国外调水工程［J］.黑龙江水专学报,2000(4):19-21.

［6］赵秀红.长距离压力输水工程水锤防护研究［D］.西安：西安理工大学,2008.

［7］陆孝平.我国跨流域调水工程的现状与展望［J］.水利水电工程设计,1996(2):2-5.

［8］孙东永.山西省临猗县防氟供水工程系统运行分析研究［D］.太原：太原理工大学,2008.

［9］周琼.南水北调中线总干渠河南段非恒定流数值模拟研究［D］.郑州：郑州大学,2007.

［10］杨开林.山西省万家寨引黄入晋工程全系统运行计算机仿真［R］.北京：中国水利水电科学研究院,
　　1999.

［11］朱劲木,龙新平.东深供水工程梯级泵站的优化调度［J］.水力发电学报,2005,24(3):123-127.

［12］吴持恭.水力学［M］.北京：高等教育出版社,1983.

［13］Lagragc JoscphLouis.Me-canique analytique［M］.paris,Miscellanea Tanrine-nsia,1811.

［14］林秉南.明渠非恒定流研究的现状与发展［C］//林秉南论文集.北京：中国水利水电出版社,2000:
　　340-373.

［15］Menabrea L F.Note sur les effects de chos de eau dans les conduites Comptes rendus hebdomadaires des
　　séances［J］.de l'academie des sciences,france,1858,47:221-224.

［16］Nicolai Joukowsi.Water hummer in pipe［D］.Moscow,1898.

［17］Frizell J P.Pressure Resulting from Changes of Velocity of water in Pipes［R］.Trans.of the ASCE, 1898,
　　39,Paper (819):1-18.

［18］Allievi L.The Theory of Water Hammer［M］.English Translation by Halmos E E, ASME, New York,
　　1925(Translation).

［19］E.B 怀利,V.L.斯特里特.瞬变流［M］.清华大学流体传动与控制教研组,译.北京：水利电力出版社,
　　1987.

［20］郑邦民,赵昕.计算水动力学［M］.武汉.武汉大学出版社,2001.

［21］王树人,刘天雄,彭天玫.水击理论与水击计算［M］.北京：清华大学出版社,1981.

［22］Hanif Chaudhry M.Applied hydraulic transients［M］.British Columbia Hydro and Power Authority Van-
　　couver,British Columbia,Canada,1979.

［23］刘竹溪,刘光临.泵站水锤及其防护［M］.北京：水利电力出版社,1988.

［24］刘光临,蒋劲,等.泵站水锤阀调节防护试验研究［J］.武汉水利电力大学学报,1991(12):597-603.

［25］索丽生,刘宇敏,张健.气垫调压室的体型优化计算［J］.河海大学学报,1998(11):11-15.

［26］李明.高扬程抽水站水锤防护措施——液控缓闭蝶阀选型［J］.科技情报开发与经济,1999(4):30-
　　31.

［27］王学芳.工业管道中的水锤［M］.北京：科学出版社,1995.

［28］栾鸿儒,杨晓东.逆止阀旁通管消除水锤的研究和计算［J］.水泵技术,1987(3):39-41.

［29］杨开林.电站与泵站中的水力瞬变及调节［M］.北京：中国水利水电出版社,2000.

［30］陈璧宏,周发毅.水电站和泵站水力过渡流［M］.大连:大连理工大学出版社,2001.

［31］Baltzer R A.Column Separation Accompanying Liquid Transients in Pipes［J］.ASME Journal of Basic Engineering, Series D, 1967, 89(4): 837-846.

［32］Jin Zhui.The study on water column separations and the water hammer Due to cavities collapsing at Two Points［J］.Proceedings of the 3rd Japan-China Joint conference on Fluid Machinery, Osaka,1990,4.

第九章　供水系统计算机监控系统开发

第一节　综　述

一、目的和意义

供水自动化系统是在供水工程中综合应用计算机技术、通信技术、自动控制技术,对供水系统的整体运行状况进行自动监控与远程控制,从而实现供水系统的优化调度和运行。供水自动化系统一方面能够有效地实现常规意义上的工业过程自动化控制,减轻人员工作强度;另一方面也可以集信息流一体化和信息管理自动化为一体的综合自动化,提高供水系统的效率,实现节能减排。

二、自动化技术发展现状

(一)计算机监控技术的现状

现代的自动化控制技术综合了控制技术和计算机技术,它的发展阶段经历了直接数字控制技术、集中式的计算机控制技术、集散控制技术和现场总线控制技术四个阶段。

早期的控制仪表只具备简单测控功能,仅仅安装在工业现场,信号也只在仪表内部传递,各测控点之间的信号无法相互沟通。20世纪50年代后期,美国TRW公司和TEXACO公司共同开发的TRW300系统在炼油厂装置投运成功,标志着计算机正式进入了工业控制领域。到20世纪50年代末,计算机与过程装置之间的接口出现,实现了"变送器—计算机—执行器"三者之间的电器信号的直接传递,从而使计算机可以对过程进行检测、监视、控制和管理(见图9-1)。近年来,由于微处理器芯片技术的发展,DDC技术也在楼宇自动化、空调自动控制等方面重新得到了应用。

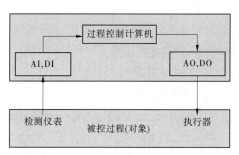

图9-1　数字直接控制系统原理示意图

集中式计算机控制系统从功能上来说是DDC控制技术的发展和延续,它通过一台计算机来控制尽可能多的控制回路,实现集中监控和集中管理。图9-2为集中式控制系统原理示意图,从图中可以看出,输入子系统把现场采集到信号转换成数字信号送入计算机,由一台计算机集中进行控制,之后由输出子系统将计算机输出的数字信号转换成相应的执行器信号,从而完成整个控制流程。在集中式控制系统中,计算机的 CRT 操作台代替了传统的模拟仪表盘。

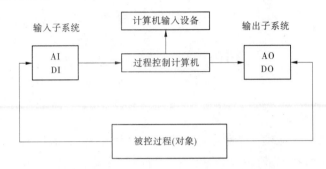

图 9-2　集中式计算机控制系统原理示意图

　　20 世纪 70 年代,以"分散控制,集中管理"为设计思想的集散控制系统(DCS)进入了工业控制领域。集散控制系统也叫分层分布式控制系统,它以微处理器为核心,集中管理和处理信息,分散控制权和风险,提高了系统的可靠性。近年来,随着微处理器在智能变送器和智能控制器方面的应用,出现了直接使用数字信号代替模拟信号进行信号传输的技术,也就是现场总线技术。现场总线技术可以改善系统性能,具有更精确的控制性能,不需要定制软硬件。现场总线技术目前在世界上自动化技术的热点已经引起了人们的广泛关注。

(二)国内泵站计算机监控系统发展现状

　　我国的计算机监控技术起步于 20 世纪 60 年代,在 70 年代泵站中开始应用计算机监控系统。1972 年,江苏省江都泵站使用有线远动装置进行集中监控,该装置由小规模集成电路构成,使泵站基本具备了四遥(遥信、遥控、遥测和遥调)功能。后由于元件质量问题,监控系统被长期搁置不用,之后系统被拆除。这是我国泵站自动化监控系统的起步阶段。进入 20 世纪以后,随着计算机技术、通信技术、自动控制技术的飞速发展,供水系统的计算机监控系统也得到了快速的发展。目前,很多国内的大型泵站都已经设置了计算机监控系统。现有的泵站计算机监控系统可以实现对泵站的主机、辅机、公用设备、高低压配电设备进行监测、控制、保护和调度等工作。

(三)国外泵站计算机监控系统发展现状

　　国外泵站监控系统比较成熟的国家有美国、俄罗斯、日本、英国等。加州调水工程位于美国西部,由水资源部统一管理运行,在 20 世纪六七十年代安装了控制系统。该系统集中管理 17 个泵站和电厂、71 个节制闸的 198 个闸门和其他各种设备、设施,对这些设备进行四遥和调度等运行管理工作。该系统在萨克拉门托市设置中央控制室集中管理和协调所有的工程,还在另外 5 个地区设立分控制中心。整个控制系统的投资为 1 350 万美元,其中中央控制系统为 260 万美元。中央亚利桑那工程的控制系统包括主控制站、遥控终端单元(该单元设在泵站、控制建筑物和分水口等地方)、通信系统、遥控终端屏室、备用电源、闸门控制和传感器、泵站控制器等,对区域内所有的水资源(包括地下水、地表水及外来水)进行统一分配和管理。日本水资源管理系统几乎全部实现了自动化,其设施和自动化设备通常每隔10年更新一次。监控系统大多采用分层分布、集中管理的形式,设置一个中心管理站,应用计算机系统、网络系统和遥测遥控装置集中监控所有的泵站、水工建筑物、渠道等,进行运行调度,以实现水资源的高效利用,各控制分站和中心管理站之间采用现代网络技术进行通信。

三、本章案例的主要内容

以昔阳松溪供水工程为研究对象,探讨符合当今供水系统普遍工作状况的自动化监控系统的设计、硬件的选型、软件系统的开发以及控制的实现技术,以期为未来供水系统自动化监控系统的设计和开发提供参考。

第二节 供水泵站自动化监控系统功能分析

一、自动化监控系统的功能

(一)输入处理功能

控制系统的输入信号可分为模拟量、数字量和脉冲量三类,这三类信号的处理方式有所不同。对于模拟量要进行采样、增益最佳化、A/D转换、规格化、合理性检查、零偏校正、热电偶冷端补偿、线性化处理、超限判断、工程量变换、数字滤波、温度压力校正、开方处理以及上下限报警等处理,对数字信号进行状态报警及输出方式处理,对脉冲信号需要进行瞬时值变换及累积计算。

(二)输出处理功能

模拟量输出时,CPU计算出的数字结果经D/A转换成为4~20 mA电流信号,送到端子板输出。在开关量输出时,数字信号一般需经驱动放大以后,再送至现场的执行机构。根据工程的实际需要,数字输出还可组态成瞬时输出、延时输出、镇定输出三种不同的形式。

(三)控制功能

控制方式主要有依据系统中调节器的输出不断按输入信号的变化、依照一定规律不间断地修正输出值的大小的连续控制;根据输入变量的状态,按逻辑关系进行控制,可直接用于过程控制,进行工艺连锁,也可作为顺序控制中的功能模块,进行条件判断、状态变换等的逻辑控制;根据预定时间或事件顺序,逐步进行各阶段信息处理的顺序控制,以及利用顺序程序控制一个间断的生产过程,以得到规定的产品的批量控制。

(四)通信功能

通信功能是控制系统的重要支柱,执行分散控制的各单元以及人机接口要靠通信系统连成一体。

二、泵站监控系统的结构和设备

(一)供水系统结构

供水系统是实现水资源调度的系统,主要由泵房、吸水管道、输水管道、进出水建筑物及变电站等组成。监控系统可以在一定程度上间接地反映出整个系统的运行情况,从而帮助决策者使系统在最优工况下运行。

(二)供水系统分层分布式监控系统

分层分布式系统(DCS)也称集散控制系统,即将整个监控系统分为由下而上分为现地控制层、站级管理层和调度中心层,各层在权限范围内对系统进行监测和控制,接受并执行来自上层的命令。

分层分布式系统按功能可分为不同的层次,按权限级别由下至上分别是设备层,直接控制层、过程管理层、生产管理层和经营管理层。在泵站工程中,现场设备层产生或接受系统的输入输出信号,如检测仪表、执行装置、电气设备及其就地控制装置等。直接控制级负责实现连续控制调节和顺序控制、设备检测和系统测试与自诊断、进行过程数据采集和转换等;过程管理级实现过程操作、各种生产报表打印、装置协调、优化控制、数据的收集和处理、报警信息的处理等;生产管理级管理规划产品结构和规模、产品监视、产品报告;经营管理级负责市场和用户分析定货及销售统计与计划产品制造协调合同适宜和期限检测等。最底层的现地控制层内,每一条控制回路都是相对独立的,这样即使某一条控制回路出现故障也能保证系统其余部分不受影响,最大程度地提高系统的可靠性。各层通过通信网络产生联系。分层分布式系统的通信功能是集散控制系统的重要支柱,执行分散控制的各单元以及人机接口要靠通信系统连成一体,形成一个完整控制网络,实现功能。分层分布式系统的通信网络是一种高速率、快速响应的局部控制网络,具有组织灵活、易于扩展、资源共享、可靠性高等特点。图9-3是一个典型的分层分布式系统结构示意图。

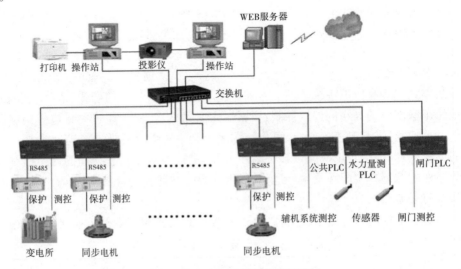

图 9-3　分层分布式系统结构示意图

分层分布式系统是自治和协调的系统。分层分布式系统中各部分既能够独立工作,独立实现各自的功能;也需要协同工作,完成工作,任何一个部分的故障都会对系统的整体运行有影响。系统各部分之间既有联系,又有分工,各部分之间相互交换数据信息在系统的统一协调下工作。

(三)供水工程监控系统的设备

供水工程监控系统属于工业自动化监控系统,设备主要有三部分:

(1)传感器。供水工程中常见的传感器主要有非电量传感器(如流量计、压力计和液位计)和电量传感器。这些传感器可以采集供水系统运行的基本数据,并且将这些信号通过变送器转换成标准的电信号传送至上位机。

(2)控制装置。供水系统中常见的控制装置有电磁阀、电动阀的控制机构,继电器开关等。控制器可以实现对特定设备的控制动作,如继电器开关的开闭、电动阀门的开度等。对供水系统进行远程控制都是通过这些控制机构直接实现的。

(3)过程控制设备。供水自动化系统中常见的过程控制装置是可编程逻辑控制器(programmable logical controller,PLC)。PLC是以微处理器为核心的数字运算操作的电子系统装置,其内部可以存储执行逻辑运算、顺序控制、定时/计数和算术运算等操作指令。PLC通过相应的输入、输出接口,完成对工业生产过程的控制。同时其PLC编程相对简单的特点使其广泛地应用于工业生产领域。

此外,为了提高系统的可靠性,在供水自动化系统中还需要采取相应的抗干扰措施和防雷措施,使系统能够在复杂的环境下正常运行。

第三节　松溪供水工程自动化监控系统设计

一、松溪供水工程项目概述

昔阳县松溪供水工程位于山西省晋中市昔阳县,以农村人畜饮水、农业灌溉为主,兼顾工业和城镇居民生活用水,供水范围为昔阳县城、界都乡、赵壁乡以及东冶头镇。

昔阳县地处山西省东部太行山西麓,地理位置介于东经113°20′~114°08′、北纬37°20′~37°43′,东与河北省赞皇县、内邱县、邢台市接壤,西与寿阳县为界,南与和顺县相连,北与平定县毗邻,东西长约70 km,南北宽约38 km,总面积1 954.3 km²。

昔阳县共辖5镇7乡共12个乡镇335个行政村,全县人口23.423万。县境内地形西高东低,东窄西宽,山多川少,属中低山区地貌,一般海拔为850~1 500 m。

松溪供水工程包括水源工程和输水工程两部分,水源工程口上水库位于山西省晋中市昔阳县东冶头镇口上村附近松溪河下游河道上,坝址距昔阳县城35 km。输水工程从口上水库库区取水,经东冶头、界都,至昔阳县城,线路全长29.8 km。

松溪供水水源工程主要建筑物为拦河大坝。大坝为堆石混凝土重力坝,坝顶长92 m,坝顶高程647.9 m,最大坝高58.4 m,分为3个坝段,其中1坝段为左岸挡水坝段,2坝段为溢流坝段,底孔布置在溢流坝段底部,3坝段为右岸挡水坝段。松溪供水输水工程的设计提水流量为0.57 m³/s,全线共设两级泵站,以口上水库作为供水系统的水源,利用设置在大坝上游库区左岸 4 台长轴深井泵将水提至 800 m 高程设水磨头出水池，然后用重力流输水至东冶头镇和界都镇。在东冶头设分水口为东冶头镇供水，在界都设加压泵站提水至 920.0 m 高程，设界都事故备用水池。管道基本上沿松溪河两岸布置。库区取水泵站和界都加压泵站的设计参数分别见表 9-1 和表 9-2。

表 9-1　泵站设计特征参数

项目	库区取水泵站	界都加压泵站
进水池取水位(m)	622.70~646.53	750.00
出水池设计水位(m)	800.00	920.00
最高地形扬程(m)	177.30	170.00
最低地形扬程(m)	153.47	—
设计提水流量(m³/s)	0.57	0.57
出水总管管径(m)	DN800(钢管)	DN800(钢管)
出水总管长度(m)	3 200	1 350
说明	2 台机组为工业供水，灌溉期 4 台机组全部投入运行	2 台机组为工业供水，灌溉期 4 台机组全部投入运行

表 9-2　泵站机组性能参数

	项目	库区取水泵站	界都加压泵站
水泵	泵型	长轴深井泵	双级双吸离心泵
	机组台数(台)	4	4
	设计扬程(m)	189	175
	设计流量(m³/s)	0.143	0.143
	额定转速(r/min)	1 475	1 480
电动机	型号	YL450-4	Y450-4
	额定电压(kV)	10	10
	额定转速(r/min)	1 480	1 480
	电机容量(kW)	400	400

　　库区取水泵站由进水隧洞、主厂房、副厂房、压力管道等建筑物组成，共设置 4 台机组，取水口位于大坝上游库区左岸，距大坝约 100 m。主厂房位于库区内，三面嵌固于岸边岩体中，基础坐落于基岩上，厂房分三层布置，即走道板层、电机层和进水池层。底层为泵站进水池，设计水位 643.0 m，底板高程为 617.5 m，在 2# 与 3# 机组之间设一道隔墙，将泵房下部分为 2 个水池，中间采用 2 m×2 m 的矩形洞进行连通，上游侧设进水口；中间为电机层，底板高程 646.8 m，布置 4 台机组，一字形布置，2 台为工业供水、2 台为农业供水，同时作为工业备用；最上面一层为安装间层，在主厂房高程 649.3 m 设走道板。副厂房布

置在岸边厂区主厂房下游侧,地面高程649.5 m。进水塔凸出布置于泵站主厂房进水口一侧,进水塔底板高程622.0 m,塔内设拦污栅和平板检修钢闸门。

界都加压泵站位于昔阳县界都镇东南约1 km,共布置4台双级双吸离心泵机组。泵站由进水池、主厂房、副厂房、压力管道等建筑物组成。泵站主厂房分上、下两层,厂房下层为水泵层,底板底高程747.9 m,厚0.8 m,厂房内一字形布置4台水泵机组,机组安装高程749.0 m。副厂房位于泵站主厂房背面,砖混结构,长30 m、宽6 m,设有值班室、中控室、高压开关室、低压开关室、电容器室、变频器室等,进水池位于界都加压泵站临河一侧,采用矩形进水池,设计水位750.0 m。

在工业和居民用水比较集中的界都镇附近设1座事故备用水池,以保证在工程发生事故或检修期间仍能不间断供水。界都事故备用水池设在界都加压泵站出水管末端高程920 m处,兼作界都加压泵站的出水池。

二、供水系统监控系统需求分析

工业现场计算机监控系统要实现工业生产现场的监视及生产的自动化控制。对于供水系统,需要对供水系统进行相关参数的监测,并对相关的水泵、阀门等进行控制,在设有变频器的供水系统中,还需要对变频器进行控制。

松溪供水工程自动化控制系统有以下需求:

(1)数据采集功能。自动化控制系统能够采集松溪供水工程中各泵站现场的参数,如库区泵站和界都加压泵站进出水池水位,泵站的提水流量、启停状态、转速,管路上特定位置的压力,机组运行的电流、电压、电量、有功功率、无功功率等。

(2)过程控制功能。自动化控制系统能够控制水泵机组的启停,阀门的开闭(对于部分阀门要能够控制阀门的开度),辅机设备、变配电设备的启停、变投、控制、进出线开关分合等操作。

(3)软件功能。自动化控制系统的软件要具备图形化的人机界面;将采集到的数据进行存储,并支持多种方式的检索功能;生成趋势曲线并显示在人机界面上;在人机界面上实时显示现场的数据;调整供水系统的运行参数,远程控制现场设备,远程进行数据库维护;报表和打印功能;权限管理功能。

(4)通信功能。建立数据通信网络,包括现场传感装置和上位机之间的通信通道,控制设备与上位机之间的通信通道,以及库区泵站、界都泵站与工程调度中心的通信网络。

三、松溪供水工程监控系统方案设计

(一)供水工程监控系统的总体方案设计

工业控制网络由多个分散在工业现场的测量仪表为节点构成,它是工业现场控制系统的神经系统,担任着将各现场控制设备连成一体,共同完成生产任务的的重要任务。供水系统的站点分布较为分散,但一个站点内设备往往较为集中,对实施自动化监控系统较为有利。对于泵站自动化监控系统,其控制的实时性要求较低,但对系统的可靠性要求较高,而集散控制系统本身有较好的可靠性和经济适用性,因此在实际实施的过程中,经常采用集散控制系统作为泵站自动化监控系统。工程人员以工业控制计算机(IPC)作为上位机,可编程序控制器(PLC)、智能控制模块等作为下位机,采用工业控制网络进行数据的实时传输,从而构建成经济、实用的集散控制系统。

松溪供水工程分为两级泵站,共4台双级双吸离心泵、4台长轴深井泵和2个出水池,其自动化监控系统采用分层分布式系统。监控系统分为调度中心和控制子站,调度中心设在中央控制室,用于实现系统的调度和远程对设备进行控制;其位置位于口上水库管理室,以充分利用水库管理站的电力、生活等设施;控制子站系统部分设在各泵站厂房内,用于记录数据,实现现场控制。

调度中心的功能是对供水系统的整体运行状态进行监控,接受由各子站上传的数据并在本地进行保存;调用各子站采集的数据,远程监控各子站的运行情况。调度中心的监控系统分为两个部分:监控系统及运行分析系统。监控系统主要执行对系统运行的整体环节进行监视和控制任务;运行分析系统则利用统计原理,对历史数据进行分析,为系统的运行调度提供参考。调度中心配置2台人机接口工作站,1台工程师站兼作操作员站,使用双机热备份。

在库区泵站和界都泵站各设一套控制子站,使用PLC对现场单元和辅机及变配电设备进行监测和控制,通过光纤和工业交换机连接。监控的主要内容有各水泵机组的流量、水泵进出水口处的压力、进水池的水位、水泵的转速、各阀门的开闭情况及电机的电流、电压、功率和沿线节点处的压力等,水泵、阀门开闭情况,变配电设备的启停、变投等。各个子站依次隔一小时轮流更新一次数据。控制本地子站的数据保存时间为6个月。子站使用PLC作为现地控制单元的核心,考虑到全年大部分时间内各级泵站内4台水泵只有2台在运行,因此采用1台PLC对2台机组进行控制的方式。昔阳松溪供水工程自动化监控系统拓扑图见图9-4。

监控系统软件的开发基于组态王软件平台,在组态王开发平台内通过建立相应的变量及相应的硬件和驱动连接,从而实现对相关硬件设备的控制。系统的控制方式分为控制子站系统自动运行、现地运行及远程控制运行。数据库采用SQL Server,以实现对历史数据的统计和分析。

整个控制系统的调度操作权限分为三级:调度级、站控级和现地手动级。其中,现地手动级为最高控制级别;其次为站控级,主要包括:泵站后台监控主机、机组LCU(现地控制单元)、公用LCU自动调节级和各个调节闸阀站的LCU(由现地PLC控制装置兼作);最后是远方调度级,由调度中心对全线自动化设备进行统一控制和管理。

全线自动化的调度方式为:调度控制中心集中监控、统一调度管理,各现地监控站近期实现少人值班,最终实现无人值班、少人值守。

(二)传感器的选型

传感器是自动化监控系统的硬件基础,是整个自动化系统能够采集到准确数据的基础,因此在工业自动化监控系统中要结合现场的实际情况合理选择传感器。在供水系统中,主要使用的传感器有液位计、流量计和压力表等。

1.液位计的选型

在供水系统中,液位计采集的数据直接影响对整个供水系统的调度,因此液位计的合理选型对供水系统的经济运行有着重要的意义。液位计选型的依据主要有以下几个方

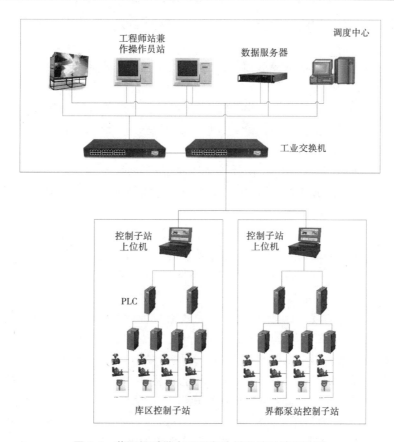

图 9-4　昔阳松溪供水工程自动化监控系统拓扑图

面:①测量的范围、精度;②液位计的工作环境;③所测介质的状态和物理化学性质,如酸碱性、含沙量等。

目前国内外许多机构都在致力于液位计的研究,已经有多种不同形式和原理的液位计在各个方面得到了应用。从测量原理上来说,液位计有差压液位计、超声波液位计、雷达液位计等。

(1)差压液位计是一种接触式测量方式,利用所测介质在液位计处的压力来测量液位。差压液位计安装简单,价格较低;无可动部件,工作可靠,日常维护量小;受外界环境影响较小,适用于远传信号。但易受所测介质密度的影响,当水中含沙量较大时,会严重影响测量的准确度。使用一段时间后,易出现零点或量程漂移。运行一段时间后,传感器套孔易被泥沙堵塞,导致测量值失真;易受水流冲击改变位置,导致测量值不准确。

(2)超声波液位计是利用回波测距原理的非接触式仪表。超声波液位计发射能量波(一般为脉冲信号),并接收反射信号,根据测定能量波运动过程的时间差来确定物位变化情况。

超声波液位计工作可靠,精度高,维护工作量较小,且价格上具有一定的优势;采用非接触式测量,受所测介质的影响较小;但超声波液位计发射的超声波以空气作为传播介质,易受空气的温度、湿度、压力等变化的影响,影响精度;由于泡沫会使超声波反射不充分,因此不能在泡沫严重的场合使用;存在测量盲区。

超声波液位计由于回波反射会产生干扰回波和假回波,可以选择适当的量程,通过软件排除误差。此外,为避免受温度影响而产生液位误差,应当选择有温度补偿的产品。超声波液位计在安装时要尽量选择液面平稳的位置,且在避开盲区的前提下,尽量贴近液面以减少池壁的回波干扰。

(3)雷达液位计与超声波液位计原理相似,不过雷达液位计以电磁波作为能量波,因此也称为微波液位计。雷达液位计分为天线式和导波式。天线式结构与超声波液位计相似;导波式雷达液位计发射脉冲信号,以一根或两根从液位上方插入的直达底部的金属硬杆或柔性金属缆绳作为导波体,微波沿导波体向下传播,遇到液面被反射到天线接收器上。低频雷达有较长的波长,在液面搅动的情况下也能提供较好的回波。在实际应用中,低频雷达多和导波管结合使用。

雷达液位计具有和超声波液位计相似的工作特性,同时也有其独特的特点。微波传播可以不依赖于介质传播,因此雷达液位计受环境温度、湿度的影响较小,测量精度较超声波液位计高。雷达液位计也可以使用导波管应用在液面有扰动的环境中和部分液面有泡沫的情况下。

除以上几种类型的液位计外,还有如浮力式液位计、激光液位计等类型,应用在不同的领域,但对于供水系统不太适用,故不多做介绍。

昔阳县松溪供水工程库区取水泵站和界都加压泵站,其进水池设计水位距离顶板较近,如果使用超声波液位计或雷达液位计很可能在正常蓄水位下处于测量盲区。考虑到库区泵站水源位于水库,其泥沙主要集中于汛期,占年输沙量的95%以上,非汛期来沙量较小,总体来水泥沙含量较小,差压液位计受工作环境(如温度、湿度等)影响也较小,具有较高的性价比,因此选用差压液位计来测量各进出水池的液位。

在安装时差压液位计应当距离进水池底板一定距离,以避免进水池底部泥沙淤积导致传感器不能正常工作。同时,差压液位计运行一段时间后需要重新校准。

液位计应当满足以下技术指标:①精度:±0.5%FS;②量程:FS 0~30 m;③输出:4~20 mA;④输出分辨率:实际扬程的0.03%;⑤供电:13~30.5 VDC;⑥工作温度:−20~+60 ℃。

2.流量计的选型

流量计是供水系统自动化监控系统中最重要的传感器之一,流量计量是否准确,直接影响供水企业的效益。因此,在流量计的选型中必须综合考虑流量计的工作环境、被测流体的物理化学性质,以及流体在管道中的流动状态。流量计的精确度会受到多种工作环境因素的影响,如管径大小,管道断面形状,边界条件,介质的温度、压力、密度、黏度、脏污性、腐蚀性等,流体的流动状态(紊流状态、速度分布等)以及安装条件与水平的影响。目前用于工业的流量测量仪表就达60多种,每一种都有其各自的适用范围和局限性。归纳起来,流量测量从原理上大致可以分为以下几类:①利用伯努利方程的原理,通过测量流体的差压信号来取得流量数据的差压式测量法。②通过直接测量流体流速来得出流量的速度式流量测量法。③利用标准容积为单位来连续测量流量。④以测量流体质量流量为手段的质量流量测量法。

对于流量计的选型,应当考虑以下几个因素:

(1)产品的性能,如准确度、重复性、测量范围、信号输出特性等。

（2）流体特性,如酸碱性、声速、黏度、温度、密度、结垢、电导率等。

（3）安装条件,如管道布置方向、流动方向、流量计上下游直管长度、管径、安装维修空间、电源、接地等。

（4）工作环境,如环境温度、环境湿度、电磁干扰、安全性、噪声条件等。

（5）经济性,如采购及安装费用、运行费用、维护费用、设备配件等。

在供水工程中,常见的流量计主要有涡轮流量计、电磁流量计、超声波流量计、涡街流量计和质量流量计。

1）涡轮流量计

涡轮流量计是测速式流量计的主要类型。涡轮流量计内设置了多叶片的转子,转子在流体介质的推动下旋转,其转速与流体平均流速呈线性关系。转子的旋转周期性地改变磁电转换器的磁阻值,检测线圈中磁通随之发生周期性变化,产生周期性的感应电势,即电脉冲信号,经放大器放大后,送至显示仪表显示。

涡轮流量计的结构简单,零部件较少,维修方便,重量轻,造价低,可适应恶劣环境等。但是它不能长期保持校准特性,流体物性对流量特性有较大影响。

2）电磁流量计

电磁流量计应用在多种工业生产领域,在供水系统中应用也越来越广泛。电磁流量计的工作原理基于电磁感应效应(见图 9-5)。电磁流量计的测量管装有激磁线圈,工作时,被测流体的流动方向垂直于激磁线圈产生的磁感线,从而在流体两端产生感应电动势。在通过管道直径的方向,利用一对电极引出该感应电动势。该感应电动势的大小为

$$E_{\mathrm{x}} = \frac{Bdv}{10\ 000} \tag{9-1}$$

式中:E_{x} 为感应电动势,V;B 为磁感应强度,T;d 为两根电极之间的距离,mm;v 为被测流体的平均流速。

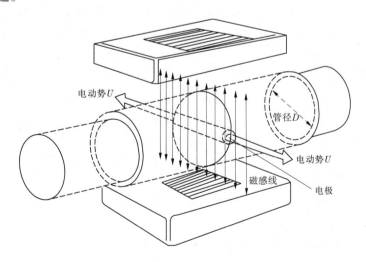

图 9-5　电磁流量计原理示意图

　　再根据事先在电磁流量计中设定好的管道的几何形状的数据,计算出管道中流体的流量。

　　由上面的分析可知,在一段已经安装好电磁流量计的供水管道中,被测流体的平均流速可以通过电磁流量计一对电极的感应电动势来间接地反映出来。从原理上来说,电磁流量计也是根据被测流体平均流速来推求整个管道中的流体流量的。电磁流量计是一种非接触式测量方式,因此不受流体温度、压力、黏度等流体因素干扰,不会堵塞,适用于带有悬浮物的流体的测量;可以测量的流量范围较大,通常流速在 0.5 m/s 以上时都可以测量,且可以测量正反双向流量,为实现自动化控制提供了极大的便利;在管道内部无收缩或凸出部分,压损小。此外,电磁流量计检测出的最初信号,是一个与流体平均流速成精确线性相关的电压信号,与流体的其他性质无关,测量精度比较高;可以测量含有非铁磁性颗粒的固液双相流,国外有报告称固形物含量有 14% 时,误差在 3% 以内,黄河水利委员会黄河水利科学研究院的试验报告表明,测量高含沙量水流时,含沙量体积比为 17% ~ 40%(0.35mm)时,仪表测量误差小于 3%。因此,电磁流量计具有很大的优越性。

　　电磁流量计对使用环境和安装条件要求较高。电磁流量计是通过测量流速和已输入的管道几何形状而不是流体的截面性质来测量流量的,因此电磁流量计测量工作时要求测量流体必须满管,不允许存在空管或者半满管的情况,否则测量值将较真实值大。这就对电磁流量计的安装提出了较高的要求,安装尽量选择管道高程较低的位置,且安装位置上游有 5 倍管径长度、下游有 2 倍管径长度的直管段,且之间不应有其他可能影响流态的设备。电磁流量计有一定测量盲区,不能测量流速过低的流体,流速上限在原理上是不受限制的,流速较高时测量比较准确,且能起到防止结垢的自清扫作用,但流量过高时流量计衬里材料承受的冲刷较严重,通常不应超过 5 m/s。使用电磁流量计测量流量时,所测液体的导电率不能低于规定的下限值,否则会产生误差甚至不能使用。此外,电磁流量计不适用于高温的工作环境,磁极会受高温影响导致输入不准确甚至不能工作。同时应避免外部的电磁干扰,如现场大功率的电机、大变压器等设备都会对电磁流量计产生干扰;为避免干扰信号,信号电缆必须单独穿在接地保护钢管内,不能将信号线和电源线装在同一钢管内。

　　3)超声波流量计

　　超声波流量计也是一种在供水系统中应用较多的流量计,是利用超声波脉冲在流体中传播并反射来计算流体流速的,从而确定流体流量的仪表。超声波流量计从原理上来说可以分为多普勒超声波流量计和时差式超声波流量计。

　　多普勒超声波流量计是利用多普勒效应来测量流体流速的。多普勒超声波流量计测速原理示意图如图 9-6 所示。

　　在多普勒超声波流量计中,换能器 1 发出了频率为 f_1 的超声波在流体中传播,由于流体有一定速度,使超声波在接收器和发射器之间的频率和相位发生一定变化,通过测量这一相对变化来测得流体流速。根据多普勒效应,多普勒频移为

$$f_d = f_2 - f_1 = \frac{2f_1 \sin\theta}{c} v \qquad (9\text{-}2)$$

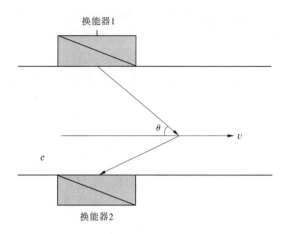

图 9-6　多普勒超声波流量计测速原理示意图

式中：f_d 为频移；f_2 为接收器收到的超声波频率；f_1 为发射器发射的超声波频率；$\sin\theta$ 为发射器或接收器发射（接收）超声波的角度；c 为超声波传播速度；v 为流体速度。

据此就可以计算出流体速度，再结合实现输入的管道截面几何形状的数据，计算出管道中流体的流量。

时差式超声波流量计是通过测量超声波在流体中顺流传播和逆流传播时返回的时间差来计算流体流速的，其测速原理示意图如图 9-7 所示。

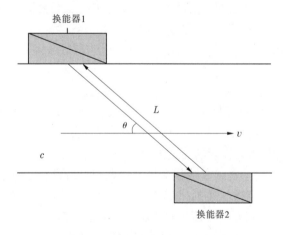

图 9-7　时差式超声波流量计测速原理示意图

时差式超声波流量计工作时，换能器 1 向换能器 2 发出顺流的超声波脉冲信号，换能器 2 接收到信号的时间为 t_1，同时换能器 2 也向换能器 1 发射超声波脉冲信号，其逆流传播接收到信号的时间为 t_2，时间差为

$$\Delta t = t_2 - t_1 = \frac{2Lv\cos\theta}{c^2 - v^2\cos^2\theta} \tag{9-3}$$

式中：L 为换能器 1 和换能器 2 之间的距离；c 为超声波传播速度；v 为流体流速；θ 为换能器 1 和换能器 2 发射和接收超声波的角度。

据此，只要求得 Δt 就可以算出管道中流体的流速。

超声波流量计采用非接触测量,管外安装,也具有了很多优势。超声波流量计安装和维修方便,近些年夹装式超声波流量计的广泛应用,使得超声波流量计的安装和使用不需要在管路上打孔,维修方便。其工作原理不受所测介质的影响,输出与流体流速呈比较好的线性关系。超声波流量计是管外安装,仪表造价与管径关系不大,因此在大管径管道流量的测量方面颇受青睐。超声波流量计的不足在于,其精确度与安装有直接关系,因此对设备的安装要求较高;结构复杂,排除故障较困难;抗干扰性较差,对安装环境要求较高;重力流输水时,超声波流量计的上下游分别需要 10 倍管径和 5 倍管径直管段;有压流时,上下游所需直段比无压流时更长;管道口径小时,价格相对较高。

超声波流量计也是通过测量介质的流速来间接测量介质流量的,因此超声波流量计的安装有与电磁流量计相似的地方。超声波流量计测管道流量时管道必须满管,因此其安装位置最好位于管线低点,且安装位置上下游须有一定长度的直管段。此外,超声波流量计的安装位置应当远离高压线和噪声源,最好位于噪声源上游。超声波流量计不能安装在有严重振动的管线上。

通过以上对比可以看出,电磁流量计是一个比较好的选择。涡轮流量计存在计量不准确的问题,而超声波流量计一方面受管道振动、机组干扰影响较大,另一方面松溪供水工程管线管径较小,相对来说电磁流量计更具备价格优势。在松溪供水工程中,库区泵站和界都提水泵站均有 4 台水泵,2 台水泵并联使用一根支管接入总管,在每一级泵站总管安装一台 DN800 mm 电磁流量计,以避免管道中水流流速过低时电磁流量计无法工作的情况。单台水泵流量可以通过泵站总流量除以运行中的水泵台数来确定。

电磁流量计的技术参数为:①测量范围:0.2~10 m/s;②分辨率:1.5 mA;③工作条件:-20~+60 ℃;④最大测量误差:脉冲输出±0.5%,电流输出±5 μA;⑤最小电导率:≥50 $\frac{\mu s}{cm}$。

(三)通信系统的设计及优化

通信系统是自动化监控系统的神经网络系统,它负责将各个分散的控制节点连接起来,形成一个能够执行其预先设定功能的网络系统。在供水系统自动化监控系统中,通信系统能否正常、稳定地运行,直接影响整个自动化监控系统的稳定性和可靠性。

对于分层分布式系统来说,其网络的构成是每一级形成一个较小的、独立的控制系统,分层分布式系统通信系统的可靠性更多地取决于通信方式、通信介质的选取。

在计算机监控系统中,一方面,计算机系统在不同层级之间传送信息已经变得越来越复杂,对工业控制网络在开放型、互联性、带宽等方面提出了越来越高的要求;另一方面,以"全数字化特性"为特点的现场总线技术至今还没有统一的标准,使得工业控制系统中不同层级之间难以形成真正有效透明的信息互访和集成。在这种情况下,工业以太网在工业控制领域,包括供水系统自动化监控系统中得到了飞速发展。

工业以太网是指应用于工业控制领域的以太网技术,它与商业以太网技术联系紧密。工业以太网以价格低廉、传输速率高、软硬件资源丰富,在现在的计算机监控系统中得到了大量的应用。在很多控制系统中,应用于底层的以太网技术虽然不能实现互相访问和操作,但通过以太网技术,监控系统监控层之间、各控制系统之间以及控制系统和企业经营决策层之间可以实现信息互通,不仅有效地消除了控制系统数据传输的瓶颈,而且消除了企业内部各自动化系统之间的"信息孤岛",基本实现了这些控制系统的开放性。

区别于商业的以太网,工业以太网除具有较高的信息吞吐量外,在实时性、可靠性、网络生存性、安全性等方面均有较突出的表现。有关资料表明,与商业以太网比较,工业以太网的主要区别在于网络结构的设计和连接部件的额外设计方面,它具有更强的环境适应性,而与通信相关的参数可以保持不变。工业以太网的主要优势在于:

(1)应用广泛,受到广泛的技术支持,多种编程语言支持以太网的应用开发。

(2)成本低廉,有多种硬件产品的支持。

(3)通信速率高,目前100 M的快速以太网已经开始广泛应用,更快速的高速以太网技术也逐渐成熟。

(4)可持续发展潜力大,系统的扩展性较好。

在松溪供水工程自动化监控系统中,调度中心是实现整个供水系统计算机监控系统的核心,负责整个松溪供水工程的总体调度、安全运行、数据统计等功能,因此调度中心通信系统应该有较好的可靠性、传输速率和冗余。基于工业以太网的种种优势,在调度中心采用工业以太网技术。由于以太网技术是总线型结构,物理层的损坏会导致整个通信网络不能工作,因此在调度中心以工业以太网交换机组成双层以太网结构,实现冗余;设置互为热备份的工程师站兼作操作员工作站、视频服务器、DLP 大屏工作站等,这些设备分别接入双层以太网。

泵站计算机监控系统采用单层以太网控制网络。由热备操作主机、机组 LCU、公用LCU 等现地控制装置共同组成泵站监控网络,通过通信服务器与调度中心相连。泵站计算机监控系统与沿线阀站 LCU 共同组成单层工业以太网。

(四)PLC 选型

PLC 为可编程逻辑控制器(programmable logical controller)的缩写,国际电工委员会(IEC)对 PLC 做了如下定义:"可编程控制器是一种数字运算操作的电子系统,专为在工业环境下应用而设计。它采用可编程序的存贮器,用来在其内部存贮执行逻辑运算、顺序控制、定时、计数和算术运算等操作的指令,并通过数字式、模拟式的输入和输出,控制各种类型的机械或生产过程"。

PLC 有体积小、功能强、程序设计简单、灵活通用、维护方便等特点,特别是它的高可靠性和较强的恶劣工业现场适应能力,使其越来越多地应用于自动控制系统的过程控制、逻辑控制、数据处理和数据通信等方面。目前,市场上有 200 多个 PLC 生产企业,如美国Rockwell 公司旗下的 AB(Allen & Bradly)公司、莫迪康公司、GE 公司,法国的施耐德公司,德国的西门子公司,日本的欧姆龙公司、三菱电机公司以及我国的浙大中控等。PLC在分层分布式控制系统中直接接收变送器采集的信号,进行处理,并将其传送至上位机;同时执行其内部程序,根据采集到的数据,或接收来自上位机的命令,自动控制现场设备的运行。因此,PLC 是分层分布式控制系统中现地控制层的核心设备。PLC 的选型是否合理,在很大程度上决定了工业控制系统的性能指标。

PLC 按可控制的系统规模来分,可以分为超小型 PLC(I/O 点数小于 64 点)、小型PLC(I/O 点数在 65~128 点)、中型 PLC(I/O 点数在 129~512 点)和大型 PLC(I/O 点数大于 512 点)。PLC 按结构形式可以分为整体式 PLC 和模块式 PLC。整体式 PLC 是指其内部结构,包括 CPU、电源、I/O 接口、通信接口都集成在一个机壳内,如 OMRON 公司的 C20P、C20H,三菱公司的 F1 系列产品;模块式 PLC 是指 PLC 的 CPU 模块、电源模块、I/O 模块、通信模块都是独立的,需要根据需求选择合适的模块,安装固定在导轨上,形成一个完整的 PLC 应用系统,如 OMRON 公司的 C1000H,SIEMENS 公司的 S7 系列 PLC 等。

　　PLC 选型,一方面要考虑自动化监控系统的需求,另一方面也要考虑 PLC 的价格。此外,还应当考虑系统未来的可扩展性以及其他设备的改造计划;PLC 运行中发生异常或故障时的可维修性;PLC 特有的外部设备的充实度及其操作性以及 PLC 自身的可靠性和抗干扰性等。PLC 应当从以下几个方面进行选型:

　　(1)机型选型。选择机型要以满足系统功能需要为宗旨,不要盲目贪大求全,以免造成投资和设备资源的浪费。模块式 PLC 的配置灵活,可以针对系统的具体需求,选择最实用和最经济的模块进行组装使用,以及装配和维修。模块式 PLC 越来越受到欢迎。整体式 PLC 多用在工艺过程比较固定、环境条件较好(维修量较小)的场合。

　　(2)输入输出模块的选型。首先需要确定 PLC 的规模,就是根据工业现场生产工艺流程,确定所需的输入/输出点,即 I/O 点的个数。根据生产现场工艺流程的要求,确定所需要 I/O 的输入输出点数和方式之后,还要考虑到设备的改进及故障冗余,一般增加 10%~20% 作为裕量。同时应考虑生产现场所需的 I/O 模块的类型,I/O 模块包括模拟量 I/O、开关量 I/O,以及特殊功能 I/O 模块,如脉冲捕捉功能、高速计数输入等。不同的负载对 PLC 的输出方式有相应的要求。如频繁通断的感性负载,应选择晶体管或晶闸管输出型模块。继电器输出型模块导通压降小,价格相对便宜,且有隔离作用,能够承受较强的瞬时过电压和过电流,交流、直流电压灵活且电压等级的范围大,适用于动作频率较低的交、直流负载。此外,还有一些本身带有处理器的智能式 I/O 模块,它对输入或输出信号做预处理,再将处理结果送至中央处理机中或直接输出。常见的智能模块有高速计数器,单回路或多回路的 PID 调节器,RS232C/422 接口模块等。

　　(3)电源的选型。电源模块的选择一般只需考虑输出电流,其额定输出电流必须大于处理各模块输入电流的总和。

　　(4)存贮器的选型。存贮器有非易失性存贮器及需带备用电池的易失性存贮器,一般控制系统中可以分别使用这两种存贮器,也可以一起使用。一般小型 PLC 的存贮容量是固定的,不可扩充,而大中型 PLC 可扩充。存贮器的容量可以根据编程实际使用的节点数计算,在完成编程工作之后根据节点数计算出实际需要的容量;也可以根据不同类型的输入输出点的数量进行估算,即存储容量=开关量 I/O 点数 * 10+模拟量通道数 * 100,最后再留有一定余量。

　　(5)环境适应性。PLC 通常直接用于工业现场,其工作环境恶劣,因此在 PLC 设计上具备在恶劣环境中工作的可靠性。实际上,每种 PLC 都有其工作环境的要求,如温度、湿度等,选型时应充分地考虑 PLC 的工作环境条件。

　　(6)其他技术支持条件。包括编程手段、程序文本处理、程序贮存方式等。PLC 的编程方式有携带式简易编程器,主要用于小型 PLC,其控制规模小,可用于较简单的程序;而中、大型 PLC,一般用 PC 机编程,可以编制和输入程序,还可编辑和打印程序文本。程序文本处理是用户阅读和调试程序,具有非常相关的功能,包括简单的程序文本处理功能,打印梯形逻辑图、参量状态和位置,程序标注等。程序贮存方式包括用软磁盘、磁带或EEPROM存贮程序卡等,应根据所选机型进行选择。

PLC的选型需要考虑所涉及控制系统的功能需求、使用环境和PLC价格等因素,选用合理规模的PLC,避免资源浪费,且应当尽量选择大公司的产品。

松溪供水工程中,根据系统的规模,选择模块式的PLC。每一级泵站4台水泵大部分时间只运行2台,常用的I/O点数量较少,对CPU运行速度的要求较低,功能较为简单,因此选用SIEMENS公司的CPU315-2PN/DP,每一级泵站使用2台PLC,1台PLC控制2台水泵,2台水泵为1工1备。PLC下加挂SIEMENS公司ET200M模块,实现与I/O模块的通信。选取该型号PLC,一方面可以满足对泵站各种运行模式下自动化监控系统的稳定性和可用性的需求,另一方面也具有较好的性价比。

四、昔阳松溪供水系统自动化监控系统的开发

(一)监控系统界面

依照之前的组态王的开发步骤,对昔阳松溪供水系统自动化监控系统进行了开发。

完成对设备的连接之后,在数据词典中建立相应的变量。监控系统数据词典变量如图9-8所示。

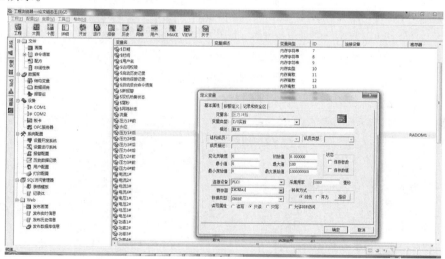

图9-8　监控系统数据词典变量

监控系统运行后的启动界面如图9-9所示。

点击"进入系统"按钮后,进入监控系统主界面,如图9-10所示。

在监控系统界面中,分别点击进出水池水位图标、流量图标、各压力表图标,可以分别调出进出水池水位历史曲线、总流量实时曲线、各点压力实时曲线,分别见图9-11～图9-13。各台水泵的流量可以用系统总流量除以开机台数来确定。

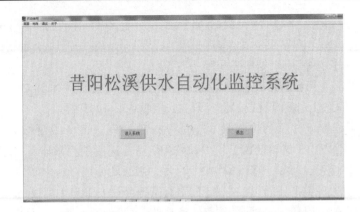

图 9-9　监控系统运行后的启动界面

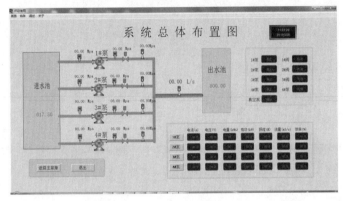

图 9-10　监控系统主界面

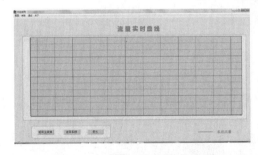

图 9-11　进出水池水位历史曲线

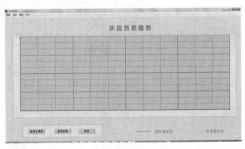

图 9-12　总流量实时曲线

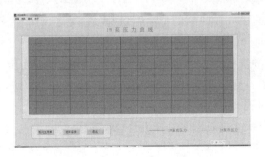

图 9-13　各点压力实时曲线

（二）数据库的连接

在本系统中，使用 SQL Server 2008 作为采集数据的数据库，一方面是因为 SQL Server 作为数据库有更好的安全性，另一方面使用 SQL Server 作为数据库也是为了运行分析系统从数据库中提取数据。

使用 SQL Server 作为监控系统的数据库，其原理是通过 ODBC 连接，使组态王 KingHistorian 数据库和 SQL Server 数据库连接，利用 SQL 命令语言，对数据库执行增删查改等命令。

ODBC 是微软公司提出的数据库访问接口标准，全称为开放数据库互连标准，该程序集成在 Windows 系列产品中，因此使用 ODBC 只需要在操作系统下进行设置，而不需要额外配置软件。ODBC 提供了两个驱动程序，包括数据库管理器的语言和为程序设计语言提供公用接口。

进行组态王和 SQL Server 的连接，首先需要在 SQL Server 的企业管理器中建好数据库和相应的表。之后就需要进行 ODBC 的配置。在 Windows XP 系统和 Windows 7 系统中，ODBC 数据源管理器都可以在控制面板中找到。ODBC 数据源管理器界面如图 9-14 所示。

图 9-14　ODBC 数据源管理器界面

使用"添加"命令，在弹出的对话框中首先选择 SQL Server 驱动程序，这是 SQL Server 服务器连接的驱动程序，再根据向导程序，依次选择服务器名称、数据库、数据表和登录方式。

新建以"组态王"为名称的 ODBC 连接，使用本地计算机作为服务器，数据库选择"shujuku"作为默认数据库，选择该数据库中的"泵 1"表作为默认的数据表，登录方式选择集成的 windows 登录方式。这样就完成了连接目标数据库 ODBC 连接。

然后进入组态王开发界面，此时要在数据词典中新建一个内存整形变量"ID"，与数据库中的主键"ID"变量相对应，而且 SQL Server 中 ID 变量需要设置为自增，这样才能保证数据库中的记录数不断增加。之后在组态王中新建记录体。记录体相当于编程软件中的记录集，新建记录体就是要把数据词典中的工程变量和数据一一对应起来。新建记录体"1#历史记录"，记录体中字段名称应该与 SQL Server 数据库中的字段名称完全一致，变量名称则是数据词典中与之对应的工程变量的名称。需要将所有需要输入 SQL Server 数据库中的字段输入记录体(见图9-15)。

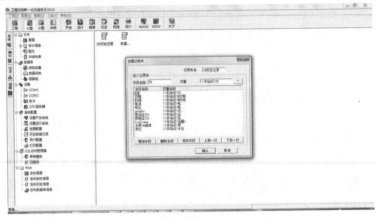

图 9-15　记录体的设置

为了保证组态王程序运行时就与 SQL Server 数据库进行连接,需要在组态王的命令程序语言中输入 SQL 语言命令。在组态王开发界面左侧的树形菜单中,双击"命令语言"菜单,在程序语言窗口的"启动时"标签内使用组态王支持的 SQL 连接语言 SQL Connection 与数据库进行连接。在本软件中,其 SQL Connection 命令语言为"SQLConnect(\ \本站点\ID, " dsn = 组态王; uid = administrator; pwd = ")";在"运行时"标签下使用 SQLInsert 命令执行向"shujuku"的数据库中增加数据的命令,其具体执行命令为"sqlinsert(\ \本站点\ID, "dbo.泵 1" , "1#历史记录")",执行周期为 1 000 ms。这样在程序开始运行时,监控系统每隔 1 s 就会向数据库中以记录体"1#历史记录"的格式向数据库"shujuku"中插入一条数据。命令语言的数据界面见图9-16。

图 9-16　命令语言的数据界面

组态王与运行分析系统建立连接。在组态王中支持通过 DDE (dynamic data Exchange,动态数据交换技术)连接,可以将组态王中的实时数据传入到 VB 等开发平台中,实现数据的实时更新。此外,通过组态王自带的命令语言也可以启动外部程序。在 VB 程序中,将已经完成编程工作的 VB 程序编译成 EXE 文件,在组态王中新建按钮,在按钮的命令界面中,选择"弹起时",输入"startapp("D:/工程 1.exe")"。此处,括号内语句指向生成的 EXE 文件的位置。运行分析系统和监控系统的连接界面如图 9-17 所示。

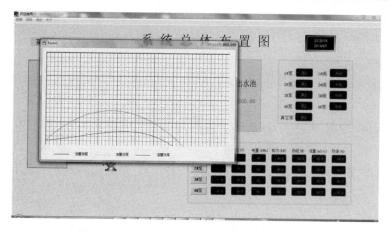

图 9-17　运行分析系统和监控系统的连接界面

这样整个组态王和 SQL Server、运行分析系统三方面的连接,对于整个系统的运行能给出一定的参考。

第四节　昔阳县松溪供水工程运行分析系统的开发

一、运行分析系统

目前,很多供水系统都建立了自动化监控系统,对供水系统的各部分进行监测和控制,并将数据进行保存。在实际的工程应用中,很多供水系统配套自动化监控系统只能起到遥测和遥控的作用;对于自动化监控系统在运行中所采集到的数据无法利用,成为目前很多泵站,特别是一些大型泵站管理人员所面临的现实问题。供水系统自动化监控系统通常造价不菲,如何在已有的自动化监控系统基础上,发掘其潜力,是一个值得深入研究的课题。其中,利用自动化监控系统采集的数据,为供水系统的高效运行提供一定的决策支持,是其中一个可行方向。

供水系统在我国占有重要作用,截至 2000 年,我国拥有大、中、小型泵站共 47 万座,排灌动力 6 805 万 kW。但同时,我国现有泵站也存在运行效率低、能耗严重等问题,提高水泵的运行效率,对于节能减排具有重要的意义。每一台水泵都有的流量—扬程曲线和流量—效率曲线,随着水泵运行中的磨损,这些曲线会逐渐偏离原来水泵生产企业提供的曲线,而利用供水系统自动化监控系统采集到的数据,可以通过拟合来近似地模拟当前水泵和管路的各种运行状态,既可以为供水系统的优化运行提供决策参考,提高泵站运行效率,也可以较好地发掘供水系统自动化监控系统的潜力。

昔阳县松溪供水工程自动化监控系统所采集到的与水泵运行相关的数据有泵站流量、泵前泵后压力、进出水池液位、水泵耗电量等。运行系统采用 Visual Basic 语言编程,利用 SQL Server 作为数据库,使用 SQL 语言,实现从数据库中取得数据,对泵站机组的流量—扬程曲线、流量—效率曲线、流量—功率曲线和管路的流量—压力曲线的拟合,以图形的形式呈现出来。

二、软件平台

(一)开发平台的选择

本系统软件使用 Visual Basic 6.0 作为开发语言,采用 Windows XP 为运行平台。Visual Basic语言简单易学,语法精练,此外还具有以下特点:

(1)图形化的编程系统。VB 提供的图形化的设计平台,编程时结合设计需要,在开发系统中直接使用开发环境中提供的各种工具和控件,通过可视化的编程环境,调整对象的大小、位置、颜色、显示标题,设置相应的属性。Visual Basic 自动根据这些设置生成代码,开发人员只需按软件设计要求编写实现程序功能的那部分代码,从而大大提高了编程的效率。

(2)面向对象的设计方法。Visual Basic 采用面向对象的编程方法(OOP),将可以实现特定功能和系统界面的程序和数据"打包"起来作为一个操作的对象,并赋以相应的属性。在设计对象时,通过图形化开发界面,可以很方便地用工具"画"在界面上,由 VB 自动生成对象的程序代码并封装起来。

(3)事件驱动编程机制。当程序运行过程中出现满足某些特定事件的过程语句时,程序驱动相应事件的运行。驱动程序也可以由特定驱动程序调用某些过程执行指定的操作。

(4)结构化的设计语言。VB 具有高级程序设计语言的优点,如具有丰富的数据类型和内部函数,多种控制结构,模块化的程序结构,结构清晰,支持多种控件和自由开发控件等。

(5)充分利用 Windows 资源。VB 提供的 DDE(动态数据交换)编程技术,可实现应用程序和其他 Windows 应用程序之间的动态数据交换;Visual Basic 提供的对象链接与嵌入(OLE)技术能够将应用程序都看成一个独立的对象,链接起来嵌入到某个应用程序中,得到具有声音、影像、图像、文字等各类信息的应用程序。

(6)开放的数据库、网络功能。Visual Basic 系统提供的各类丰富的可视化空间和 AcitveX 技术,是程序开发人员能够很方便地利用其他应用程序提供的功能。Visual Basic 具有很强的数据库管理功能,支持多种数据库软件,如 MS Access、SQL Server 等,还能利用结构化编程语言(SQL)和自身的游标技术,实现对其他外部数据库的访问。另外,VB 支持 Windows 系统的开放式数据连接(ODBC)功能,对系统后台的大型网络数据库,如 SQL Server、Oracle 等进行访问或修改。在应用程序中,可以使用结构化查询语言(SQL)访问服务器上的数据库,并提供简单的库操作命令、多用户数据库的加锁机制和网络数据库的编程技术,为单机上运行的数据库提供 SQL 网络接口,从而可以在分布式网络环境中快速地实现客户/服务器(Client/Server)方案。

从软件系统的通用性、可靠性、适用性和软件的开发周期等方面考虑,采用 Visual Basic 6.0 作为开发语言可完全满足要求。其运行系统使用 Windows XP 系统,Visual Basic 6.0 中的很多控件是基于 Windows XP 系统自带的功能,且 Windows XP 系统相对来说比较成熟和稳定。

（二）数据库的选择

Microsoft SQL Server 是一种大型关系数据库管理系统，是专为广泛的企业客户和商业应用程序设计的独立软件商设计的 C/S 数据库管理平台，在数据库结构、使用方法和管理方式上，都体现了方便用户、满足用户要求的特点。此外，SQL Server 所使用的 SQL 语言（结构化查询语言）被包括 Visual Basic 在内的第三方编程语言所支持，直接使用 SQL 语法进行数据访问是最有效的方式，因此数据库可以选用 SQL Server 数据库。

数据库的基本操作包括数据库、数据表的建立和数据记录的增加、修改、查询和删除等操作。

（1）创建数据库是由具有系统管理员或是被授权创建权限的用户才可以执行的。创建一个数据库包括用命令方式和界面方式。SQL Server 支持用图形界面方式创建数据库，在企业管理器中或者通过向导来创建数据库，直观清晰，但通过图形界面方式创建的数据库扩展功能的实现受到了限制，因此自动化程度较高的数据库是通过 SQL 命令语言来创建的，增删查改等功能也是通过用界面方式及命令方式来进行的。对本软件数据库的创建和设计主要是通过界面方式来实现的。

（2）一个数据库中可以有多个表，数据存储在数据表中，各个数据表通过字段来发生联系。在数据库中创建和修改、删除数据表，可以通过图形界面或 SQL 命令语言的方式来实现。在本书中，数据库中直接得到的数据主要有流量、泵前泵后压力、有功功率等，其他与泵站运行相关的数据，如扬程、轴功率等，需要在数据库中使用公式进行计算。

当 SQL Server 数据库启动后，其主要的应用窗口如图 9-18 所示。

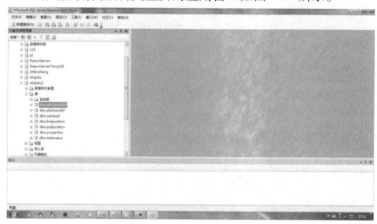

图 9-18　SQL Server 数据库界面

在 SQL Server 左侧树形目录中找到“数据库”，右键单击鼠标，选择“新建数据库”，跟随数据库新建向导，完成数据库的新建工作；然后在新建的数据库下，新建表，根据需要设计表中的字段及数据类型。一个数据库下可以有多个数据表。

三、系统开发

本软件的主要功能是通过数据库中的数据在后台进行计算，拟合出水泵的流量—扬程曲线、流量—效率曲线、流量—功率曲线和管路的流量—压力曲线，同时将自动化监控系统采集到的泵站实时流量传入程序中,将曲线以图形的方式呈现在人机界面中。

首先建立数据库。数据库名称为"shujuku",该数据库下面建立四个表,分别命名为"泵1""泵2""泵3""泵4",用来存储库区泵站各台水泵的运行数据。各表的设计相同,表内各字段的设计见表9-3。

表9-3　数据表设计类型

字段名称	数据类型	说明
ID	整型	主键
日期	日期	
时间	时间	
电流	浮点型	
电压	浮点型	
gonglv	浮点型	用来记录水泵机组的有功功率数据
泵后压力1	浮点型	
泵前压力1	浮点型	
liuliang	浮点型	用来记录水泵的流量
yangcheng		用来记录水泵工作时的扬程数据。由于扬程不能直接测得,通过泵前泵后压力计算而得。计算公式为(泵后压力-泵前压力)∗(1 000)/(9.8)
水泵1#启停	浮点型	
进水池液位	浮点型	
出水池液位	浮点型	
xiaolv		用来记录水泵工作时的效率数据。由于效率不能直接测得,通过之前的数据得出。计算公式为(流量∗扬程/3.6)/有功功率

在表9-3中,部分字段的数据需经过计算而得,因此无法为该字段指定数据类型。在计算时,数据库自动将该数据与计算中所使用的数据类型进行匹配,从而避免了因数据类型选择不当导致数据错误的问题。

运行分析程序首先与数据库进行连接,判断数据表中数据的行数,如果数据过少,返回提示数据类型不足,需要采集更多数据;如果数据库中已经有一定数量数据,达到拟合所需的数量要求,但还不够多,则使用现有数据库中全部数据进行拟合;如果数据库中数据已经足够多,则使用数据库中最新的一系列数据进行拟合。之所以这样做,是因为对水泵曲线进行拟合要使用统计的方法,该方法对样本数量有一定要求。如果数量过少,会使拟合结果大大偏离真值;数量过多,则有可能使计算机陷入长时间的运行中,其实用性下降,而且过多的数据掺杂了较多的水泵早期运行采集的数据,使得计算结果不能够比较准确地反映水泵的运行现状。因此,比较好的方法就是从数据库中取出时间上比较新的一定数量的数据进行拟合。程序需要取得的数据有水泵的流量、扬程、效率、功率。

程序使用 SQL 语言,同数据库进行连接,读取有关数据至 VB 记录集,然后分别使用指针命令的命令,对程序中的多个一维数组赋值,利用适当的循环语句进行计算,得出拟合结果,最后通过绘图命令,将各条曲线绘制在画面中。

四、水泵特性及其求解研究

(一)水泵曲线拟合方法的选择

本系统所要拟合的曲线有流量—扬程曲线、流量—效率曲线、流量—功率曲线和管路的流量—压力曲线。

本软件系统利用自动化系统采集的数据,数据的数目较多。同时,由于传感器本身及其安装等原因,采集的数据往往有一定的系统误差和随机误差,其随机误差可以认为服从正态分布,而利用最小二乘法可以比较好地消除这些随机误差,且运算速度较快,能够比较好地在实际工程中应用。因此,对于以上几组曲线采用普通最小二乘法进行拟合。

(二)曲线拟合数据的选用和拟合参数的选取

采用最小二乘法进行拟合需要首先知道目标函数的函数类型。

水泵的流量—扬程曲线在高效区内通常采用多项式拟合,可以使用二次多项式 $H = H_0 - SQ^2$(H 为水泵工作扬程;H_0 为泵站地形扬程;Q 为水泵流量;S 为系数),其中,这在相关的工程实践中也取得了比较好的效果。

水泵的流量—功率曲线可以近似采用三次多项式进行拟合,因为水泵的轴功率为 $N_{轴} = \lambda QH$,其中,H 为 Q 的二次函数,因此可以使用 Q^3 来近似拟合功率 N(N 为水泵输入功率,λ 为水的比重)。

对于离心泵来说,水泵的流量—效率常用的拟合函数为多项式,即 $\eta = \sum_{j=0}^{n} a_j Q_j$($\eta$ 为水泵效率,α 为系数),采用二次多项式的拟合精度不够理想,四次多项式可以取得比较满意的结果。

选好拟合函数后,还需要从数据库中选取合适数量的数据进行拟合。本系统采用数据库中最新的 40 组数据来进行拟合。在统计理论中,样本中的数据越多,越能得到较好的回归效果。选取 40 组数据是基于以下理由:

(1)按照实践经验,统计中样本的数量有 30 组时,曲线回归结果可以比较接近真实的曲线;取用 40 组数据能够满足对样本数量的要求,同时不会对计算机运行造成过重的负担,使用 40 组数据能够比较快速地对以上各类曲线进行回归,比较符合工程应用的需要。

(2)机组在长期的运行过程中,由于磨损,以上各条曲线不可避免地会发生变化,40 组数据可以较好地拟合机组近期的运行曲线,反映机组近期的运行状况。

整个系统的流程如图 9-19 所示。

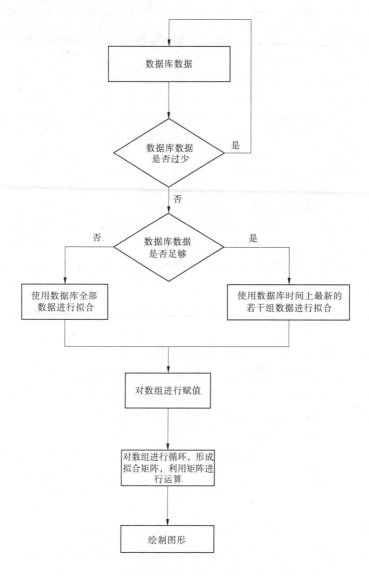

图 9-19　整个系统的流程

第五节　结　论

　　本章案例结合昔阳松溪供水系统的具体要求对自动化监控系统进行系统搭建与硬件选型,其次是在组态王软件平台上对其自动化监控系统的软件进行开发设计,以 VB 为开发平台开发可以和组态监控软件结合使用的以实时采集的数据为基础的运行分析系统软件。结论如下:

　　(1)分析了昔阳松溪供水工程自动化监控系统的设计需求,进行总体方案的设计,选用工业以太网搭建调度中心和控制子站的通信网络,具有较好的通信速率和可靠性。

　　(2)以组态王为软件平台,根据系统运行需求进行了监控系统组态软件的开发,实现了设备的遥控和遥测、现场数据的采集和存储、实时数据的显示、实时数据曲线和历史数据曲线的显示、报表查询等功能。组态软件以 ODBC 方式和同 SQL Server 数据库建立连接，并通过组态王自带的 SQL 语言实现对数据库的写入和查询。

（3）以 VB 语言作为平台开发系统运行分析软件，利用实测监控数据进行系统分析，拟合供水系统工程中各台水泵的流量—扬程曲线、流量—效率曲线和流量—功率曲线，以期为供水系统的经济运行提供技术支持。

（4）通过组态王内部的程序命令语言，实现了在组态王运行界面内对运行分析系统的调用，以对供水系统现场的运行情况提供技术指导。

课后思考题

1.简述工频泵并联和工频泵与变频泵并联的模型的原理与推导过程。

2.实验室需要测出哪些数据才可以求出水泵的特征参数，并说明如何得出特征参数。

参考文献

［1］仲伟权.浅析施工降水的回收利用［J］.价值工程,2012,31(8):56-57.

［2］王金明.泵站自动化的发展趋势［J］.科技信息,2011,23:53-55.

［3］周泽魁.控制仪表与计算机控制装置［M］.北京:化学工业出版社,2012.

［4］蒋绍辉.DDC 自控对智能建筑节能方法的探讨［J］.科技经济市场,2010,5:10-11.

［5］梅瑞松,杨富昌.我国泵站工程的现状与发展［J］.水利水电科技进展,2000,2:21-23.

［6］钟震,沈日迈,黄逸中,等.国内外泵站监控自动化技术设备现状与发展［J］.中国农村水利水电,1998,2:18-20.

［7］Schutze M,Campisano A,Colas H,et al. Real time control of urban wastewater systems — where do we stand today?［J］.Journal of Hydrology,2004(299):335-348.

［8］陈金法.泵站自动化控制系统的设计与实现［J］.自动化技术与应用,2011,30(2):67-84.

［9］高素萍.工业控制网络体系结构的发展与实现［J］.微计算机信息,2005,21(8):24-27.

［10］Ye Lingetal, Verlable.Structure and Time Varying Parameter Control for Hydroelectric Generating Unit［J］.IEEE Transon Energy Conversion,VOI.4,No.3,1989:293-299.

［11］何衍庆,黄海燕,黎冰.集散控制系统原理及应用［M］.北京:化学工业出版社,2009.

［12］刘长才,韦海鸥.常用水箱液位计的选择［J］.化工装备技术,2012,33(6):47-49.

［13］童景.浅谈污水处理工程的液位仪表［J］.浙江冶金,2009,11(4):21-24.

［14］张羽.浅谈流量计的选型及其应用［J］.仪器仪表装置,2007,1:24-27.

［15］Ellen Gregory.Pumping UP Communications with Partner support worldwide, Rockwell Automation helps a Chinese wastewater facility use the DNP Protocol to optimize communications among PLC-5s［J］.WWW.ABJouRNAL.eoM,2001:44-46.

后　记

只凭作者是无法完成一本书的。虽然我们从事水利工程的教学、规划设计及科学研究多年，但仍感才疏学浅，难以胜任，好在一批学有所长、志同道合的年轻学者、专家给了我们智慧和勇气，使我们完成了这项不算轻松的工作，令我倍感欣慰。因此，这本书从手稿到最后的成书蕴含了许多人直接或间接的努力。

城市给排水、水利水电的许多人士为我们提供了大量有价值的信息、经验和支持。这些人难以尽述，但我们要感谢其中的每一个人，有了他们的帮助和支持，才使本书终于与读者见面了。

作为教育工作者，凡事都要脚踏实地地去做，不弛于空想，不骛于虚声，而惟以求实求真的态度去实干；以无私无畏的精神去奉献；以超前脱俗的意识精神去创新；以严谨求精的作风去努力，才能体现效率、效果、效益的真正意义。

虽倍尝辛劳，但乐此不疲，因为我们坚信：为同行提供一方求真务实的交流阵地，为后人留下一块不易分化的铺路基石。这种奉献是最美好的。

最后要感谢课题组研究生沈金娟、闫宇翔、张泽宇、刘彩花、孟弯弯、张玉胜、刘慧如、孙毅、刘春烨、李琨、孙一鸣、王丽、韩亚男、焦莉雅、杜卓、张少华、辛国伟、孙志勇、刘金昊、郭霄宵、原明泽等的辛勤付出，因为有了他们的陪伴才有这本书出版的渊源。在此祝愿他们的生活、学习、工作更上一层楼！

2019 年 6 月于山西太原市

吴建华